기능구조분석에 기반한
선박의 적재성능

기능구조분석에 기반한

선박의 적재성능

문상원 저

PNUPRESS

추천사

"대단하네!", 우리 부 직원이 선박에 관한 책을 출간한다는 소식을 듣고 제가 처음 한 말입니다. 저자는 해양수산부에서 어선안전정책을 담당하고 있는 공무원입니다. 중앙부처에 근무하며 격무(激務) 속에서도 대학생 때부터 꿈꿔온 전문 서적 출간이라는 결실을 이룬 저자의 노고에 존경과 격려의 박수를 보냅니다.

저자는 조선·선박 분야의 민간기업 근무경력을 겸비한 해양수산부 공무원으로서, 어선 특성을 반영한 어선 검사 기준을 마련하고, 안전과 복지를 강화한 표준어선형 기준 고시를 제정하는 등 맡은 업무에서도 눈에 띄는 성과를 보여주고 있습니다.

이러한 저자가 선박 관련 업무에 참고할 수 있는 기능구조분석을 기반으로 한 전문 서적을 출간했습니다. 이 책은 기능구조라는 분석 틀로 총론 격인 '선박의 이해'를 제시하고, 세부 각론은 선박의 핵심기능을 중심으로 '부양(浮揚)성능', '적재(積載)성능', '이동성능'으로 나눠 별도 책으로 설명하고 있습니다. 이는 다양한 독자들이 선박을 좀 더 쉽게 알아가는 데 도움이 될 것입니다.

잘 아시다시피, 우리나라는 삼면이 바다로 둘러싸여 수출입 화물의 99.7%를 해상을 통해 운송합니다. 이런 측면에서 선박은 우리에게 필수불가결한 운송 수단이며 국부(國富)의 원천입니다. 이러한 선박을 이해하고 관련 업무에 활용할 수 있는 서적이 발간되어 해양수산부 장관으로서 더욱 반갑습니다.

'기능구조분석에 기반한 선박의 이해' 시리즈는 저자의 열정과 끈기로 드디어 세상의 빛을 보게 되었습니다. 다시 한번 서적 발간을 축하하며, 이 책이 해양수산정책을 담당하는 공무원들을 비롯한 선박에 관심이 있는 모든 분에게 알토란같이 쓰이기를 바랍니다.

2022년 4월

해양수산부 장관 문성혁

기능구조분석에 기반한
선박의 적재성능

목차

들어가는 말

이 책의 목적 및 활용에 관하여

들어가는 말

이 책의 목적 및 활용에 관하여

이 책의 목적은 선박과 관련하여 처음으로 공부를 시작하거나, 관련 업무를 수행하는 실무자 등을 위해 선박에 대한 거시적인 관점과 미시적인 내용을 손쉽게 이해할 수 있도록 하는 것이다.

이 책에서 다루고 있는 개별적인 내용에 대해 보다 전문적이고 잘 설명된 책들이 많이 있다. 다만, 이 책은 선박의 기본성능을 토대로 선박을 기능 중심으로 구조화하여 나타내고, 각 기능이 발현되기 위해 필요한 요소를 구체화함으로써 선박에 관한 거시적 관점과 미시적 관점을 함께 살펴볼 수 있게 하고 있다.

이러한 차별성이 선박을 처음 접하는 입문자 또는 선박에 관한 이해를 넓히고자 하는 실무자에게 전체적인 숲을 보여주고, 필요에 따라 세부적인 내용을 찾아서 심도 있는 학습을 할 수 있는 지도(Map) 역할이 되기를 희망한다. 그런 면에서, 조선기술사, 조선기사 등 자격증을 준비하거나, 선박을 처음 접하는 공학도들에게 도움을 줄 수 있으리라 믿는다.

이 책은 선박의 기본성능(부양성능-적재성능-이동성능)을 토대로 하여, 선박을 기능 중심으로 구조화하고 있다. 모든 선박이 갖는 세 가지 기본성능에 따라 정리된 이 책은 전체적으로는 한 권이면서, 동시에 독립적인 네 권으로 나누어져 있다. 선박의 전체

체계를 기능구조로 설명하는 첫 권과 부양성능을 설명한 두 번째, 적재성능에 관한 세 번째, 그리고 이동성능을 다루는 네 번째 권이 그것이다.

첫 권인 '기능구조분석에 기반한 선박의 이해'는 누구나 편하고 가볍게 읽을 수 있지만 선박을 종합적 관점에서 기능 중심으로 파악할 수 있도록 하였다. 첫 권은 기능구조분석의 개념과 선박에 대한 기능구조분석의 전달에 집중하여 최대한 간략하게 적고자 했다. 얇고 그 어떤 수식도 없지만, 핵심적인 개념을 담고 있고, 네 권의 중심에서 다른 세 권의 책을 잇는 가교 역할을 한다. 책 첫 권을 바탕으로 이후 세 권의 책에서 보다 상세한 내용을 참조하여 읽으면 효율적일 것이다.

선박의 부양성능, 적재성능 및 이동성능에 관한 각 권은 본문과 부록으로 구성되어 있고, 본문은 내용의 묶음에 따라 편-장-절 순으로 분류하고 있다. 본문의 제1편은 선박의 기능구조분석을 통해 전체기능을 설명하고, 제2편은 선박의 기능구조분석에 기반하여 분해된 각 기능에 대해 세부적인 내용을 다루고 있다. 제1편이 숲이라면 제2편은 나무에 해당한다. 제3편은 선박을 둘러싸고 있는 제도적 환경에 관해서 설명하고 있고, 부록은 본문에 따른 관련 수학, 과학, 공학 등의 내용을 담고 있다.

선박의 부양성능, 적재성능 및 이동성능에 관한 각 권의 본문 중 제2편은 장, 절 및 각 주제를 서술하기에 앞서 해당 부분이 어느 기능구조에 속하는지와 왜 학습해야 하는지 그리고 어떻게 활용되는지에 대한 내용을 설명한 후 본론을 서술한다. 또한 본문의 각 주제당 서술은 일반적인 용어를 기반으로 최대한 쉽게 풀어쓰며, 정보전달이 용이한 개조식으로 핵심적 기능을 설명했다.

선박에 대한 체계와 실무적 지식을 익히고자 하는 경우는 제1편에서 제3편까지의 내용을 중심으로 학습하고, 이론적 기초를 파악하고자 하는 경우에는 제1편을 참조하여 부록의 수학, 과학 및 공학으로 이어지는 흐름을 익히도록 한다. 그리고 필요한 경우, 인용된 서적을 중심으로 해당 영역에 보다 전문적인 서적을 찾아보면 깊이를 더할 수 있을 것이다.

끝으로 이론과 실무의 연관성에 관해 설명하고자 한다. 조선공학은 선박의 건조 산업을 위한 학문이라 할 수 있다. 선박 건조는 산업이기 때문에 이윤을 창출하여야 하며, 시장의 여건 등에 따라 그에 맞는 산업의 흐름에 적응해야 한다. 제조업 특성상 산업의 흐름을 주도하기 위해서는 기술개발을 이끌어야(흐름의 변화를 주도해야) 하고, 기술을 개발하기 위해서는 원천 기술인 공학의 이해가 요구된다.

또한, 공학은 자연현상의 원리를 설명하고 그 안에서 규칙을 발견하는 과학을 기반으로 한다고 할 수 있다. 예를 들어 공학을 학습하기에 앞서 뉴턴의 물리법칙을 알지 못하면 이해하기 어려운 것과 같은 이치이다.

그리고 과학은 수학과 분리될 수 없는 학문이라 할 수 있다. 과학은 앞서 언급한 바와 같이 자연현상의 원리를 설명하고 규칙을 발견하는 것에 초점이 맞춰져 있는데 그 원리를 합리적으로 설명하고 정량화할 수 있는 수단이 수학이기 때문이다.

이러한 개념에서 본문에서는 선박의 기능구조와 실무지식을 설명하고, 부록에서는 이론적 배경인 수학, 과학 및 공학을 중심으로 서술하고 있다.

곰곰이 잘 따져보면 부록의 기초수학에서 공학 이론까지는 대학에서 학습하는 내용이며, 본문은 실무에서 익힐 수 있는 내용이다. 지도와 같은 역할을 하고자 한다는 의미는 이론과 실무의 연관성을 Mapping 한다고도 할 수 있을 것이다.

제1편

기능구조분석에 기반한 선박의 이해

기능구조분석에 기반한 선박의 이해

1. 기능구조분석의 개념

: 선박을 기능 중심으로 분석하기 위한 수단인 기능구조분석의 개념을 소개한다.

2. 선박의 기능구조분석

: 선박의 정의에 기반하여, 선박이 지녀야 하는 목적을 이루기 위한 기본성능 그리고 기본성능을 분해한 세부성능으로 나눈다. 분해된 각 세부성능을 구현하기 위한 주요 제원을 살펴보고, 주요 제원은 다시 세부 제원으로 기능구조분석을 시행한다. 최종 하위에는 해당 기능의 바탕이 되는 공학과의 연관성을 나타낸다. 선박의 기능구조분석은 어떠한 관점에서 얼마나 세밀하게 쪼개는가에 따라 달라질 수 있다.

1. 기능구조분석의 개념

기능구조분석은 선박뿐만 아니라 모든 대상과 모든 분야에서 동일한 방식으로 대상의 기능을 체계화하여 분석할 수 있는 강력한 수단이다.

기능구조분석은 공학에서도 매우 유용한 수단이다. 공학의 관점에서 기능구조분석의 유용성을 살펴봄으로써 선박을 이해하기 위해 기능구조분석을 활용할 필요성을 살펴본다.

공학 문제를 **일반화**해보면, 공학은 과학을 토대로 인간의 삶에서 만나지는 문제들을 해결하는 학문으로 그 효율성을 돈과 시간으로 나타낸다.

예를 들어보자. 오랜 옛날 무역을 위해 대륙 간에 대량의 화물을 저렴하게 이동해야 하는 문제가 발생했다고 하면, 해결 방법으로 해상운송 수단이라는 기능이 요구된다. 해상운송 수단의 기능을 달성하기 위해서는 물에 떠서 화물을 싣고 이동할 수 있어야 한다는 기능이 도출되고, 물에 뜨기 위해서는 어떤 재질로 어떻게 만들어야 할지, 그리고 어떤 방법으로 이동시킬지 당시의 기술과 과학적 지식을 통해 방법을 찾게 될 것이다. 그리고 가능하다면 수학을 통해 가능성과 효율성을 검증하고, 이것이 어렵다면 실험 등을 통해 확인할 것이다. 이러한 흐름이 공학이라 할 수 있다.

기능구조분석이란, 대상의 목적을 발현하기 위한 핵심기능과 그 핵심기능들을 구성하는 하위기능들을 계층적으로 찾아 주는 것이다. 이러한 작업은 계층구조를 따라서 Top-down 방식으로 진행된다.

기능구조분석은 정의에서 출발한다. 정의란 대상의 일반화*를 통해 개념의 외연(어떠한 개념이 적용되는 범위)을 규정하고, 추상화**를 통해 개념의 내포(어떠한 개념이 적용되는 범위에서 대상이 공통적으로 지니는 성질)를 명확하게 하는 핵심적인 설명이다. 즉, 정의를 통해 적용범위와 공통요소(공통요소란 기능 전반에 영향을 미치는 핵심요소라고 할 수 있다)를 알 수 있다. 따라서 정의를 기반으로 이질적인 핵심기능을 분류하여 절점으로 설정하고, 이 절점(Node)을 분기점으로 기능구조분석을 반복하여 구조화하는 것이다.

* 일반화: 연관성 있는 2개 이상의 개념을 묶어 상위 개념을 형성하는 것

** 추상화: 개별적 사물 또는 구체적 개념으로부터 공통요소를 뽑아 일반적 개념으로 파악하는 것

2. 선박의 기능구조분석

선박의 정의로부터 기능구조분석을 시작한다. 선박은 사람 또는 화물을 계획된 일정에 따라 안전하게 운송할 수 있는 수상 구조물이다(선박을 통상 사람 또는 화물을 운송하는 수상 구조물로 정의하기도 하지만 효율 및 안전의 가치를 고려하여 '계획된 일정에 안전하게'라는 내용을 추가한다. 이는 실제로 효율을 향상하기 위한 선형개발, 안전을 확보하기 위한 안전설비 적용 등 다양한 형태로 기본기능의 하위 기능으로 발현된다).

정의를 통해 기능구조분석 대상인 선박의 적용범위(외연)와 공통요소(내포)를 확인한다. 정의 중 대상이 수상 구조물로 규정됨에 따라 육상 또는 항공과 구별되어 해상이라는 공간적 영역이 정해진다. 또한 공간의 영역에 시간의 영역을 더하여 대상의 범주를 확장한다. 해상이라는 공간과 운항이라는 시간의 변화를 함께 고려해본다. 그 예로 잠수함 또는 위그선은 수중과 수면 위에서 운항하지만, 출항과 입항 시 수상에서 시작 된다는 점을 고려하여 선박의 범주에 포함되는 것이다.

다음으로 정의된 대상의 목적을 고려하여 기능전반에 걸쳐 공통으로 적용되는 핵심기능을 도출한다. 수상의 의미에서 물 위에서 뜰 수 있어야 하고, 사람과 화물 운송의 의미에서 사람과 화물을 적재할 수 있어야 한다는 것과 이동할 수 있어야 한다는 것이 핵심기능임을 알 수 있다.

다시 정리해 보면, 선박은 목적을 달성하기 위해 필요한 기본기능으로 물 위에 떠서 사람 또는 화물을 적재할 수 있어야 하고, 목표한 시간 안에 원하는 곳으로 이동할 수 있어야 한다는 것이다. 이를 압축하여 표현하면, 선박은 부양성, 적재성 및 이동성을 갖추어야 한다는 것으로 핵심기능이 도출된다.

< 관점에 따른 기능구조분석 >

▸ 기능구조분석은 관점에 따라 달리 분석될 수 있으며, 선박의 대상을 두고 조선공학, 선박건조, 해상안전 등 다양한 관점의 기능구조분석이 가능

❶ 선박건조 측면의 기능구조분석의 가장 좋은 예는 건조사양서(Building Spec)임. 건조를 위해 만족해야 하는 계약관련사항, 주요치수, 요구 Rule & Regulation 도면 종류 등의 일반사항을 시작으로 선체, 기장철의, 기장배관, 선장철의, 선장배관, 선실 및 전장의 기능요건을 명시함

❷ 해상안전 측면의 기능구조분석의 가장 좋은 예는 법규에 따른 안전기준임. 구조기준, 복원성 및 만재흘수선기준, 구명설비기준, 소방설비기준, 기관기준 등을 요구함

※ 설계는 건조사양서 및 법규에서 문장으로 정의된 기능 또는 요구사항을 엔지니어링을 통해 검증하고 도면이라는 형태로 표현하는 것이고, 건조는 이것을 개발된 기술을 활용하여 현실화하는 것임

다시 부양성, 적재성 및 이동성을 세분화하면 부양성 아래에는 안전한 상태로 부양하기 위한 복원성을, 이동성 아래에는 원하는 방향으로 이동하기 위한 조종성이 추가된다(흔히들 선박의 주요기능에 대해 부양성, 적재성, 이동성, 복원성 및 조종성 등을 꼽는다). 기능구조분석을 통해 선박을 체계적으로 이해하기 위해 보다 세밀하게 기능구조분석을 실시해 보면 다음과 같다(선박의 기능구조분석을 수행하면 여러 기능에 관여하는 항목이 존재하고, 이것을 어느 기능의 하위로 분류할지에 따라 기능구조분석의 차이가 발생하며, 이때 주관이 개입된다. 이 책에서는 여러 기능에 관여하는 부분은 가장 크게 관여하는 기능에 하위로 편입하여 분류했다. 그리고 선박의 기능구조분석도는 하나의 계통도로 표기하기에는 비대하여, 기본기능 중심으로 몇 개의 세부 계통도로 분할하여 나타냈다).

위의 기능구조분석에 따라 선박의 기능을 체계적으로 이해하고 손쉽게 관련 내용을 찾아볼 수 있도록 선박의 기능구조분석도 중 각 절점(Node)에 기호를 부여했다. 그리고 이 기호를 조합하여 선박 기능구조분석도에서 해당 기능의 위치를 나타내는 코딩 체계를 다음과 같이 정의한다(손쉽게 내용을 파악할 수 있도록 하는 것 이외의 의미는 없고,

이 책에서 기능구조분석도를 보고 원하는 내용을 손쉽게 찾을 수 있으면 된다). 코딩은 기본성능, 세부성능 및 세부요소에 기호를 부여하고 3자리로 조합하는 방식으로 정의한다(기능구조분석도의 기본요소는 코딩의 간편성을 위해 별도의 표기를 부여하지 않는다). 기본성능은 앞자리를 기준으로 부양성-(부), 적재성-(적) 및 이동성-(이)으로 표현하고, 세부성능은 좌측에서 우측으로 (Ⅰ),(Ⅱ),(Ⅲ),(Ⅳ)를 부여하며, 세부요소는 동일한 요령으로 ①,②,③…순으로 나타낸다. Code는 기본성능, 세부성능 및 세부요소 순으로 조합한다. 다만, 세부요소가 여러 항목에 영향을 미치는 경우 ⓪으로 표현한다. 첫 권인 '선박의 이해'에서는 기본성능과 세부성능에 관한 Code까지만 활용되고, 그 외 선박의 부양성능, 적재성능 및 이동성능에 관한 책에서는 세부요소에 관한 기호까지 함께 Code에 표기해서 해당 내용이 기능구조상 어느 위치에 해당하는지 알 수 있도록 하였다.

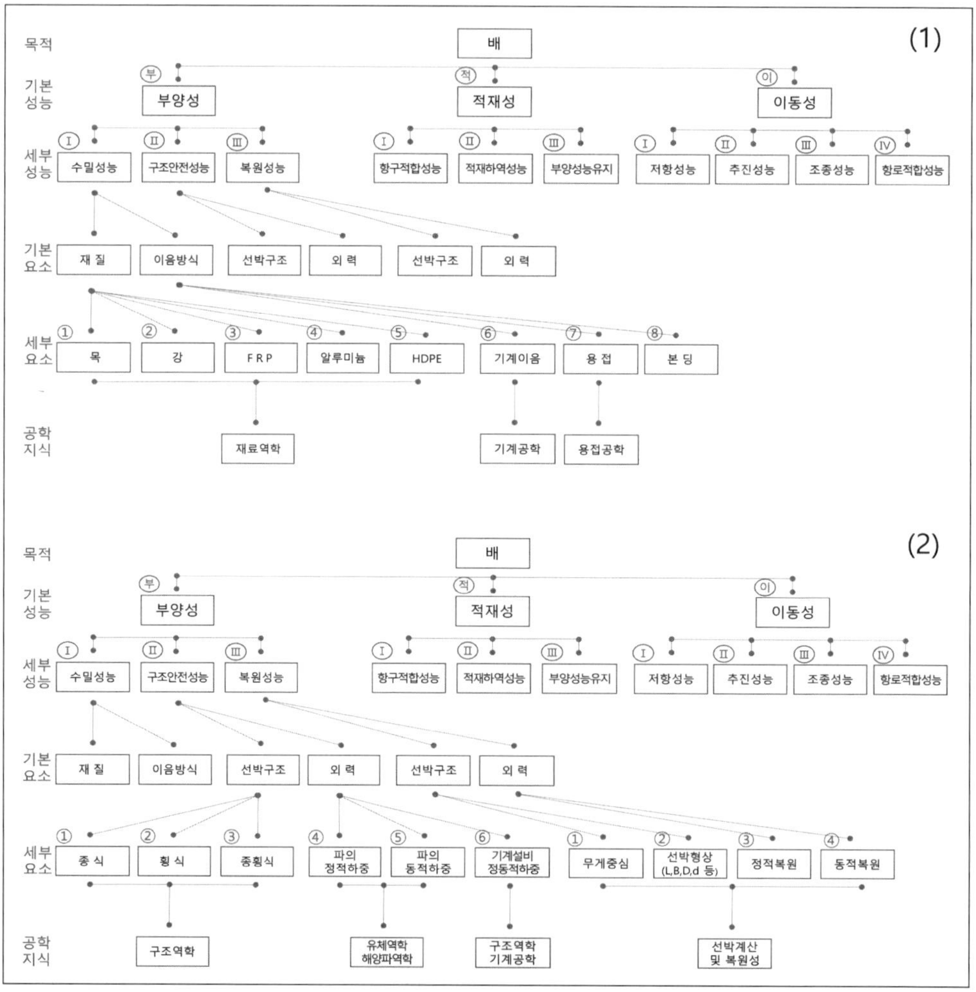

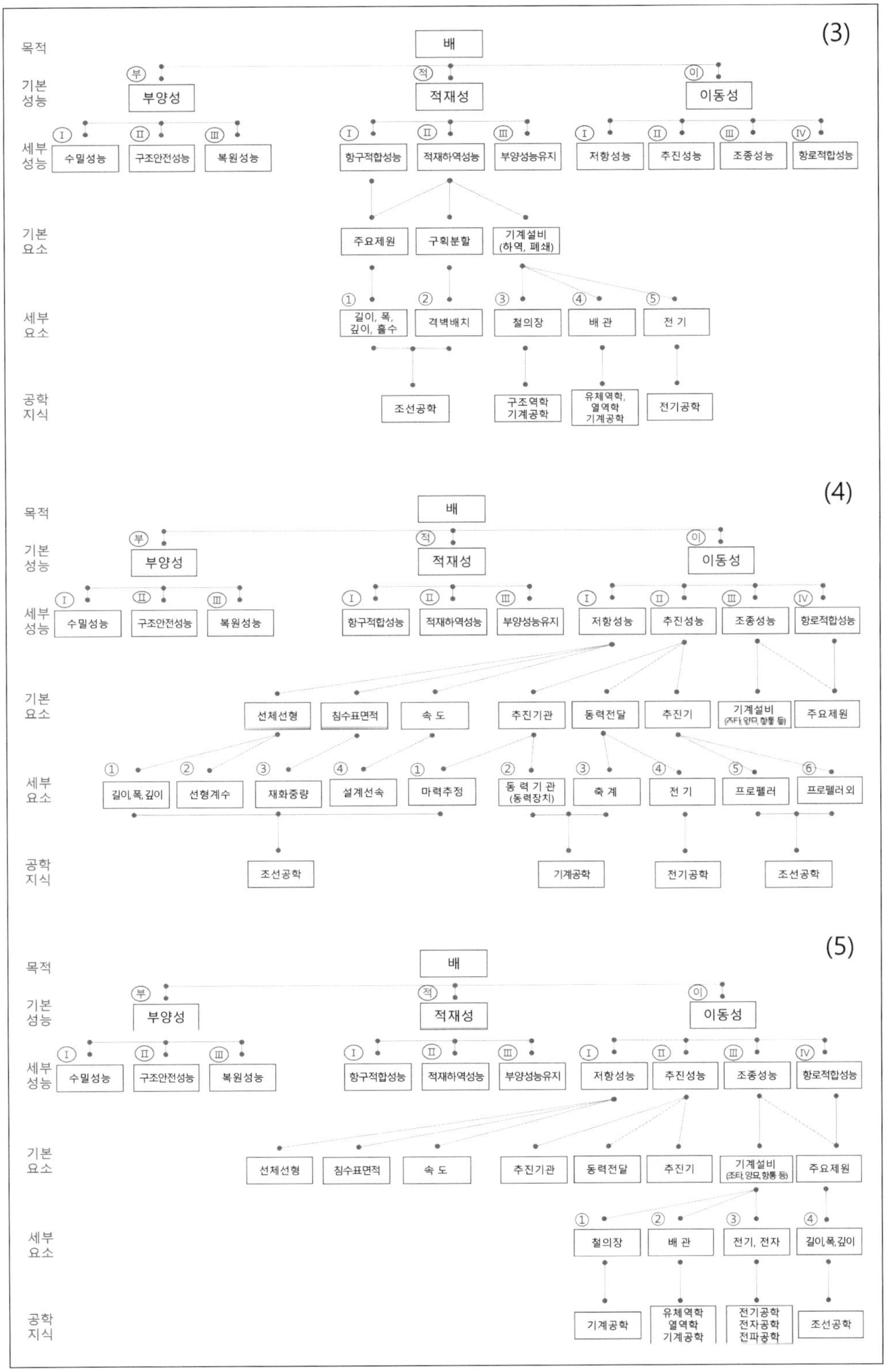
(3)
목적
배
기본 성능
부양성
적재성
이동성
세부 성능
수밀성능
구조안전성능
복원성능
항구적합성능
적재하역성능
부양성능유지
저항성능
추진성능
조종성능
항로적합성능
기본 요소
주요제원
구획분할
기계설비 (하역, 폐쇄)
세부 요소
길이, 폭, 깊이, 흘수
격벽배치
철의장
배 관
전 기
공학 지식
조선공학
구조역학 기계공학
유체역학, 열역학 기계공학
전기공학
(4)
목적
배
기본 성능
부양성
적재성
이동성
세부 성능
수밀성능
구조안전성능
복원성능
항구적합성능
적재하역성능
부양성능유지
저항성능
추진성능
조종성능
항로적합성능
기본 요소
선체선형
침수표면적
속 도
추진기관
동력전달
추진기
기계설비 (조타, 양묘, 항통 등)
주요제원
세부 요소
길이, 폭, 깊이
선형계수
재화중량
설계선속
마력추정
동 력 기 관 (동력장치)
축 계
전 기
프로펠러
프로펠러 외
공학 지식
조선공학
기계공학
전기공학
조선공학
(5)
목적
배
기본 성능
부양성
적재성
이동성
세부 성능
수밀성능
구조안전성능
복원성능
항구적합성능
적재하역성능
부양성능유지
저항성능
추진성능
조종성능
항로적합성능
기본 요소
선체선형
침수표면적
속 도
추진기관
동력전달
추진기
기계설비 (조타, 양묘, 항통 등)
주요제원
세부 요소
철의장
배 관
전기, 전자
길이, 폭, 깊이
공학 지식
기계공학
유체역학 열역학 기계공학
전기공학 전자공학 전파공학
조선공학

앞서, 선박의 정의를 토대로 목적을 달성하기 위한 기본기능을 간략히 살펴보았다. 지금부터는 각 기본성능을 중심으로 세부성능, 기본요소, 세부요소 및 관련 공학을 기준으로 하여 기능구조분석을 실시한다.

(부)**부양성에 대한 세부성능**을 분석한다. 부양성이 구현되기 위해서는 물이 들어오지 않고, 부서지거나 넘어지지 않고 유지될 수 있어야 한다. 이를 간단한 용어로 정리하면 수밀성능, 구조안전성능 및 복원성능이라 할 수 있다.

(부)-(Ⅰ)**수밀성능에 관한 기본요소**를 분석한다. 수밀성능이 유지되기 위해서는 어떠한 재질을 어떻게 연결하여 수밀이 되게 할 것인가가 핵심이 된다. 이를 재질과 이음방식으로 규정하기로 한다.

수밀성능의 기본요소별 세부요소 및 관련공학을 정리한다. 재질은 크게 목, 강, 알루미늄, FRP 및 HDPE가 있고, 이음방식은 기계이음(목제의 끼움, 강선의 리벳), 용접(강, 알루미늄 및 HDPE는 용접을 통해 부재를 연결) 및 본딩(FRP적층)이 있다. 이를 이해하기 위해서는 재료역학, 기계공학 및 용접공학에 대한 이해가 필요하다.

(부)-(Ⅱ)**구조안전성능에 관한 기본요소**를 분석한다. 구조적 안전성능이 유지되기 위해서는 해당 선박에 작용하는 외력을 알고, 선박의 구조가 외력을 견딜 수 있도록 해야 한다. 이를 선박구조와 외력이라 규정하기로 한다.

구조안전성능의 기본요소별 세부요소 및 관련공학을 정리한다. 선박의 구조는 크게 종식, 횡식 및 종횡식 구조로 분류할 수 있다. 그리고 외력은 파에 의한 하중과 선박 내부의 기계설비 운용에 의한 하중으로 나눌 수 있다. 파의 하중은 다시 정하중과 동하중으로 구분된다. 정하중은 파(波)중에 선박이 위치함으로써 굽힘을 받는 하중과 정수압 등이 있고, 동하중은 슬래밍과 같이 운항 시 충격에 의한 하중 등이 있다. 기계에 의한 정하중은 기계의 자중이 대표적인 예이며, 동하중은 크레인과 같은 장비를 운용할 경우 발생한다. 액체화물 운송 시 슬로싱에 의한 동하중이 발생한다. 이는 별도의 세부요소로 분류해도 좋고, 화물의 특이성을 감안하여 다른 세부요소의 하위요소로 분류해도 좋다. 관련 공학은 구조역학, 유체역학, 해양파역학 및 기계공학 등이 있다.

(부)-(Ⅲ)**복원성능에 관한 기본요소**를 분석한다. 복원성능이 유지되기 위해서는 선박의 형상 및 무게중심 등과 연관된 복원력이 횡 동요, 풍압 및 여객이동 등에 의한 외력보다 커야 한다. 편의상 선박구조와 외력으로 규정한다.

복원성능의 기본요소별 세부요소 및 관련공학을 정리한다. 선박구조는 선박의 길이, 폭, 깊이 및 흘수(복원력은 배수량과 복원정의 곱으로 나타나고, 복원정 계산에 포함된 변수는 최종적으로 목표하는 재화중량을 고려하여 길이, 폭, 깊이의 비율과 흘수에 따라 달라짐)에 따른 형상적인 요소와 질량의 분포 즉 무게중심에 의해 제어된다. 외력은 큰 의미에서 보면 선박의 안정상태를 변화시키는 외부 교란을 의미하고, 앞서 설명한 횡 동요 등의 외력 외에도 자유수효과, 물의 밀도 변화 등 다양한 요인이 있다. 따라서 단순히 기울었을 때 복원할 수 있는가에 대한 정적복원과 각종 요인에 따라 횡 동요(선박은 길이가 긴 세장체로써 종방향으로 전복되지는 않는다. 관심대상은 횡 복원력이며, 따라서 동적상태는 횡 동요 상태를 말함) 상태에서도 복원할 수 있는가에 대한 동적복원으로 관점을 정리한다. 관련공학은 선박계산 및 복원성이 있다.

(적)**적재성에 대한 세부성능**을 분석한다. 적재성이 구현되기 위해서는 항구에 접안해서 화물을 선적하고, 그 상태를 안전하게 유지하며 또 다른 항에 접안하여 하역할 수 있어야 한다. 함축적 의미로 다시 정리하면 항구적합성능, 적재·하역성능 및 부양성능이라 할 수 있다. 부양성능은 적재상태에 대한 부양성 유지임으로 자세한 설명은 생략한다.

(적)-(Ⅰ)**항구적합성능에 관한 기본요소**를 분석한다. 선박은 정의와 같이 사람 또는 화물을 운송할 수 있어야 하고, 시작과 끝은 육상으로 통한다. 즉 계획된 항구에 입항하여 접안할 수 있을 때 비로소 목적을 달성할 수 있다. 항구 호환성능의 의미는 선박의 주요 제원이 계획된 항구에 적합해야 한다는 것이다.

항구적합성능에 관한 기본요소의 세부요소 및 관련공학을 정리한다. 선박의 주요 제원 중 항구 입출항 및 접안에 영향을 주는 요소는 길이, 폭, 깊이 및 흘수에 해당한다. 예를 들면 선폭은 항 내 출입 시 방파제가 있다면 출입이 가능한 폭이어야 하고, 깊이 및 흘수는 항 내 수심에서 운항할 수 있어야 하며, 길이는 항내 운항 및 접안시설에 맞는 규모여야 한다. 관련공학 지식은 조선공학에 해당한다.

엄밀히 말하면 항구와 적합성을 고려한 주요 치수는 공학적 지식이 필요하지는 않으나, 항구와의 적합성은 설계 제약조건으로 작용하여 선박설계 시 고려되는 요소임에 따라 조선공학이 연관된다.

[적-Ⅱ]**적재하역성능에 관한 기본요소**를 분석한다. 선박이 운송을 위해 계획된 항구에 입항이 가능하다고 하면, 화물을 선박에 싣거나 내릴 수 있어야 한다. 그리고 선박은 계획된 일정에 따라 운송할 수 있어야 한다. 운송과정에서 일정을 확보하기 위해서는 적재 및 하역 시 시간을 줄이는 것은 중요한 요소이다. 따라서 적재 및 하역 시에는 가능한 한 기계설비를 통해 자동화하고 능률화하고자 한다. 그리고 이러한 설비는 대상화물에 따라 달라진다. 적재 및 하역 시에 액체화물선은 배관설비를 통해 이루어지고, 컨테이너선은 크레인을 통해서 이루어지며, Ro-Ro선은 Ramp 시설이 요구된다. 조금 더 넓게 적재 및 하역에 관한 기계설비를 살펴보면, 화물창을 관리하거나 안전성을 확보하기 위한 설비부터 운용을 위해 접근을 위한 설비까지 포함될 수 있다. 간단히 예를 들어보면, 유조선의 경우 화물창을 선저에 원유의 원활한 적재 및 하역을 위해 점도를 맞추기 위한 Heating system이 설치되며, 운용의 효율을 높이기 위한 화물창 세정설비인 COW(Crude oil washing) system이 적용된다. 안전에 관한 설비로 화물창 내 화재를 고려한 소화설비가 추가된다. 그리고 이러한 장비의 운용 및 유지관리를 위해서는 접근을 위한 교통장치(Door, Ladder 및 Handrail 등)가 필요하다. 여기서 System, 설비 혹은 장치라고 설명된 것들이 움직임을 동반 하는 경우, 전력 또는 유공압 등을 활용하기 때문에 기계, 전기 및 유공압으로 내용은 더욱 확장된다. 조선 산업이 종합산업인 이유가 여기에서 확인된다. 기계설비와 더불어 적재 및 하역 성능과 관련된 다른 기본 요소는 선박 내 구획분할이다. 선박이 항구에 입항하고, 효율적으로 선적할 수 있는 장비가 갖춰졌다면, 계획된 한 항차당 화물을 선박에 실을 수 있는 공간이 확보되어 있어야 한다는 의미다. 정리하면 적재 및 하역 성능과 관련된 기본요소는 기계설비와 선박 내 구획분할이다.

적재하역성능에 관한 기본요소별 세부요소 및 관련공학을 정리한다. 주요 제원과 구획분할은 선박의 길이, 폭, 깊이, 흘수, 재화중량을 고려한 구획분할 등이 해당한다. 사실상의 조선공학에서 기본설계에 해당하는 부분이다. 주의할 사항은 뒷부분에서 설명하겠지만 이러한 주요 제원 등은 이동성을 달성하기 위한 세부요소와 중복되며, 각 기능의 목적을 달성하기 위한 조건이 상충한다. 각각의 기능을 달성하기 위해 설계변수를 결정하는 과정에서 충돌문제가 발생하는 것이다. 선박설계는 이러한 충돌문제를 해결해가는 과정이라 할 수 있다. 충돌문제에 대해서는 이동성에서 다시 다루기로 한다. 또 다른 기본요소인 기계설비는 기계공학의 영역에 해당한다. 조선공학은 집을 짓는 것이고, 기계설비는 집 안의 각종 설비에서 소품에 이르는 것을 설치하는 것이라 할 수 있다. 각각의 기계설비는 System으로 불릴 만큼 독립적인 기능을 갖는다. 일반적으로 동력원으로써의 전기, 동력 전달을 위한 전기 또는 배관(유공압) 및 실제 운동을 만들어내는 기계부분으로 구성된다. 기계설비로 한정하여 표현하기도 했으나, 고정되어 있는 의장품 역시 넓은 의미해서는 포함될 수 있다. 예를 들면 교통장치는 Traffic system으로 선원이 해당구역을 안전하고 편하게 접근할 수 있어야 한다. 그래서 사고를 고려하여 2개의 수단을 준비하고 최대한 멀리 떨어져 배치하며, 가급적 편리를 위해 경사사다리를 사용한다. 적재 및 하역을 위해 선원의 접근이 필요한 경우, 안전하고 편안한 접근을 위해 의장품을 효율적으로 배치하는 것 역시 넓은 의미에서 기계설비의 요소에 포함된다. 세부적인 관련학문은 조선공학, 구조역학, 기계공학, 유체역학, 열역학 및 전기공학이 있다.

㉑**이동성에 대한 세부성능**을 분석한다. 이동성은 선박이 화물을 선적하고 예정된 출항지에서 목적지까지 이동할 수 있어야 한다. 조금 더 정확하게 말하면 예정된 기간 내에 이동할 수 있어야 한다. 이러한 목적을 달성하기 위해서는 계획된 선속으로 선박을 운항할 때, 수상에서 발생하는 저항을 알아야 하고 추정된 저항보다 큰 추진성능을 갖출 수 있어야 한다. 그리고 원하는 항로에 따라 선박을 조종할 수 있어야 한다. 만약, 계획된 항로가 운하를 지나게 된다면 운하를 통과할 수 있는 규모여야 한다. 이동성에 관한 세부성능을 요약하여, 저항성능, 추진성능, 조종성능 및 항로적합성능으로 규정한다.

㉑-①**저항성능에 관한 기본요소**를 분석한다. 선박의 저항은 크게 공기에 의한 저항과 물에 의한 저항으로 나뉜다. 물의 밀도가 공기의 밀도보다 1,000배 크기 때문에 물에 의한 저항에 집중한다(고속선에서는 공기저항이 중요한 요소가 된다). 물에 의한 저항은 크게 물의 점성에 따라 발생하는 마찰저항과 선체 표면에 붙어있던 유체 입자가 박리되면서 선수와 선미의 압력차에 의해 발생하는 형상저항 그리고 자유수면에서 파의 발생(에너지 손실)에 따른 조파저항으로 합으로 구성되며 이는 선속에

따라 비율이 달라진다. 선박의 저항에 영향을 주는 요소를 살펴보자. 첫째는 선체가 어떤 외형을 갖추었는지(흔히들 말하는 물을 잘 가르게 생겼는지) 선체선형에 영향을 받는다(형상저항과 조파저항에 영향을 미침). 다음은 침수표면적이 있다. 물은 점성을 가지고 있기 때문에 수중에서 이동하는 경우 마찰저항이 발생하며, 이를 줄이기 위해서는 물과의 접촉 상태를 바꾸지 않는 한 침수표면적을 줄여야 한다(선체 표면에 공기를 분사하여 접촉상태를 개선하기도 하며 관련된 설비로 개념을 확장할 수 있으나 기본적인 체계에 집중한다). 그리고 동일한 선형에 동일한 침수표면적이라 할지라도 움직이는 속도에 따라 달라지기 때문에 선속이 마지막 요소가 된다.

저항성능에 관한 기본요소별 세부요소 및 관련공학을 정리한다. 선체선형을 가장 손쉽게 표현할 수 있는 방법은 주요 제원(길이, 폭 및 깊이)과 선형계수(방형계수, 주형계수, 연직주형계수, 중앙횡단면계수 및 수선면계수)이다. 즉, 선박을 직육면체의 공간에 놓았을 때, 해당공간 대비 선박의 용적이 얼마나 차지하는지, 각 단면에서 얼마의 면적을 차지하는지를 표현하여 선형을 나타내는 것이다. 이렇게 외형인 선체선형이 결정되면 침수표면적을 결정하는 것은 재화중량이 된다. 화물을 많이 실을수록 선박은 많이 가라앉게 되고 침수표면적은 커지게 된다. 그리고 속도는 계획된 화물을 목표 일정 안에 운송하기 위한 선속을 만족해야 한다. 관련학문은 조선공학에 해당한다.

절점(Node)에서 발생하는 충돌문제를 설명한다. 저항성능의 세부요소에는 주요 제원이 포함된다. 그리고 앞서 설명한 바와 같이 부양성과 적재성의 세부요소에서도 주요 제원이 포함되어 있어 충돌문제를 일으킨다. 기본기능을 중심으로 가장 손쉬운 예를 들어보면 선폭이 증가하면 부양성(복원성능) 측면에서 유리하지만, 일반적으로 이동성(저항성능) 측면에서 저하되는 경향을 보인다(자세한 내용은 '선박의 부양성능', '선박의 적재성능' 및 '선박의 이동성능'편에 수록된 선박기본설계 중 주요목에 따른 성능변화를 참고한다). 이러한 상황을 해결하기 위해 최적의 절충안을 찾기 위한 방법으로 여러 가지 최적설계 기법을 도입하여 활용한다(이 부분에서 기능구조분석의 강점을 찾을 수 있다. 대상의 체계적인 이해뿐만 아니라 변수가 전체 목적기능에 미치는 영향을 손쉽게 파악하여 변형하거나 외부 변수가 발생하였을 때 그 영향을 예측할 수 있다).

(이)-(Ⅱ)**추진성능에 관한 기본요소**를 분석한다. 추진성능을 구현하기 위해서는 에너지원의 동력전환에서 추진력 발생까지 흐름을 이해해야 한다. 개념화된 흐름은 에너지원을 일로 전환하고 전환된 일을 추진기까지 전달하며, 추진기를 통해 최종 추력을 발생시킨다. 예를 들어보면 에너지원의 동력으로 전환은 증기기관(보일러를 통해 증기를 생산하고 터빈을 회전), 디젤기관, 가솔린기관(연료의 폭발력을 실린더의 왕복운동으로 다시 커넥팅 로드를 통한 회전운동으로 전환) 등으로 이루어지고, 발생한 동력(회전력)은 축(Shaft)을 통해 추진기로 전달된다. 추진기는 전달받은 동력을 이용하여 실제 추력을 발생시키며, 대표적인 예로 프로펠러, 보이슈나이더 및 워터젯 등이 있다. 수중에서 프로펠러가 고속으로 회전할 경우 케비테이션에 의한 문제가 발생하기 때문에 가급적 대직경 저회전으로 프로펠러가 작동될 수 있도록 하기 위해 감속기를 두기도 한다. 큰 개념에서 중요한 기본요소는 추진기관, 동력전달 및 추진기로 구성된다.

추진성능에 관한 기본요소별 세부요소 및 관련공학을 정리한다. 추진기관의 세부요소는 여러 가지로 구성될 수 있으나, 선박에 있어 핵심요소는 마력의 추정이다. 풀어서 말하면 추진기관(동력장치)은 기존에 개발된 제품을 적용하면 되기 때문에 어떤 용량의 추진기관을 사용할 것인지가 핵심이 되는 것이다. 그리고 몇 마력에 해당하는 추진기관을 사용할 것인가는 앞서 저항성능에서 저항을 추정함으로써 구했다. 동력전달은 통상 축(Shaft)의 회전을 통해 전달한다. 축은 기관실의 조건에 따라 다양하게 구성되나, 핵심요소는 추진축, 선미관축 및 추력축에 해당한다. 추진축은 프로펠러에 연결된 축이며, 선미관축은 축이 선체를 관통하면서도 수밀이 유지되도록 한다. 그리고 추력축은 프로펠러, 추진축 및 선미관축을 통해 전달된 추력을 선체에 전달하는 역할을 한다. 만약 추력축이 없이 추진기관의 커넥팅 로드와 연결된 축과 바로 연결된다면, 추력에 의해서 축이 추진기관으로부터 이탈된다. 실제 추력을 발생시키는 추진기는 다양한 것이 개발되어 있으나 가장 효율이 좋은 것은 프로펠러이다(자세한 내용은 '선박의 이동성능' 편에 수록된 추진기의 기본 개념을 참고한다). 관련공학은 조선공학, 기계공학 및 전기공학 등이 있다.

(이)-(Ⅲ)**조종성능에 관한 기본요소**를 분석한다. 선박을 안전하고 원하는 상태로 조종하기 위해서는 일정 수준 이상의 조종성능을 만족해야 한다. 풀어서 말하면 긴급으로 정지하고자 할 때, 최소한 얼마의 제동거리가 발생하는지(긴급정지)와 선회를 할 때

어느 만큼의 회전반경이 필요한지(선회성)를 알고 있어야 하고, 원하는 방향으로 침로를 유지(보침성)하고 원활한 변침(변침성)이 가능해야 한다. 그리고 필요시 해상의 한 곳에 머물 수 있어야 하며, 항구에 입항했을 때 안전하게 접안도 할 수 있어야 한다. 지금까지 선박의 외형을 갖추고 이동하기 위한 추진기가 설치된 상태라면, 선박을 원하는 상태로 조종하기 위한 여러 기계설비가 추가되는 개념이다.

조종성능에 관한 기본요소별 세부요소 및 관련공학을 정리한다. 조종성능을 구현하기 위해 필요한 세부요소는 매우 많다. 넓은 의미에서 예를 들면, 목표한 항로에 따라 안전하게 운항하기 위해 다른 선박 혹은 육상과 교신을 위한 항해통신설비와 원활한 조종을 위해 선원을 위한 편의설비 등 다양한 경우를 생각할 수 있다. 하지만 선박의 움직임과 직접적인 연관을 갖는 기계설비에 집중한다. 주요 설비로는 선박의 방향을 바꿀 수 있는 조타설비, 해상에서 정박하거나 긴급정지 및 선회 등을 위한 계선설비, 그리고 항 내에서 필요한 계류설비 및 조향설비(Thruster 등)를 들 수 있다. 해당 장비는 앞서 적재 및 하역을 위한 기계설비에서 설명된 바와 같이 독립된 기능을 갖는 System으로, 해당 기능을 실현하기 위해 기계(철의장), 배관 및 전기 Part를 조합한다. 관련학문은 기계공학, 유체역학, 열역학 및 전기공학 등이 있다.

(01)-(IV)**항로적합성능에 관한 기본요소**를 분석한다. 항로적합성능의 개념은 항구적합성능과 같은 개념이다. 항로상에 선박의 제원에 영향을 주는 요소가 있는지 파악하는 것이다. 그것은 대부분이 항로상에 운하가 존재하는지 여부가 된다. 특별한 경우로는 북극항로를 지나는 경우 쇄빙능력(쇄빙선은 쇄빙을 고려하여 설계하지만 가급적 쇄빙이 발생하는 경로를 피하여 운항하고, 유빙에 대비한다)을 고려한 주요 제원의 선정이 필요하다.

항로적합성능에 관한 기본요소의 세부요소 및 관련공학을 정리한다. 앞서 설명한 바와 같이 대부분의 항로적합성능에 관한 검토는 운하 통과 여부이다. 따라서 세부요소는 운하를 통과한다면, 해당 운하를 이용할 수 있는 길이, 폭, 깊이 및 흘수를 갖추었는가에 해당한다. 역시 이 부분은 선박설계 측면에서 제약조건으로 작용된다. 항구 적합성능에서와 같이 항로적합성능에 따른 주요 제원의 도출은 제약조건일 뿐이나 주요 제원이 다른 성능과 연관되어 있기 때문에 관련 학문으로 조선공학에 대한 이해가 필요하다.

제2편
기능구조분석에 기반한 선박의 기능과 체계

제1장 선박기본 및 구조

1. 선박의 주요성능 및 분류(공통)

: 선박은 주요 기본성능인 부양성, 적재성 및 이동성을 갖추어야 하고, 목적(수송, 해양작업 및 군함 등 특수목적), 크기(Handy size, Hand max, Panamax, Aframax, Capesize, Suezmax, VLCC 및 ULCC 등) 및 지지방식(배수량형, 수중익형, 공기부양형 및 반수형 등)에 따라 분류되고, 계열화할 수 있다.

2. 주요정의 및 선박규모의 단위(공통)

: 선박의 기본제원을 나타내는 길이(전장, 등록장, 수선간장, 수선장), 폭(형폭, 전폭, 등록폭) 및 깊이(형깊이, 등록깊이 및 건현깊이)는 사용 목적에 따라 다양하게 표현된다. 또한 선박의 규모를 나타내는 단위 역시 선박의 목적 및 특징에 따라 무게를 기준으로 한 중량톤수(배수톤수, 기준배수톤)와 부피를 기준으로 한 용적톤수(총톤수, 순톤수 및 보정총톤수)로 세분화되어 있다(컨테이너선은 선적가능한 컨테이너 수량으로 TEU, FEU로 선박규모를 나타냄). 선박에 관한 다양한 단위가 있다.

3. 설계프로세스(공통)

: 선박설계는 대부분 변형설계에 해당된다. 기하학적 변이를 주고 이들의 효율을 비교해서 최적의 값을 찾아가는 방식이다. 정해진 Flow를 따라 설계를 진행하고 충돌되는 값이 발견되는 경우 이전 Step으로 다시 회귀하여 설계하는 반복법을 주로 채택하고 있다.

4. 주요목에 따른 선박의 성능변화(공통)

: 앞서 기능 간 충돌문제를 살펴본 바 있다. 그리고 선박설계는 정해진 Flow에 따라 진행하고 기능구조의 결합부(Node)에서 충돌문제가 발생한다. 이를 위해 기하하적 변형을 체계적으로 시도하고, 충돌문제가 해결되지 않으면 이전 Step으로 회귀하는 방식을 취한다고 했다. 주요목(L, B, D, d, DWT)의 변화에 따른 영향을 이해한다면, 반복작업을 줄일 수 있을 것이다.

5. 주요목의 추정(공통)

: 선박의 주요제원은 모든 기능에 영향을 미친다. 그리고 앞서 선박설계는 대부분 변형설계임을 설명한 바 있다. 실제 선박설계는 가장 기본이 되는 주요제원에 대해 변형설계 관점에서 기존의 정보를 활용하여 계약사항을 어떻게 효율적으로 만족시킬 것인가에 대해 집중한다. 실적선을 바탕으로 도출한 경험식 또는 회귀분석을 통해 합리적인 초기값을 찾는 방법이 활용된다.

6. 일반배치 개념(적-Ⅱ-0, 이-Ⅰ&Ⅱ-0)

: 일반배치는 설형설계에 따른 선체주부의 외형이 결정되면 내부의 공간을 분할(구획배치)하고, 그에 맞추어 필요한 기계설비를 배치하는 작업이나. 주요목이 동일하더라도 일반배치에 따라 선박의 부양성, 적재성 및 이동성은 달라진다. 일반배치가 선박의 기능 전반에 영향을 준다는 것을 이해해야 한다.

< 선박의 필수기능에 관한 기능구조분석도 >

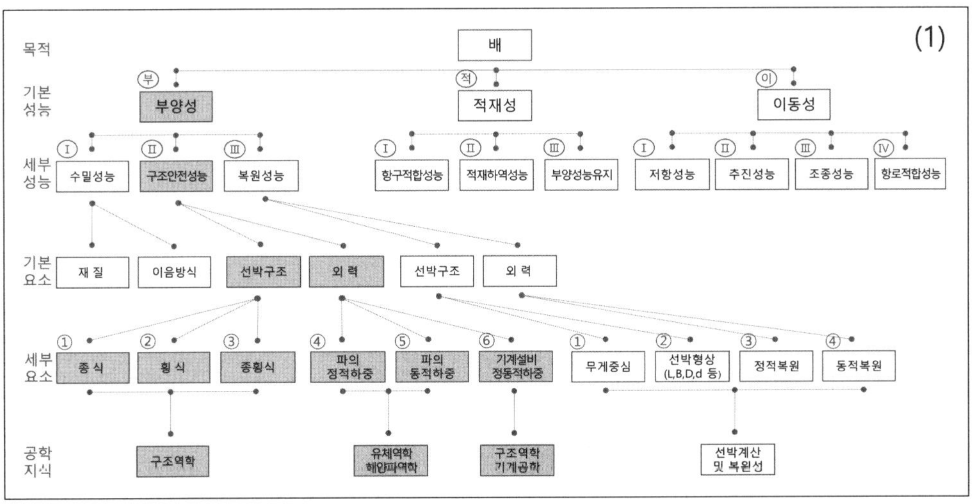

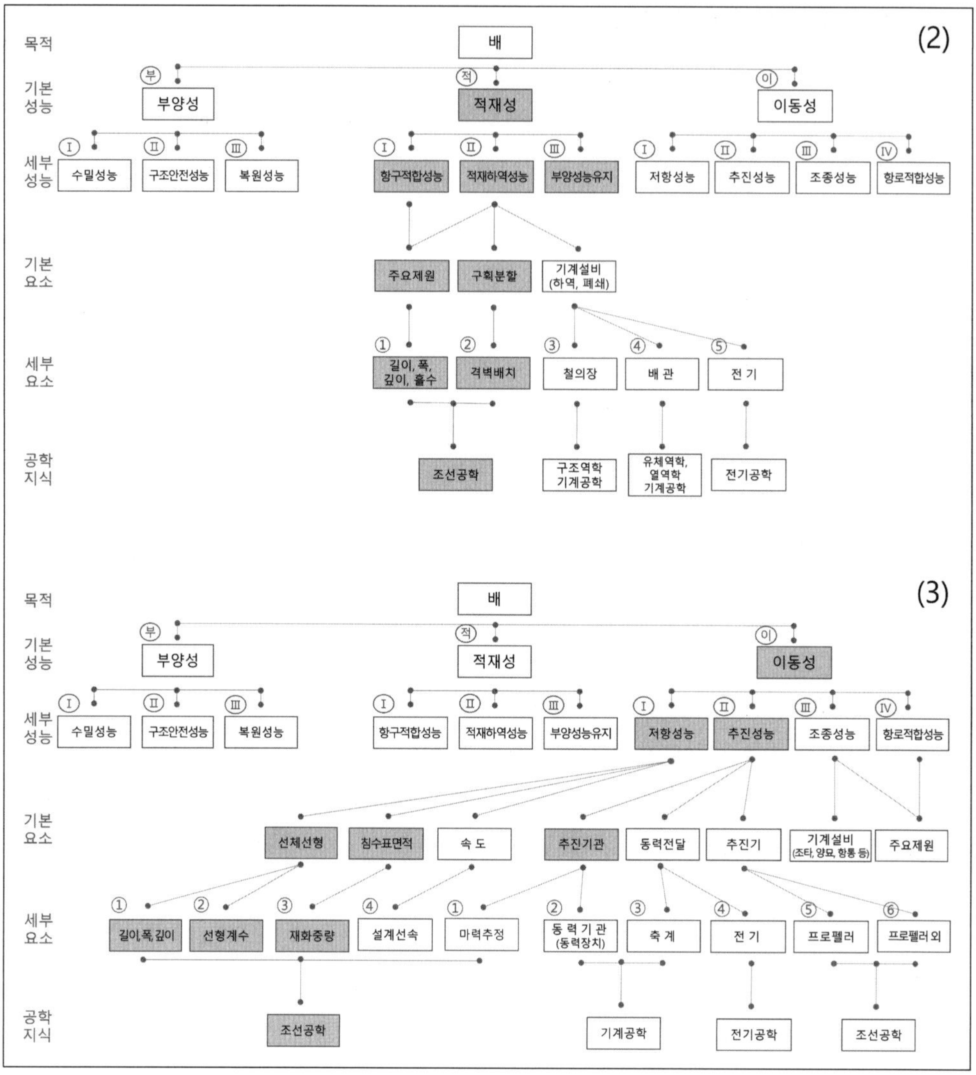
(2)
목적
기본 성능
세부 성능
기본 요소
세부 요소
공학 지식
배
부 부양성
적 적재성
이 이동성
Ⅰ 수밀성능
Ⅱ 구조안전성능
Ⅲ 복원성능
Ⅰ 항구적합성능
Ⅱ 적재하역성능
Ⅲ 부양성능유지
Ⅰ 저항성능
Ⅱ 추진성능
Ⅲ 조종성능
Ⅳ 항로적합성능
주요제원
구획분할
기계설비 (하역, 폐쇄)
① 길이, 폭, 깊이, 흘수
② 격벽배치
③ 철의장
④ 배 관
⑤ 전 기
조선공학
구조역학 기계공학
유체역학, 열역학 기계공학
전기공학
(3)
목적
기본 성능
세부 성능
기본 요소
세부 요소
공학 지식
배
부 부양성
적 적재성
이 이동성
Ⅰ 수밀성능
Ⅱ 구조안전성능
Ⅲ 복원성능
Ⅰ 항구적합성능
Ⅱ 적재하역성능
Ⅲ 부양성능유지
Ⅰ 저항성능
Ⅱ 추진성능
Ⅲ 조종성능
Ⅳ 항로적합성능
선체선형
침수표면적
속 도
추진기관
동력전달
추진기
기계설비 (조타, 양묘, 항통 등)
주요제원
① 길이,폭,깊이
② 선형계수
③ 재화중량
④ 설계선속
① 마력추정
② 동 력 기 관 (동력장치)
③ 축 계
④ 전 기
⑤ 프로펠러
⑥ 프로펠러 외
조선공학
기계공학
전기공학
조선공학

2-1-1 선박의 주요성능 및 분류 [공통]

□ 주요성능

ㅇ 선박의 주요성능은 통상 작게는 3가지 크게는 5가지로 구분하며, 각각은 부양성, 적재성, 이동성, 복원성 및 조종성이다.

① **(부양성)** 선박은 물 위에 뜰 수 있어야 함

② **(적재성)** 선박은 사람 또는 화물 등을 적재할 수 있어야 함

③ **(이동성)** 선박은 이동할 수 있어야 함

④ **(복원성)** 선박은 경사시 전복되지 않고 복원할 수 있어야 함

⑤ **(조종성)** 원하는 상태로 직진, 선회 및 정지 등을 할 수 있어야 함

□ 분류

ㅇ 선박분류는 관점에 따라 달라지며 여러가지 방식이 있을 수 있으나, 통상 사용되는 기능, 크기 및 부양방식에 따라 다음과 같이 분류된다.

① **(기능에 따른 분류)** 수송, 해양작업 및 특수목적선으로 분류

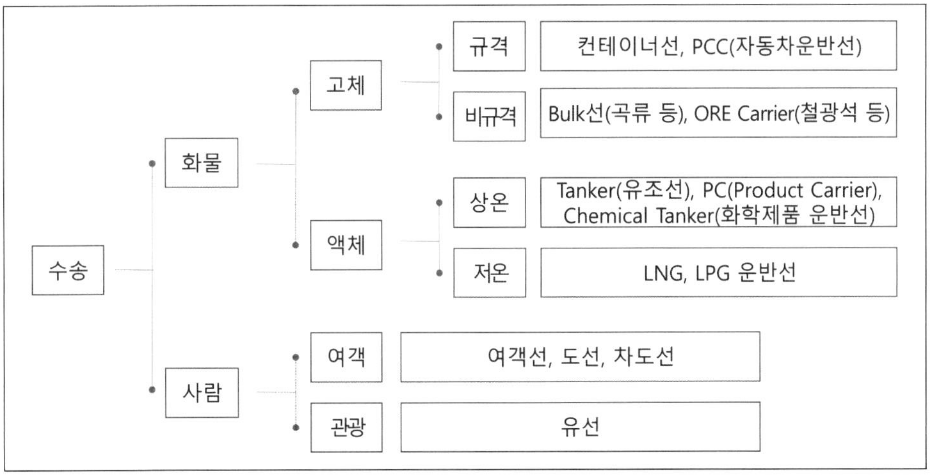

* 여객 vs 관광: 여객은 사람을 운송하기 위하여 항구에서 항구로 이동하는 것이나, 관광은 해상의 유락을 위한 것으로 출발한 항구로 다시 귀항하는 차이가 있음

작업선		
	생산	FPSO, FSO, FPU
	시추	Drill ship, Semi-Rig, Jack –up Rig
	지원	OSV, PSV, OCV, PLV, HCU, AHTS, DSV
	어선	트롤, 저인망, 권현망, 자망, 통발, 연승, 채낚기, 선망, 봉수망, 안강망

특수선		
	군/경	군함, 경비정, 잠수함, 병원선
	교육	시험 및 교습선
	조사	조사선
	관리	지도선, 단속선

- ► FPSO: Floating Production Storage and Off-loading
- ► FSO: Floating Storage and Off-loading
- ► FPU: Floating Production Unit

- ► OSV: Offshore Support Vessel
- ► PSV: Platform Supply Vessel
- ► OCV: Offshore Construction Vessel
- ► PLV: Pipe Laying Vessel
- ► HCU: Heavy Crane Vessel
- ► AHTS: Anchor Handling Tug & Supply
- ► DSV: Diving Support Vessel

② **(크기에 따른 분류)** 산적화물선과 유조선은 수치(숫자)를 포함하지 않고, 선박의 규모를 나타내는 별도의 용어가 존재

* 상선 중 산적화물선과 유조선은 중요한 위치를 차지하고, 항로에 의해 주요치수가 결정됨에 따라 항구 또는 운하의 운용 가능성을 기점으로 크기를 명명

산적화물선
- Handy Size: 2~4만톤(일정한 항로 없이 운항, 크기가 작아 접안시설 영향↓)

산적화물선
- Handy Max: 5만 톤급

산적화물선
- Panamax: 6~7만톤(파나마 운하를 통과할 수 있는 최대크기)

유조선
- Aframax: 8~11만톤(운임, 선가 고려시 최대 이윤창출이 가능한 규모 의미)

산적화물선
- Capesize: 10~15만톤(남아공 석탄 적출항 리차드 항에 입항 가능한 최대 규모)

유조선
- Suezmax: 13~15만톤(수에즈 운하를 통과할 수 있는 최대크기)

유조선
- VLCC: 20~30만톤

유조선
- ULCC: 30만톤 이상

③ **(지지방식에 따른 분류)** 부력형성 원리에 따라 분류

- 배수량형: 가장 흔한 형태로 아르키메데스의 원리에 의해 배가 물속에 잠김에 따라 발생한 부력에 의해 지지되는 방식
- 수중익형: 기본적으로 배수량형태이나 선저에 추가로 수중익*을 부착하고, 운항 시 수중익의 양력에 의해 지지되는 방식

* 수중익(Hydrofoil): 수중에 잠긴 비행기 날개와 같음

- 공기부양형: 중력반대 방향으로 Fan 등을 통해 공기의 흐름을 발생시켜 지지하는 방식
- 반잠수형/잠수형: 자유표면*에서 운항하는 것이 아니라, 수중에 운항하는 형태

* 자유표면: 밀도가 다른 2가지 유체(선박에서는 공기와 물)의 경계면

- 지면효과형: 지면효과*를 이용해 수면 가까이에서 운항하는 형태

* 지면효과: 날개가 지면 가까이 가면 항력이 50%가량 감소하여, 날개효율(양항비)이 급격히 좋아지는 현상으로 이동속도(추력)가 낮더라도 충분한 양력이 발생됨

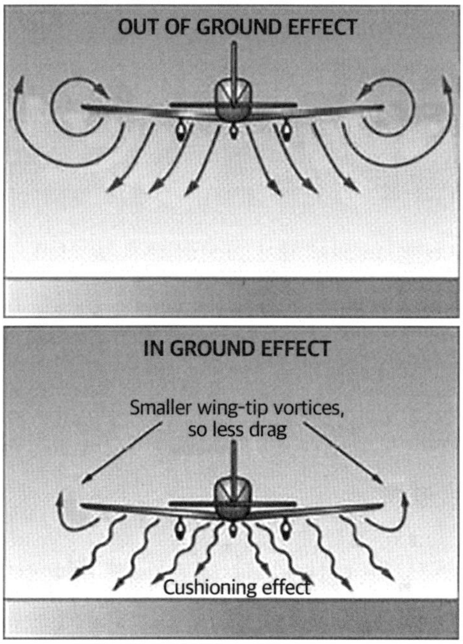

► 항력이 급격히 감소하는 이유는 날개 끝에 발생하는 Tip Vortex가 지면에 방해를 받아 사라짐으로써 항력의 감소를 유발

► 날개 아랫부분의 압력이 날개 윗부분의 압력보다 크고, 날개 끝부분에서 Tip Vortex가 발생하나 지면의 영향으로 사라짐

[그림출처] https://airtravelinfo.kr/wiki/index.php?title=%EC%A7%80%EB%A9%B4%ED%9A%A8%EA%B3%BC

** WIG(Wing In Ground): 수면 위 5m 이내에서 시속 550km까지 운항할 수 있는 초고속선으로 접안시설이 없는 경우 활용할 수 있고, 이동속도가 매우 빠르다는 장점이 있으나, 파도가 높은 경우 사용이 곤란하며, 해수포말에 의한 엔진의 부식으로 교체비용이 높은 것이 핵심적인 한계

2-1-2 주요정의 및 선박규모의 단위 (공통)

□ 주요정의

○ **(길이)** 선박등록, 운하통과, 접안여부 및 운동성능 등 여러 목적에 따라 선박의 길이를 아래와 같이 다양하게 정의하고 있다.

- (L_{OA}, Length Over All)[전장] 선수의 최전단과 선미의 최후단 사이에서 계획수선과 평행한 직선상의 거리 → 선박의 최대길이를 의미하며 항포구 내 접안 및 운하통과 검토 시 활용

- (L_R, Registered Length)[등록장] '최소 형깊이의 85% 위치에서 계획만재흘수선에 평행한 흘수선 전장의 96퍼센트' 또는 '그 흘수선상의 선수재 전면에서 타두재 중심까지 거리' 중 큰 것 → 주관청에 선박 등록 시 사용

  * 단, 「어선법」에 따른 상갑판 보의 상면의 선수재 전면에서 선미외판 후면까지의 수평거리가 24m 미만인 어선은 상갑판 보의 상면의 선수재 전면에서 타주의 후면까지 거리(타주가 없는 경우에는 타두재의 중심까지의 수평거리)를 등록장으로 함

- (L_{BP}, Length Between Perpendicular)[수선간장] 선수부 수선*와 선미부 수선** 사이의 길이 → 설계시 횡부재(Frame 등) 배치기준이 되는 기준점간 길이며, L_{BP}의 중간을 선체 중앙부라하고 ⓧ로 표기

  * 선수부 수선(F.P Fore Perpendicular): 계획만재흘수선과 선수재의 전면이 만나는 점에 세운 가상의 수직선

  ** 선미부 수선(A.P After Perpendicular): 계획만재흘수선과 선미에 있는 타주 (Rudder post)의 후면[타두(Rudder stock)가 있을 시 중심선]이 만나는 점에 세운 가상의 수직선

- (L_{WL}, Water Line Length)[수선장] 계획수선 상에서 선수부와 선미부 사이의 길이 → 선박이 실제 물에 잠긴 길이로 운동성능 평가 시 활용

< 선박의 길이 >

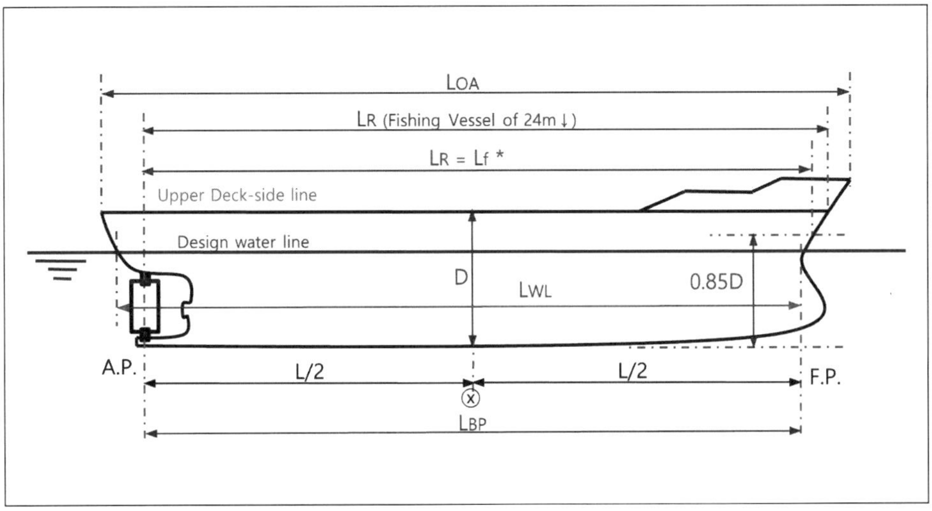

* 건현길이(L_f): '최소 형깊이 85%에서 LWL의 96%' 또는 '최소 형깊이 85%의 선수재 전면에서 타두재 중심선 사이 거리' 중 큰 값

○ **(폭)** 길이에 비해 목적이 명확하게 명시되는 것은 아니나 현측외판 두께*의 고려 여부에 따라 구분된다. → 선질과 건조공법에 따라 현측외판의 두께를 일치시키는 기준점이 달라지고, 선질에 따라 톤수 계산시 폭의 측정방식이 달라진다.

* 몰드라인(Mould line): 강선은 건조효율을 고려하여 현측외판의 내측을 일치시키고, FRP선 등은 형틀 위에 적층되기 때문에 현측외판의 외측이 일치 → 폭의 기준점 상이

- **(Moulded Breadth, 형폭)** 가장 넓은 횡단면(통상 중앙횡단면을 의미)의 현측외판 '내면' 사이의 최대 선폭 → 주로 강선에 적용

- **(B_{Max}, Extreme Breadth, 전폭)** 가장 넓은 횡단면의 현측외판 '외면' 사이의 최대 선폭 → 주로 FRP선에 적용, 도킹, 운하 통과 시 활용

- **(*BR*, Registered Breadth, 등록폭)** 최대폭 횡단면에서 현측외판 '외면' 사이의 최대 선폭 → 주관청에 선박 등록 시 사용

○ **(깊이)** 폭의 경우와 같이, 선저외판 두께의 고려 여부에 따라 구분한다.

- **(Moulded Depth)**(형깊이) 중앙횡단면에서 현측형선(Mould line)과 상갑판 하면과의 교점에서 기선(Base line) 사이의 깊이 → 설계시 주로 활용

- **(D_R, Registered Depth)**(등록깊이) 중앙횡단면에서 현측형선(Mould line)과 상갑판 하면의 교점으로부터 용골상면선(Top of Keel) 사이 깊이 → 선박등록 시 활용

- **(Freeboard Depth)**(건현깊이) 건현갑판 '상면'선에서 수면까지 거리 → 예비부력 평가시 활용, 타 깊이기준과 달리 갑판의 두께 상면까지 예비부력으로 작용할 수 있어 상면까지 포함

  * 건현(乾舷): 말라있는 현측이라는 의미로 물에 잠기지 않은 현측의 높이를 의미

○ **(흘수)** 선박이 물속에 잠긴 높이를 의미하며, 적재상태에 따라 변화하고 종강도 및 저항·추진능력 등에 연관되어 달리 정의된다.

- **(Moulded draft)**(형흘수) 기선으로부터 임의 흘수선까지 높이를 의미

  * 예시: 경하흘수(light draft), 만재흘수(Full load draft)

- **(Scantling draft)**(구조흘수) 구조강도 계산*에 사용하는 최대 흘수로 강도상 여유를 갖기 위해 만재흘수선보다 높게 적용

  * 선박은 세장체(가늘고 길이가 긴 형태)로 파고 및 파저의 상대적 위치에 따라 굽힘을 받을 수 있어 종방향 강도(종강도)를 중요하게 평가

- **(Design draft)**(설계흘수) 선박의 최대 운항효율을 고려하여 설정한 설계기준 깊이

  * 구조흘수 > 만재흘수 > 설계흘수 순으로 깊이가 깊음

□ 선박규모의 단위

○ **(중량톤수)** 선박의 운송능력을 중량으로 평가하는 것이 효과적인 경우에 선박의 규모를 중량톤수로 나타낸다.

- **(배수톤수, △)** 선박의 중량을 의미하며, 적재상태에 따라 만재배수톤수*, 경하배수톤수**, 재화중량톤수***로 구분됨

  * 만재배수톤수(Full load displacement): 화물을 최대로 선적했을 때 배의 중량
  ** 경하배수톤수(Light load displacement): 화물을 선적하지 않았을 때 배의 중량
  *** 재화중량톤수(DeadWeight, DWT, DW): 배의 적재가능 중량(만재배수톤수와 경하배수톤수의 차)

① 배수용적(▽, Volume of displacement): 배가 물 위에 떠 있을 때, 물속에 잠긴 배의 부피 (Tip. ▽기호는 자주 사용되어 숙지가 필요하고 헷갈리는 경우 Volume의 V를 떠올리자) ② 배수량, 배수톤수(△, Displacement): 배의 중량을 의미(배수용적 × 유체의 비중량) (예시: 배수용적 1,000m^3의 배수톤수 → △ = ▽ × ρ → 1.025톤 = 1,000m^3 × 1.025톤/m^3)

- **(기준배수톤, Standrad displacement)** '군함의 배수톤수'로써 병기, 탄약, 승무원 및 식량 일체를 적재하고, 연료·급수만 제외한 톤수

○ **(용적톤수)** 선박의 운송능력을 부피로 평가하는 것이 효과적인 경우에 선박의 규모를 용적톤수로 나타낸다.

  * 참조: 「선박톤수의 측정에 관한 규칙」, 「국제톤수측정협약」(TONNAGE, 69)
  ** 재화계수(m^3/ton): 선적화물 1톤당 부피, 밀도와 반대되는 개념으로 선적화물이 차지하는 부피가 중량보다 중요한 요소인 경우 활용

- **(총톤수, Gross Tonnage)** 선박의 폐위된 용적을 구한 뒤 일정한 계수를 곱한 값 (등록, 세금부과 등의 기준)

  * $GT = (0.2 + 0.02\log_{10} V) \times V$ (V는 폐위된 모든 용적을 의미)
  ** 비폐위의 개념은 3면이 개방되거나 상부가 개방된 경우이며, 톤수제외 공간은 미소용적(1m^3↓) 또는 Hose pipe, Crane pedestal 등 선적이 불가능한 폐위공간 등이 해당

- **(순톤수, Net Tonnage)** 여객이나 화물의 운송용으로 제공되는 장소의 크기를 규정하기 위해 사용되는 지표

  * $NT = K_2 \times V_c (4d/3D)^2 + K_3 (N_1 + N_2/10)$
  V_c: 화물창 합계용적, K_2: 0.2 + 0.02 ln Vc, D: 형깊이, d: 하계만재흘수선의 상당흘수,
  N_1: 8개 이하 침대를 갖춘 선실의 여객수, N_2: 기타 여객수, K_3: 1.25 × (GT+10,000) / 10,000

- **(재화용적, Cargo capacity tonnage)** 화물창 내 화물적재 가능 총용적

  * 그레인용적, 낟알화물용적: 비포장 화물을 적재할 수 있는 용적

  ** 포장화물용적: 포장화물을 적재할 수 있는 용적

- **(보정총톤수, Compensated Gross Tonnage)** 건조 난이도를 감안한 총톤수. 여객선, LNG, LPG, 컨테이너선, 유조선 및 벌크선 순으로 건조 난이도가 낮기 때문에 같은 GT여도 난이도를 고려하여 보정

  * CGT = 총톤수(GT) × 선종에 따른 계수
  (동일 GT여도 벌크선 등에 비해서 가스선 등을 건조했을 경우 CGT가 높아짐)

○ **(TEU, FEU)** 컨테이너 적재가능 개수를 의미하며, 컨테이너선의 규모를 나타내는 척도이다(컨테이너는 비규격 화물을 규격화 할 수 있는 수단임).

  * TEU(Twenty foot Equivalent Unit): 20ft 컨테이너를 의미

  ** FEU(Forty foot Equivalent Unit): 40ft 컨테이너를 의미

□ 중량톤수와 용적톤수의 상관관계

○ 중량톤수와 용적톤수는 각각 다른 단위이나 둘 간의 상관관계를 참고로 살펴보면 "용적톤수 × 2~3 = 중량톤수"와 같다.

- **(정의적 접근)** 구톤수 계산식은 $100ft^3$의 용적을 1 tonnage으로 한 것에서 중량톤수와 용적톤수를 비교 분석

  * $100ft^3$용적의 바지선이 모두 물에 잠겼다고 하면, 용적톤수는 1 tonnage,
  중량톤수 = ρgv = 1.025ton/m^3 × f × 100 × $(0.3m)^3$ = 2.76tonf [1ft=0.3m → $100ft^3$ = 100 × $(0.3m)^3$]

  ※ 용적톤은 역사적으로 럼주통을 몇 개를 옮기는지 확인하여 통행세를 받기 위해 생긴 개념으로 초기 $100ft^3$을 1tonnage로 했으나(구톤수), 1982년부터 개정(신톤수)됨

- **(수식적 접근)** 신톤수 계산식과 배수톤수 계산식을 통한 중량톤수와 용적톤수의 관계분석

  * $GT = (0.2 + 0.02\log_{10}4{,}000) \times 4{,}000$ = 1,088 tonnage, 약 1,000 GT(V는 편의상 4,000m^3 가정),
  배수톤수 = ρgv = 1.025ton/m^3 × f × 4,000m × 0.5(수선하 용적을 50% 가정) = 약 2,000tonf

2-1-3 설계프로세스 (공통)

□ 선박설계의 대구분

○ 선박 수주에서 생산 전 단계까지의 대구분은 대략 기술영업, 기본계획, 기본설계, 상세설계 및 생산설계로 구분*할 수 있다.

* 조선소별 상세 업무분장은 상이할 수 있으며 전박적인 업무흐름의 이해가 중요

- **(기술영업)** 사양, 가격, 납기조건 등 계약조건 및 건조사양서(Building Spec.)에 대한 계약 전 대선주 업무를 의미
- **(기본계획)** 기본설계와 비슷한 시기에 경제성 분석 중심의 업무
- **(기본설계)** 건조사양서에 글(Text)로 표현된 사항을 기본도면*을 중심으로 도면화하고 관련 계산을 통해 검증하는 과정

* 일반배치도, 중앙횡단면도, 외판전개도, 강재배치도 등

- **(상세설계)** 기본설계를 바탕으로 각 구역 및 공종별로 배치를 확정하고, 상세사양을 확정하는 단계(강재 및 기기장비 발주 실시)

▸ 종합설계(일반배치, 복원성능 검토, 시운전 절차서 등 관련 설계)
▸ 구조설계(FWD, AFT, MID, Hold 등 각 구역별 구조의 형상, 배치 및 두께를 설계)
▸ 기장배관(기관실 구역 배관설계) / 기장철의(기관실 구역 기계 및 의장품 설계)
▸ 선장배관(기관실 및 선실을 제외한 모든 구역의 배관설계) / 선장철의(기관실 및 선실을 제외한 모든 구역의 기계 및 의장품 설계)
▸ 선실설계(선실구역의 기계, 배관, 의장품 및 목의장 관련 설계)
▸ 전장설계(모든 구역의 동력계통, 제어계통, 항해통신 및 등화 관련 설계)

- **(생산설계)** 상세설계에 따라 일반 의장품의 제작도와 설치를 위한 상세한 설치 치수가 있는 설치도를 작성하는 단계

□ 선박기본설계의 주요 프로세스

○ 선박설계의 대구분을 기준으로 기본설계까지의 과정 중 주요프로세스를 정리하면 다음과 같다.

① **(설계조건 검토)** 선주 요구사항 및 주요항로 등 설계상의 제약사항(혹은 요구사양)을 검토하는 단계(DWT, V, d 등 결정)

* 어떤 화물을 얼마만큼, 어느 기간 동안, 어디에서 어디로 운송할지가 기본사항으로 화물의 총 운송량을 기간으로 나누면 1항차 당 운송량(DWT)이 결정되고, 1항차 당 운송량을 만족시키기 위한 필요속력(V)과 설정항로 및 입출항 Port에 따라 흘수(d) 결정

② **(주요목 추정)** 설계조건을 바탕으로 길이(L), 폭(B), 깊이(D), 방형계수(C_b) 및 경하중량을 추정

* 주요목의 추정은 반복법에 의해 목표값과의 차이를 줄여가는 방식으로 진행되나, 실적선 데이터가 있는 경우, 회귀분석, 경험식 등을 통해 신뢰도 높은 초기 추정값 추정

③ **(초기 선도(Lines) 작성)** 추정된 주요목(L,B,D,C_b)을 기준으로 선박의 외형정보인 선도에 대한 초기정보를 생성하는 단계

* 선형작성은 Lackenby 선형변환, 1-Cp방법 등 다양한 방법이 존재하며, 전체선박의 용적을 유지하면서 선박의 길이방향으로 각 단면의 어떻게 배치하는지가 핵심이고, 통상 정면도(Body plan), 측면도(Buttock line), 평면도(Water line)에 대해 Offset으로 표현

④ **(저항 및 마력 추정)** 초기선도에 따른 선박형상과 설계속도를 통하여 저항을 추정하고, 선속 만족을 위한 마력을 추정하는 단계

* 마력추정은 간편한 방법 중 하나로 '에드미럴티 계수'를 이용한 방법 등이 있음

⑤ **(초기 일반배치도(General Arrangement(G.A)) 작성)** 추정된 주요목을 바탕으로 화물창, 격벽, 각종 탱크, 기계류 배치 및 거주구역 등이 나타난 도면을 작성

* 법규 등에서 요구하는 안전기준(격벽 등) 및 건조사양서(Building Spec.)의 주요사항 등을 우선 반영하고 나머지 작은 내용들을 그에 맞추어 설계하는 방식

⑥ **(화물 및 Tank용적 계산)** 초기 G.A를 바탕으로 운송능력(DWT)을 계산하고, 추정된 마력을 근거로 Fuel oil tank를 검증하며, B-spec.에 따라 승선원 등을 고려하여 Fresh-water(청수) tank 적정성 검토

⑦ **(배수량 계산)** 화물 및 각종 tank 용적 계산 후 배수량 추정

Mid-Ship Section

⑧ **(초기 중앙횡단면도 작성)** 초기 G.A를 통해 대략적인 종강도를 만족할 수 있는 중앙횡단면도 작성(실적선 정보가 많은 경우, 실적선 정보를 초기정보로 활용)

Pre-Trim & Stability

⑨ **(초기 복원성 등 계산)** ⑧까지 확정된 정보를 바탕으로 Trim(선수미 흘수차) 및 초기 복원성을 계산(불만족시, 이전 단계로 회귀하여 반복)

* 중량 정보가 미확정 된 상태의 초기 복원성 계산이기 때문에 통상 실적선 정보를 바탕으로 한 경험식 또는 회귀분석에 의존하는 경우가 많음

⑩ **(G.A 수정)** ⑨번 계산에 따라 수정된 사항을 G.A에 반영

⑪ **(톤수추정)** 작성된 G.A를 바탕으로 톤수(중량 또는 용적톤수)를 추정

⑫ **(강재배치도 작성)** 이전단계까지 작성된 G.A 및 Mid-Ship Section을 활용하여 강재배치도 작성

⑬ **(중량추정)** G.A* 및 강재배치도를 활용하여 중량(의장품 포함) 추정

* G.A를 통해서 화물창 및 각종 Tank류에 따른 중량의 추정이 가능하나, 기기장비 및 의장품은 실적선에 의존하거나, 기기장비는 계약 진행 중인 Maker(기기장비 제작 업체)를 통해 예상 중량을 추정함

Trim & Stability

⑭ **(복원성 등 계산)** 이전까지 확정된 정보를 바탕으로 다시 Trim & Stability을 계산하여 만족 여부를 검증

⑮ **(종강도 계산)** 이전까지의 확정된 정보를 활용하여 종강도를 계산하고 불만족시 이전단계로 복귀하여 만족할 때까지 반복 수행

⑯ **(도면작성)** 종강도까지 만족할 경우, 실제 도면작성에 착수

☞ 지금까지의 전 과정을 잘 살펴보면, 선박의 기본성능인, 부양성, 적재성, 이동성, 복원성 및 조종성*에 대한 검증과정이었음을 알 수 있음. 즉 기본적인 성능의 검토를 마치고 도면을 작성함

* 필요시 초기에 조종성 검증을 위한 타력 등을 계산할 수 있겠으나, 타력을 고려해 다른 조건을 변경하기 힘들고, 타력의 변경은 조타기(Steering Gear) 사양정도의 변경을 발생시키기 때문에 후행에서 검증 및 수정 가능

2-1-4 주요목에 따른 선박의 성능변화 [공통]

□ 길이에 따른 성능변화

○ 길이는 선박의 기본배치, 종강도, 추진마력, 복원성, 내항성 및 건현 등에 영향을 준다.

- **(종강도)** 길이가 증가할수록 선체에 가해지는 작용응력은 증가

  * $\sigma = \frac{My}{I}$ (M: 굽힘모멘트, y: 중립축에서 끝단까지 거리, I: 단면2차모멘트) ≫ $M = \frac{WL^2}{4}$ (선체를 분포하중(W)을 받는 단순지지 된 보로 가정) ≫ L↑ ≫ $\sigma_{working}$↑

  ** Tip. 구조설계를 할 경우, 선체에 가해지는 작용응력(Working stress, Demand)과 강도(Strength, Capacity)를 구분하여 인지할 필요

- **(저항·추진)** 길이가 증가할수록 저항은 감소하는 경향을 가지며, 이에 따라 요구되는 추진마력도 감소

  * 배수량이 일정한 경우 길이의 증가는 폭 또는 깊이의 감소를 의미하고, 폭의 감소는 날렵한 선형으로 선미의 박리점을 후퇴시켜 형상저항 등의 감소 가능

- **(복원성)** 길이가 증가할수록 복원성은 좋아지나, 폭의 증가 대비 미미

  * GM = KB + BM - KG (BM=$\frac{I_{xx}}{V}$), L↑ ≫ I_{xx}↑ ≫ GM↑(바지선 가정, BM=$I_{xx} = \frac{LB^3}{12}$)

- **(운동성능 등)** 일반적으로 길이 증가 시 일반배치가 쉬워지고, 내해성↑(Pitching 운동↓), 보침성↑ 및 선회성↓의 경향을 보임

- **(건현)** 길이가 증가 할수록 요구되는 건현의 깊이는 증가

  * 건현계산은 길이에 따른 표정건현을 시작으로 선박의 형상에 따라 수정하여 결정, 길이가 길수록 예비부력을 확보하여 안전성을 높이기 위한 취지

※ (참조) 일반적으로 L↑ → 경하중량*↑ → 선가↑&재화중량↓ → 경제성↓의 관계임으로 안전측면의 최소수밀격벽수, 운용측면의 수로제한 길이 등 설계제약 사항 검토 후 건조·운항시 가장 경제적인 길이로 결정한다.

  * 길이증가는 선체에 가해지는 Working stress(작용응력)를 키워, 종방향 부재치수의 증가로 이어져 경하중량이 상승함

□ 폭에 따른 성능변화

○ 폭은 상갑판 배치, 복원성, 종강도, 저항 및 운동성능에 영향을 준다.

- **(복원성)** 폭의 증가는 복원성능 향상에 기여(특히 초기복원성을 향상 시킴)

  * GM = KB + BM - KG (BM = $\frac{I_{xx}}{V}$), B↑ ≫ I_{xx}↑ ≫ GM↑(바지선 가정, BM = $I_{xx} = \frac{LB^3}{12}$)

- **(종강도)** 폭의 증가는 약간의 작용응력 감소 효과가 있고, 따라서 선체부재의 치수 경량화로 중량절감에 기여 가능

  * $\sigma = \frac{My}{I}$ ≫ B↑ ≫ I↑ ≫ $\sigma_{working}$↓ (중앙횡단면을 직사각형으로 가정, $I = \frac{BD^3}{12}$)

- **(저항)** 일반적으로 폭이 증가하면 길이가 감소하는 효과가 있어 선체저항이 증가 (수면 상부의 풍압면적 증가로 저항 증가 가중)

  * 저항추정은 "총저항 = 마찰저항 + 형상저항 + 조파저항"으로 세분화(선체주부 기준**) 할 수 있고, 선폭의 증가는 형상저항 증가로 이어질 수 있으나, 선형을 잘 설계하면 박리점 후퇴로 형상저항의 증가를 피할 수 있음

  ** 수면상부의 폭이 증가하는 것은 풍압면적 증가로 저항증가 요인(상부구주물은 통상 유선형으로 만들지 않고, 공기는 점도가 무시할 만한 수준으로 박리점 후퇴는 곤란)이나, 공기의 밀도는 물의 1/1000임에 따라 저항증가에 미치는 영향도는 비교적 낮음

- **(운동성능)** 폭의 증가 시 GM의 증가로 횡요주기가 급격히 짧아 짐

  * $T(\text{횡요주기}) = 2\pi\sqrt{\frac{K_{xx}^2}{W \cdot GM}}$, $K_{xx} = \sqrt{\frac{I}{A}}$ (W: 배수량, K_{xx}: 관성반경, I: 단면2차모멘트, A: 단면적)

    ≫ B↑ ≫ GM↑ ≫ T↓(횡요주기 감소효과)

※ (참조) 통상 선폭의 결정 시에 중요한 사항은 운항경로 및 입출항 항구의 선폭 제한 여부를 확인하는 것이다. 배수량의 조정이 필요한 경우에는 성능에의 영향을 최소화 하노록 선폭을 소성한다.

□ 흘수(d) 및 깊이(D)에 따른 성능변화

○ 흘수의 변화는 복원성, 종강도, 저항 및 운동성능에 영향을 준다.

- **(복원성)** 흘수 및 깊이의 증가는 약간의 복원성능 향상에 기여

  * 흘수 증가시 G. B가 동시에 상승하나, ΔKG < ΔKB이 경향이 있어, GM이 일부 상승하며, 배수량 증가로 복원력 향상 유발(복원력 = 배수량 × GM)

- **(종강도)** 부력과 자중의 차이가 상승함에 따라 배의 길이방향 전단력과 굽힘모멘트의 증가로 작용응력이 커지고 종강도 측면에서 불리
- **(추진)** 흘수증가는 추진기(프로펠러 등)가 수중에 충분히 잠겨 추진성능을 원활히 발휘하는데 기여
- **(운동성능)** 흘수의 증가는 직진성 및 보침성의 향상에 기여

※ (참조) 흘수 결정시 운하 및 항구의 수심에 접합한지 여부를 고려해야 한다.

ㅇ 깊이의 변화는 건현과 흘수를 합성한 효과가 있으며, 깊이 증가시 작용응력을 감소*시켜 종강도 측면에서 긍정적 효과를 유발한다.

* $\sigma = \frac{My}{I}$ ≫ D↑ ≫ I↑ ≫ $\sigma_{working}$↓ (중앙횡단면을 직사각형으로 가정, $I = \frac{BD^3}{12}$)

※ (참조) 깊이의 증가는 길이증가 대비 선박의 용적을 효율적으로 증가(종강도 측면에서 유리) 시켜 선가를 감소시킬 수 있고, 건현과 흘수의 비율은 복원성능에 영향을 준다.

□ 건현(F)에 따른 성능변화

ㅇ 건현의 변화는 복원성, 종강도 및 내해성 등에 영향을 준다.

- **(복원성)** 건현의 증가는 복원성능 향상에 기여

* 현단몰입각 θ는 $\tan\theta = \frac{2F}{B}$임에 따라, 통상 동복원성 향상, 초기복원성 저하(KG 증가)

- **(종강도)** 건현의 증가는 깊이 증가를 의미하여 종강도 측면에 유리
- **(내해성)** 건현의 증가는 Green Water 감소 효과 및 대경사 시 복원성능 향상으로 내해성 측면에서 긍정적 효과 발생

※ (참조) 건현은 예비부력을 의미하며, ICLL에서 선박 길이별 최소 건현을 요구하고 통상 화물 적재능력을 높이기 위해 Rule에서 요구하는 건현을 최소한으로 만족시킨다.

□ 주요 치수비에 따른 성능변화

- ○ L/B: 저항·추진성능, 보침성, 일반배치 및 종강도(선가)에 영향
- ○ B/D: 저항·추진성능, 조종성 및 복원성에 영향
- ○ F/B: 복원성에 영향
- ○ L/d: 저항·추진성능, 보침성 및 종강도(선가)에 영향
- ○ d/D: 내파성능에 영향
- ○ B/D: 복원성에 영향
- ○ L/D: 종강도(선가)에 영향

2-1-5 주요목의 추정 [공통]

□ 주요목 추정의 흐름

○ 주요목의 추정은 주어진 정보*를 기반으로 구하고자 하는 정보를 순차적으로 추정해 가는 과정이다.

* 주어진 정보는 선주요구사항과 설계제약 조건임

- 통상적인 확정정보는 DWT(재화중량)과 V(선속)임

□ 주요목 추정 방법 [참조: 박명규 & 권영중. 「선박기본설계학(제4판)」. 2009, 한국이공학사, 41~59쪽]

○ **(배수량 추정)** DWT을 활용하여 Δ(배수량)을 추정(DWT→Δ)

선종	추정식	K값(Bulk, Tanker 제외)
General ship	$\frac{DWT}{\Delta}=k\frac{[(DWT/1000)^{0.045}]}{Fn^{0.54}}$	0.26~0.29
Container		0.25~0.27
Ro-Ro		0.22~0.25
Multi-Purpose		0.27~0.28
Bulk	$\frac{DWT}{\Delta}=(0.69\sim0.71)\times(\frac{DWT}{100})^{0.046}$	-
Tanker	$\frac{DWT}{\Delta}=0.97\sim0.98$	-

* 추정식에 대한 논리적 접근방식을 살펴보면, 배수량은 화물을 포함한 배의 중량이고, DWT은 그 중 일부인 화물인 만큼 확정정보인 DWT를 이용하여 Δ를 추정하는 방식임

○ **(길이 추정)** Δ(배수량)을 활용하여 길이를 추정(Δ→L)

선종	추정식	C값 (선속 V는 Knot 단위임)
Cargo ship	$C=\frac{L}{\Delta^{\frac{1}{3}}}$	$(2.9\sim3.1)\times(V/\Delta^{\frac{1}{6}})^{0.5}$
Container		B < 32.2m, 5.8~6.1 B = 32.2m, 4.7+0.03 × (Δ/1000)
Bulk		4.7~5.2
Tanker		4.7~5.0 or (3.9~4.1) × ($(V/\Delta^{\frac{1}{6}})^{0.27}$)

* 추정식에 대한 논리적 접근방식을 살펴보면, 바지선을 가정할 경우 Δ=L×B×D임에 따라 Δ를 길이 차원으로 변환하고 일정 계수를 곱하여 길이를 추정하는 방식임

○ **(깊이 추정)** 길이를 활용하고, 흘수를 가정하여 깊이를 추정(L,d가정→D)

선종	추정식
Cargo ship	D = d / (0.925 - 0.00135 × L)
Bulk / Ore carrier	D = d / 0.73
Tanker	D = d / (0.685 + 0.0028 × L)

* 추정식에 대한 논리적 접근방식을 살펴보면, 길이가 정해지고, 흘수를 가정한다면, 길이별 표정건현이 규정되어 있기 때문에 흘수와 건현의 합인 깊이를 추정 가능

○ **(폭의 추정)** 길이, 깊이 및 흘수(가정)를 통해 폭을 추정(L,D,d→B)

구분	L/B	B/d	L/D	B/D
Container	5.2~9.0	2.6~3.0	9.0~13.0	1.4~1.9
Bulk	5.6~6.8	2.6~2.9	10.1~12.8	1.5~2.2
Tanker	5.3~6.0	3.0~3.5	9.8~12.4	1.6~2.2

* 폭의 추정방식은 L,D,d의 정보를 바탕으로 기존에 검증된 실적선의 주요치수비의 범주를 이용하여 B값을 추정, (단, 운하통과 시 선폭에 대한 제약조건 고려 필요)

○ **(만재흘수의 추정)** 재화중량를 통해 만재흘수를 추정(DWT→$d_{full\ load}$)

구분	추정식
Cargo Ship	$d = 3.72\times(DWT/1000)^{0.32} \sim 3.95\times(DWT/1000)^{0.33}$
Bulk / Tanker	$d = 3.05\times(DWT/1000)^{0.35}$

* 만재흘수는 사실상 재화중량에 지배적인 영향을 받기 때문에 실적선 정보를 바탕으로 DWT와의 상관관계를 분석하여 추정

○ **(방형계수의 추정)** 프루드 수(Fn)을 통해 방형계수를 추정(Fn→C_b)

구분	추정식	비고
Yamagata 식	$C_b = 1.036 - 1.46 \times Fn$	Fn < 0.24
	$C_b = 3.116 - 10.15 \times Fn$	Fn > 0.24
	$C_b = 0.4$	Fn > 0.267
Ayre 식	$C_b = 1.0 - 1.41 \times Fn$	Fn > 0.18
Telfer 식	$C_b = 1.0 - 1.26 \times (B/L+1) \times Fn$	-

* 설계속도 및 조파저항의 특성을 갖는 Fn부터 C_b값을 구함

2-1-6 일반배치 개념 (적-II-0, 이-I&II-0)

□ 개념

○ 설계제약 조건 하에서 선박이 최고의 성능을 발휘할 수 있도록 선박 내의 공간분할(구획배치) 및 장비배치를 하는 작업을 말한다.

○ 동일한 주요목 및 선형이라도 일반배치(구획 및 장비배치)에 따라 선박의 성능이 달라지고, 일반배치에 따라 상세, 생산설계의 큰 틀이 확정됨에 따라 세심한 검토가 필요하다.

□ 주요고려 사항

○ **(안전성)** 종강도, 트림, 복원성 및 법규 측면의 안전성에 대한 검토가 필요하다.

* 주기관의 위치, 화물창 구획 및 각종 Tank 배치에 따라 종강도, 트림 및 복원성에 영향이 발생함. 이에, 충돌 등을 고려하여 법규에서 규정하는 안전측면의 요구사항인 격벽의 수, 위치 등의 만족 상태를 확인

○ **(기능성)** 계획된 재화중량을 만족할 수 있는 화물창의 배치 가능성을 검토해야 한다.

* 일반배치와 관련된 기능성 측면에 가장 중요한 사항은 구획배치시 재화중량을 만족시킬 수 있는가 여부임

○ **(편의성)** 구획 및 장비 배치시 선주의 편의성(요구)을 고려하여 할 수 있어야 한다.

* 각 선사마다 운용상의 특이점이 있을 수 있고 이러한 점은 일반배치시 고려되어야 함
예: AS 등을 고려하여 선주가 선호하는 장비가 있을 때, 해당 장비를 선정하고 그에 맞게 배치

○ **(경제성)** 일반배치에 따라 건조단가와 운항시 소요비용이 달라지기 때문에 조선소(건조비)와 선사(운항비) 측면의 종합적인 검토가 필요하다.

* 화물창을 크게 분할하면 건조비용을 낮출 수 있지만, 운용효율 및 안전성(침수시) 등의 측면에서 경제성 저하를 일으킬 수 있기 때문에 적정규모의 화물창 구획 필요

□ 일반배치 흐름

○ 일반배치는 설계제약 조건의 검토, 길이방향 구획배치, 화물창 구획배치, 각종 Tank (연료, 밸러스트, 청수 등) 배치, 거주구 세부구역 및 각종 장비배치 순으로 진행된다.

① **(제약조건검토)** 일반배치시의 제약조건은 화물의 종류, DWT, 주기관의 종류·소요 마력, 승선인원 수, 항행거리에 따른 필요 연료량·청수량 및 초기선도에 따른 선박의 외형정보 등이 있음

② **(길이방향 구획분할)** 선수충돌격벽, 선미격벽, 기관실 격벽, 펌프룸 격벽 등의 위치 결정

* 길이방향 구획분할은 충돌 등에 의한 사고로 침수되어도 안전성을 확보하기 위함

** 선수에서부터 선수충돌격벽, 기관실 전단격벽, 기관실 후단격벽 및 선미격벽 등을 기본으로 선박의 크기에 따라 적용기준이 상이(규모 大 → 격벽수 증가 패턴)

- **(선수충돌격벽, Collision Bulkhead)** 선수부의 격벽으로 SOLAS 및 각 선급에서는 F.P 등으로부터 최대, 최소거리를 규정

* F.P와 선수격벽 사이에 Anchor handling(Windlass, Chain Compressor, Hosepipe, Bellmouth 및 Anchor 고박에 관한 일련의 배치) 및 Anchor Chain 적재를 고려하여 선정

** 통상 500t 미만인 경우: $0.05 \sim 0.13L_f$ / 그 위의 경우: $0.05 \sim 0.05L_f + 3m$ 사이에 설치

- **(선미격벽)** 트랜섬을 기준으로 가장 선미에 있는 격벽. 선박의 크기에 따라 선미격벽 이후 기관실 전단격벽을 두기도 함

* 트랜섬과 선미격벽 사이에 Steering Gear RM(조타장비), Mooring Rope Storage, APT(AFT Peak Tank) 등의 배치와 축계 Maintenance(축발출)를 고려하여 선정

- **(기관실격벽)** 기관실 전단에 위치한 격벽

* 주기관(Main Engine, 발전기, 보일러 등), 보기류(각종 펌프 및 보조 발전기 등) 및 관련 배관배치를 포함한 기관실 배치가능성, 축계 Maintenance(축발출) 고려 필요

- **(거주구 위치)** 상갑판 위 거주구역의 위치를 결정. 통상 건조비 절감을 위해 상갑판 아래 지지구조가 형성된 기관실 격벽 및 기관실 후단격벽 사이에 위치(14,000 TEU 이상의 컨테이너선은 Visibility를 고려하여 달리 적용)

* 항해선교 위치에서 시야확보가 반드시 필요함에 따라 SOLAS에서 요구하는 Visibility기준 만족 필요 (참고: 거주구가 선수로 갈수록 Pitching으로 인해 승선감 저하)

< SOLAS Visibility 주요기준 >

❶ 조종위치에서 '좌우현 각각 10°'에 '배 길이 두 배 또는 500m 중 작은 거리'까지 시야를 확보할 것

❷ 조종위치에서 각각의 Blind Sector(맹목구간)은 10° 미만이고, 총 합계는 20° 미만이며, Blind Sector간 가시구간은 5° 이상이어야 함 (단, ❶에서 각 Blind Sector는 5°를 초과할 수 없음)

❸ 조종위치에서 수평시야는 정선수 방향에서, 각현의 정횡방향을 기준으로 후방으로 22.5°까지 즉, 225° 이상일 것

❹ 각 현의 윙 브릿지에서 수평시야는 반대현 45°에서 정선수를 지나 정선미에 이르는 각도가 225° 이상일 것

❺ 주조종위치에서 수평시야는 정선수를 중심으로 양현 60° 이상일 것

❻ 윙 브릿지에서 양현을 볼 수 있을 것

- **(화물창 위치)** 각 선급에서는 선박의 안전성을 고려하여 배의 길이에 따라 총 수밀 격벽 갯수를 규정하며, 건조비와 운항 및 안전성 측면을 고려하여 격벽수를 선정
- **(펌프룸 격벽)** 기관실과 화물창 사이의 격벽(유조선 등의 선종에 적용)

* 화물창 펌프(Cargo Pump), 벨러스트 펌프, 관련 배관장치 및 Maintenance를 고려하여 펌프룸 격벽 위치를 결정

< 길이방향 구역배치 개념도 >

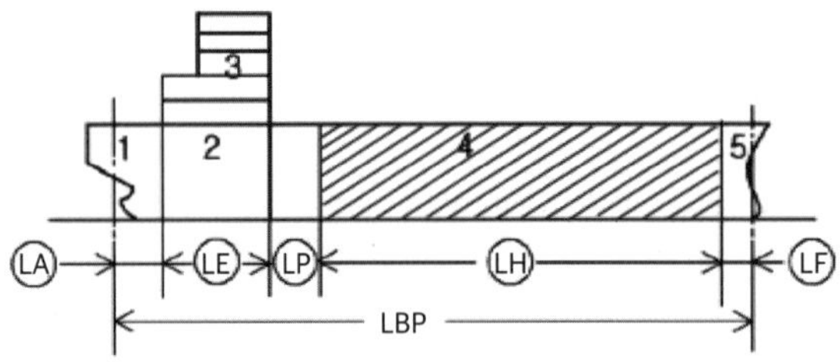

- ► LF: 선수격벽 위치
- ► LH:화물창 위치
- ► LP: 펌프룸 격벽 위치
- ► LE: 기관실 격벽 위치
- ► LA: 선미격벽 위치

③ **(화물창 배치)** 화물창 배치는 선종(Tanker, Bulk 등)에 따라 구분되나, 사고시 피해가 큰 유조선에 대해 법규에서 엄격히 규정하고 있어 유조선을 중심으로 관련 내용을 파악

- **(화물창 크기 및 배치제한)** 화물구역 내 각각의 화물창은 사고 시 선박의 손상을 고려하여 그 크기를 규정

<table>
<tr><td>가상 유출량(O_c, O_s)의 제한</td><td colspan="4">30,000 m^3 또는 $400\sqrt[3]{DWT}$ 중 큰 쪽을 넘지 못하며 40,000 m^3를 최대로 한다.</td></tr>
<tr><td rowspan="2">각 화물유 탱크의 용량 제한</td><td>Center Tank</td><td colspan="3">50,000 m^3 이하</td></tr>
<tr><td>Wing Tank</td><td colspan="3">가상유출량의 75%이하</td></tr>
<tr><td rowspan="6">화물유 탱크의 길이 제한 (10 m 또는 오른편에서 규정된 길이 중 큰 것 이하)</td><td>종격벽이 없는 경우</td><td colspan="3">$\left(0.5\frac{b_f}{B}+0.1\right)L_f$</td></tr>
<tr><td>종격벽이 1개 있는 경우</td><td colspan="3">$\left(0.25\frac{b_f}{B}+0.15\right)L_f$</td></tr>
<tr><td rowspan="4">종격벽이 2개 이상 있는 경우</td><td>Wing Tank</td><td colspan="2">$0.2L_f$</td></tr>
<tr><td rowspan="3">Center Tank</td><td>$\frac{b_f}{B}\geq\frac{1}{5}$</td><td>$0.2L_f$</td></tr>
<tr><td rowspan="2">$\frac{b_f}{B}<\frac{1}{5}$</td><td>중심선에 종격벽이 없는 경우;
$\left(0.5\frac{b_f}{B}+0.1\right)L_f$</td></tr>
<tr><td>있는 경우;
$\left(0.25\frac{b_f}{B}+0.15\right)L_f$</td></tr>
</table>

[참조: 박명규&권영중. 「선박기본설계학(제4판)」. 2009, 한국이공학사, 255쪽]

* MALPOL Annex I, Chap 4. Requirements for the cargo areas of oil tankers. Part A-Construction. Reg. 26-Limitations of size and arrangement of cargo tanks

SBT(Segerigated Ballast Tank)

- **(분리 밸러스트 탱크 배치)** 유조선의 화물창을 이용하여 밸러스팅*을 하는 경우, 화물창 내의 기름이 바다에 유출되기 때문에 밸러스트 탱크는 화물창과 구분되어야 하며, 사고를 고려한 방호적** 배치 필요

  * 화물의 선적상태에 따라 선박의 흘수는 변경되며, 화물 하역시 프로펠러가 수중에 충분히 잠기지 못하는 경우 운항상 문제가 되기 때문에 밸러스팅이 필요

  ** 선박의 좌초 및 충돌 등을 고려하여 기름유출을 최소화하기 위해 '화물창의 선측·선저 표면적'과 'SBT나 이중선체의 빈공간 등의 선측·선저 표면적'간 비율을 규정

< SBT Tank 배치의 주요 요구사항 >

$\sum PA_c + \sum PA_s \geq J[L_t(B+2D)]$	► PA_c: 화물 탱크 구역 내의 SBT나 빈공간이 차지하는 선측 외판 표면적(m^2) ► PA_s: 화물 탱크 구역 내의 SBT나 빈공간이 차지하는 선저 외판 표면적(m^2) ► J: DWT에 관한 계수 DWT 20,000t 이하: 0.45 DWT 20,000~200,000t: 선형보간 DWT 200,000t 이상: 0.30 ► L_t: 화물 탱크 구역의 길이(m) ► B: 형폭(m) ► D: 형깊이(m)

* MALPOL Annex I, Chap 4. Requirements for the cargo areas of oil tankers Part A-Construction. Reg. 18-Segregated ballast tanks

- **(이중선체 요건)** 유조선 사고시 기름유출을 막기 위해 선체외판과 별도로 화물창 보호를 위해 이중선체를 요구

* DWT 600t 이상의 유조선은, 1993년 7월 6일 이후 건조계약 또는 1994년 1월 6일 이후 용골거치(Keel Laying) 되거나, 1996년 7월 6일 이후 인도되는 경우, 전 화물유 탱크의 길이는 밸러스트 또는 다른 공간 등에 의해 보호되어야 함

- **(손상위험 고려)** 충돌 및 좌초에 의한 선체손상(선측과 선저) 범위를 가정하고, 가상의 기름 유출량 등을 예측

- **(Slop Tank 배치)** 화물창을 세척한 유수는 기름과 물을 분리(유수분리) 후 깨끗한 해수만을 배출하고, 유분은 다시 화물창으로 보냄. 이때, 분리된 유분을 모으는 Tank를 Slop Tank라 함

* 화물창 용적(Cargo Tank Vol.)의 2% 이상을 요구(MARPOL 73 Reg. 15)하고, DWT 70,000t 이상인 경우 최소 2개 이상의 Slop Tank 요구(만재시는 화물유 탱크로도 활용)

- **(작업성 고려)** 이중선체, SBT 등의 구획을 설계할 때에는 건조시 작업 가능성 및 향후 유지보수를 위한 접근성을 고려

* 이중선체로 인한 선체외판과 화물창 사이공간이 협소할 경우, 작업이 불가능하거나, 향후 유지보수를 위한 접근이 어려울 수 있어 설계단계의 검토 필요

④ (**Tank류 배치**) 연료유, 밸러스트 및 청수 탱크의 배치 결정. 선박은 한정된 공간임에 따라 큰 공간을 요구하는 화물창 배치 후 잔여 공간을 활용하여 각종 탱크를 배치

- (**어깨 탱크**) 화물창 및 양현의 선측외판과 상갑판이 만나 폐위되는 공간을 말하며 주로 Bulk선에 있는 구조로 밸러스트 탱크로 활용
- (**이중저 탱크**) 화물창 구획의 이중저에는 주로 밸러스트 탱크를 배치
- (**청수 탱크**) 청수는 통상 선원들을 위한 식수 또는 일부 냉각수로 활용됨에 따라 선원실 및 장비들이 집중된 기관실에 구역에 설치하여 청수배관을 최소화

제2장 의장

제1절 기계 및 철의장

1. 하역장치(적-Ⅱ-3)

: 선박의 적재성(적재하역성능)에 직접적으로 연관된 설비이다. 선박에 화물이나 선용품 등을 싣거나 내리기 위한 설비로 기능과 규모 등에 따라 Crane, Davit 등으로 구분된다. 넓은 의미에서 컨테이너선에서 컨테이너 운용을 위한 설비를 하역장치의 일부로 보기도 한다.

2. 폐쇄장치(적-Ⅱ-3)

: 폐쇄장치는 선박의 기능 전반에 영향을 미치는 설비이나, 선박의 적재성(적재하역기능 및 구획분할 보조시스템)과 관련이 높은 설비이다. 선박은 안전성 또는 편의성 등을 고려하여 구획을 구분하게 되고, 해당 구역을 이용하기 위해 폐쇄장치를 설치하게 된다. 수평 또는 수직의 이동방향, 사람 또는 화물·장비와 같이 이동대상에 따라 Door와 Hatch로 구분되며 목적과 형식에 따라 보다 세분화된다. 그리고 폐쇄장치는 선박구조의 연속성을 확보하기 위한 관점에서 방화구역의 개념이 적용된다. 또한 폭로갑판에서 Hatch가 Open 되었을 때 해수 유입을 막기 위한 코밍의 역할도 함께 알아두어야 한다.

3. 구명설비(공통)

: 선박은 해상사고를 대비하여 선박으로부터 탈출 또는 해상으로부터 구조를 위한 설비를 갖추도록 하고 있다. 이는 선박기능 전반에 걸쳐 안전성을 확보하는 역할을 담당한다고 할 수 있다. 구명정, 구조정, 구명뗏목, 구명부이 및 구명조끼 등이 있다.

4. 소방설비(소화기)(공통)

: 선박기능 전반에 걸쳐 선박화재시 안전성을 확보하기 위한 설비이다. 화재탐지, 화재경보, 확산 방지설비 및 소화설비 등이 있다. 선박건조 관점에서 관장치가 요구되는 대규모 설비(배관설계)와 소화기 및 소방장구류 등 독립적 설비(철의장)로 구분할 수 있다.

5. 공조설비(공통)

: 특정구역에 사람의 생활, 접근 또는 장비의 운용 등을 위해 적정한 온도, 습도 조성 및 신선한 공기를 공급하기 위해 필요한 일련의 설비로 선박기능 전반에 연관되어 있다. 그리고 작동원리는 배관설비와 매우 유사하며 작동유체가 액체에서 기체로 바뀜에 따라 펌프 대신 송풍기를, 배관 대신 덕트를, 밸브 대신 댐퍼를 사용하는 개념이다.

6. 교통장치(공통)

: 선원의 선박 승하선 및 선박 내에서의 이동을 위해 필요한 설비 및 의장품이 교통장치이다. 여객선의 경우 교통장치를 적재성(적재하역성능)의 보조 시스템으로 볼 수 있겠지만 일반적으로 선박성능 전반에 연관된 장치이다.

< 선박의 필수기능에 관한 기능구조분석도 >

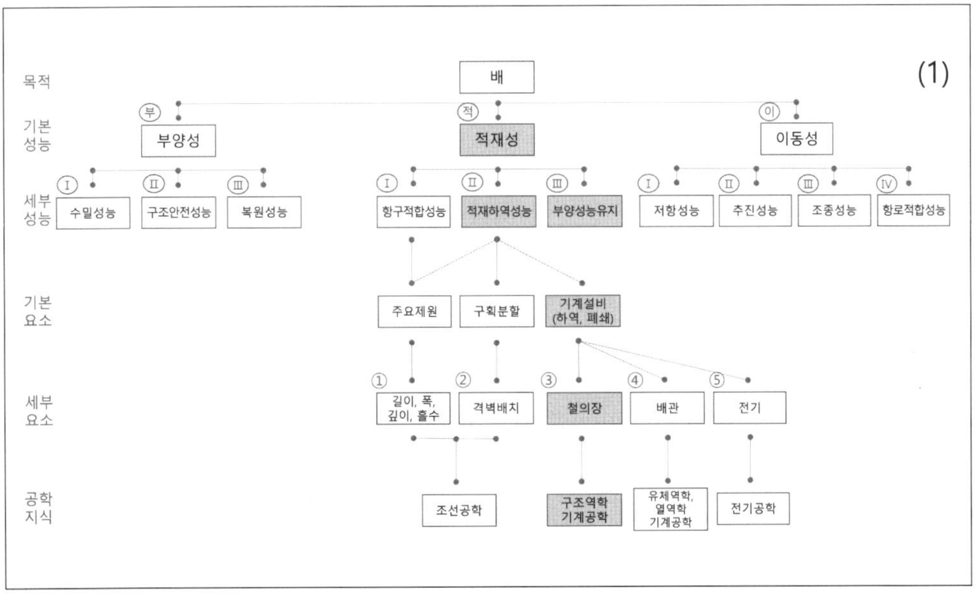

2-2-1 하역장치 [적-Ⅱ-3]

□ 개념

○ 화물 또는 선용품 등을 선적·하역하거나 장비의 운용 및 유지·보수 등을 위해 대상을 들어서 옮기고 내려놓을 수 있는 설비를 말한다.

□ 일반 하역장치 종류

○ 작동방식에 따라 Crane, Davit 및 Hoist 등으로 구분되고, 각각은 사용목적에 따라 다시 세분화 될 수 있다.

① **(Crane)** Hoisting, Slewing 및 Luffing이 가능*하며, Crane의 Out-reach 내에서 어디든 대상이 되는 물체를 옮길 수 있음

* Hoisting(↔Lowering): Winch 및 Wire 등을 이용해 끌어올리는 기능 / Slewing: Crane을 회전시키는 기능 / Luffing: Crane의 Jib을 올리거나 내리는 기능(회전반경 변경)

** Tip. Crane 배치는 작동 중 충돌·간섭 등을 피해 Slewing시 Luffing 기능을 통해 Jib 높이 및 Out-reach를 변경시키도록 Slewing Sector를 검토 → Crane 제작시 사전 검토된 Slewing sector에 따라 작동되도록 세팅 후 조선소 입고

- 통상 거주구를 중심으로 선미 상갑판 상부에 선용품 선적 및 하역을 위해 Provision crane을 설치하고, 액체화물선(LNG 등 포함)의 벙커링시 Hose handling을 위해 선박 중앙부*에 Hose handling crane을 설치

* FSRU 등은 선수 상갑판 상부에 설치되기도 함

< 각부 명칭 >

< Crane 각부명칭 및 특징 >

1. Pedestal: Deck에 설치되는 부분임(하중이 크게 발생하는 부분으로 용접부 검사를 엄격하게 실시하며, 하부 Deck 판에 대해 Z-Quality를 요구하기도 함)
2. Slewing Ring: Crane의 Slewing시 회전이 발생하는 부분이며, 360°도 회전하더라도, Pedestal 상부로 지나가는 Cable이 꼬이지 않게 하는 기능을 담당
3. King post: Slewing ring 상부의 Crane body
4. Jib(Boom): King post와 Hinge로 연결되어, Luffing시 상하운동으로 회전반경 변경가능
5. Hook: 하역대상을 Sealing belt로 체결 후 본 Hook에 걸어 옮기며, 미사용시에는 Jib이 Jib rest에 올려진 상태에서 Deck의 Eye plate에 연결하여 고정
6. Control stand & Platform: Deck에서 해당 Platform으로 접근 후 조종위치에서 Control stand를 통해 조작
7. Motor for slewing: Slewing을 위한 회전력을 발생시키는 모터 (설치위치는 제품별로 상이)
8. Hosting winch: 하역대상을 Hosting 또는 Lowering 하는 기능으로 Hook와 Wire rope로 연결됨
9. Cylinder for Luffing: Crane 회전반경 변경을 위해 Jib의 상하운동을 만드는 기능
10. Jib rest: Crane을 사용하지 않을 때 올려두는 것으로 조선소에서 의장품으로 제작

[그림출처] https://www.ouco-group.com/Stiff_Boom_Cranes.html
https://www.jinbomarine.com/hose-crane.html

② **(Davit)** Hoisting 또는 Hoisting & Slewing이 가능하며, Crane 대비 하역성능은 제한적이나, 가격이 저렴하고 규모가 작아 필요시 이동식 Davit을 활용할 수 있어 사용성이 좋음

- 사용목적에 따라 Sludge handling davit, Misc. Davit 등 다양한 곳에 사용되며, 간헐적으로 중량이 낮은 물체를 옮기는 경우 이동식*으로, 사용빈도가 잦고 중량이 비교적 큰 경우 고정식**으로 활용

* 이동식 예: Sludge handling davit

** 고정식 예: Bosun store hatch용 davit

< Davit 예시 >

Sludge handling davit	Suez search light davit

[그림출처] https://www.alibaba.com/product-detail/Pneumatic-Sludge-Handling-Davit-100-to_1600127351889.html
http://korean.shipdeckequipment.com/sale-13703759-hand-operation-suez-canal-search-light-davit-ship-deck-equipment.html

③ **(Hoist & Chain block)** Hoisting만 가능한 것으로, 통상 Rail과 함께 사용하여 이동성의 한계를 보완하며,

- Chain block은 장비의 유지보수 등을 위해 수직으로 부품을 이탈할 때 사용하는 것으로 상부 Deck 아래에 설치된 Lug에 연결하여 사용

< 각부 명칭 >

Hoist	Chain block

[그림출처] https://www.liftingequipmentstore.com/product/tiger-tcb14-chain-block

□ 컨테이너 하역장치 종류

ㅇ 실제 컨테이너의 선적·하역은 Port에 있는 크레인으로 이루어지기 때문에, 선박에 적용되는 설비를 중점적으로 소개한다.

① **(Lashing Bridge)** 컨테이너를 선적·하역하는 과정에서 가이드(Cell guard 부착)하고, 적재된 컨테이너를 Lashing하기 위한 대형 구조물로써 정도 관리가 매우 중요

< 각부 명칭 >

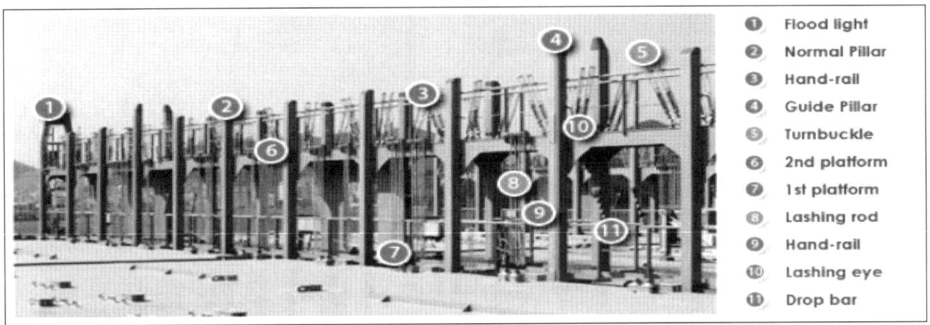

[그림출처] (주)한국야나세 홈페이지 https://www.komarine.com/ko/companies/korea-yanase/products/48580-Lashing-Bridge/

② **(Fixed Fitting)** 선저 및 Hatch cover상부에 바로 선적되는 컨테이너를 얹기 위한 Positioning corn과 컨테이너 간 연결을 위한 Vertical stacker으로 구성

* Lock style: 블록형 속구 + 핀 체결 방식 / Twist lock: 블록형 속구가 모서리형 속구와 회전하며 고박하는 방식으로 통상 Twist lock을 사용

< 각부 명칭 >

Positioning corn(상) & Twist lock(하)	Container fixed fitting 고박 개념도
	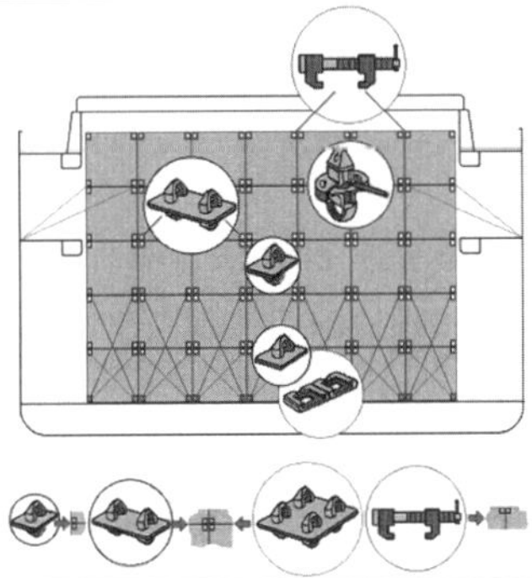

[그림출처] http://www.pacificmarine.net/marine-deck/cargo-securing/container-welding-cones.htm & https://www.alibaba.com/product-detail/Vertical-Shipping-Containers-Twist-Lock-Stacking_62086713610.html
http://blog.sina.com.cn/s/blog_843e1b400101au3d.html

③ **(Loose Fitting)** 최상층 인근의 컨테이너를 Lashing bridge와 고박하기 위해 사용되는 환봉인 Lashing rod 및 Lashing rod와 연결하여 Tension을 주기 위한 Turn buckle로 구성

< 각부 명칭 >

Lashing rod(상) & Turn buckle(하)	Container loose fitting 고박 사진
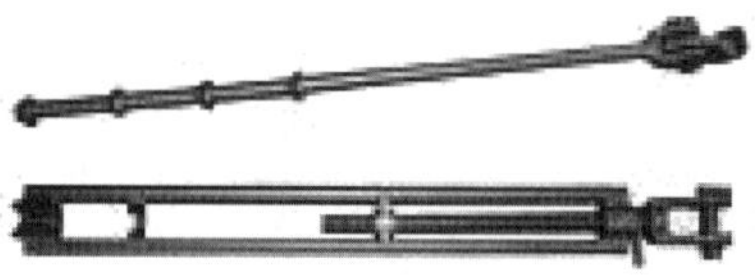	

[그림출처] http://www.hiseamarine.com/container-lashing-turnbuckle-4763.html
https://wiki.unece.org/plugins/viewsource/viewpagesrc.action?pageId=23101988

③ **(Hatch Cover)** Hold에 컨테이너 선적 후 Hatch cover를 닫고, 그 위에 Lashing bridge 높이에 따라 컨네이너를 적재하여 고박함. 이에 Pontoon type이 적용됨

※ 컨테이너가 지금은 익숙한 운송방법이나, 초기에는 혁명으로 불릴 만큼 해운과 조선에 있어서 중요한 의미를 갖는다.

< 컨테이너 관련 주요개념 >

► 컨테이너의 의미

: 1956년 해상운송에 컨테이너 적용이후 '컨테이너 혁명'이라 불릴만큼 해운과 조선에 많은 변화를 발생

❶ 잡화물을 단순히 뭉쳐서 운송함으로써 운송시 시간 및 비용 과다소요 → 컨테이너 용기에 넣어 운송함으로써 시간 및 비용이 대폭 절감

❷ 하역능률의 향상으로 수송원가를 절감하기 위해 대형화 된 컨테이너 전용선 등장

❸ 하역된 컨테이너를 이용하여 육상에서 바로 운송이 가능함에 따라 육상운송과 연계된 수송방식 출현

* Tip. 컨테이너 적용 이전에는 항구에 도둑이 많고 우범화된 지역이었으나, 밀폐된 컨테이너 등장 이후 범죄율이 급감하는 등 항구 여건에도 변화

► 컨테이너의 규격

: 위의 효과를 개념화 하면, 비정형화 된 운송대상을 정형화 및 규격화 했다는 것을 의미. 컨테이너는 20ft와 40ft로 구분되며 그 규격은 다음과 같음

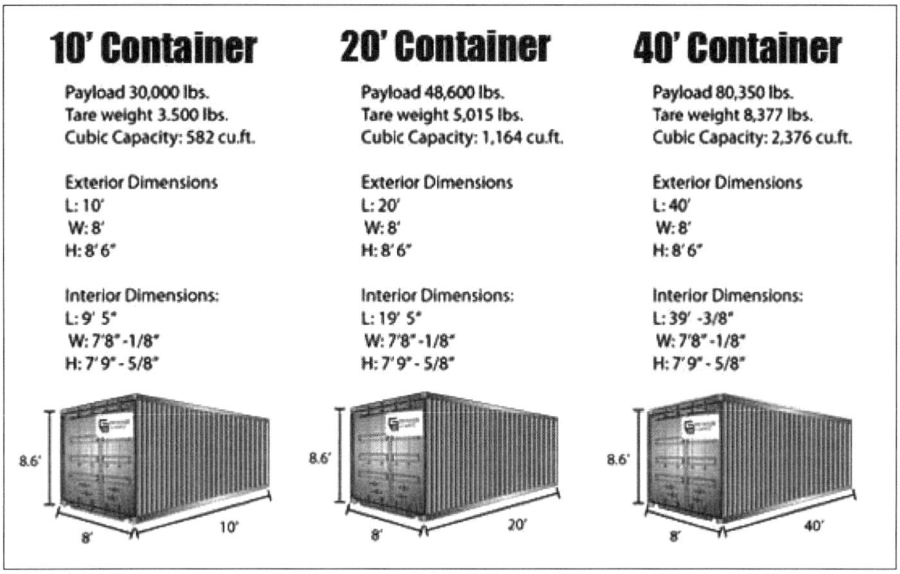

[그림출처] https://www.pinterest.com/pin/669980882039244167/

< 컨테이너 종류 >

 Dry container	► 일반잡화용 컨테이너이며, 주로 알루미늄 합금제를 사용
 Refer container	► 냉동화물을 운반하기 위한 컨테이너로 컨테이너와 냉동기를 결합한 개념임 ► 냉동기 적용 방식에 따라 Built in type과 Clip-on type으로 구분 * Built in type: 컨테이너 마다 냉동기를 설치하고 본선의 전력을 공급하여 운영하는 방식 ** Clip-on type: 본선에 대형냉동기를 두고, 냉매(대부분 공기)를 개별 컨데이너에 공급하는 방식

 Flat rack container	► 천장과 측면이 없는 컨테이너로, 강재나 배관 등 길이가 20ft 및 40ft를 넘은 긴 화물을 운송할 경우 사용
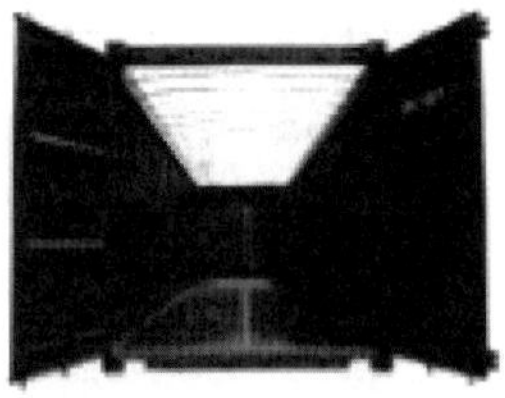 Open top container	► 천장이 컨버스로 된 컨테이너로 Open 후 크레인을 메달아서 하역하기도 함
 Bulk container	► 곡물류 등의 산적화물 운송용으로 사용되며, 천장에 설치된 맨홀을 이용하여 선적하거나 하부의 호퍼 또는 측면의 문을 열어 하역함
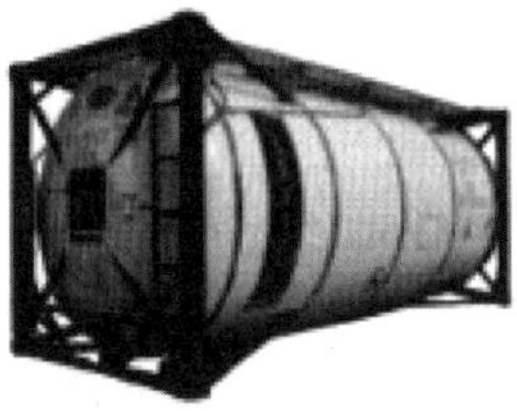 Tank container	► 액체상태의 화학약품 등을 운송하기 위한 컨테이너

[그림출처] https://www.google.co.kr/url?esrc=s&q=&rct=j&sa=U&url=https://www.pinterest.com/shipprojcargo/containers/&ved=2ahUKEwj6jfXo3M_1AhVRHKYKHT50BgkQr4kDegQIAxAC&usg=AOvVaw1QGLUW2WCSGgJtahWc5XrI]

< 컨테이너 Lashing 개념 >

► 컨테이너의 적재좌표

: 컨테이너선의 운용 프로그램(소프트웨어): 선적 및 하역시 선박 내에 어느 위치의 컨테이너가 어떤 화물을 담고 있는지 알 수 있어야 함. 또한 운송경로에 따른 하역순서와 복원성 영향(무게중심 변화)을 고려하여 가장 효율적인 적재방법을 제시할 수 있어야 함

따라서, 본선 내에서 컨테이너의 적재좌표를 정확히 나타낼 수 있는 개념이 필요하며, 그 개념이 Bay, Row, Tier라 할 수 있음

❶ Bay: 선박의 길이방향으로 적재위치

❷ Row: 선박의 폭방향으로 적재위치

❸ Tier: 선박내 상하방향으로 적재위치

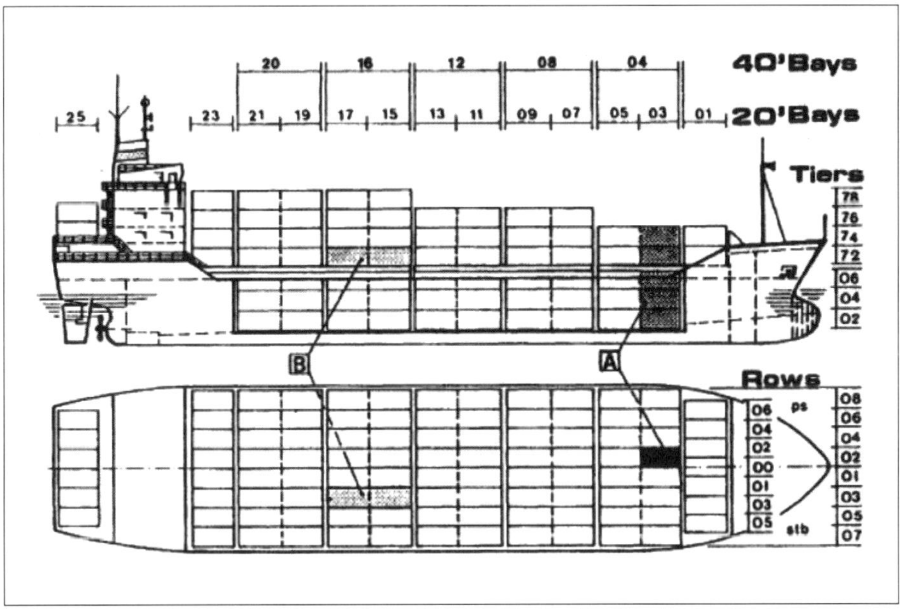

[그림출처] https://www.researchgate.net/figure/The-name-of-bay-row-dan-tier-in-the-ship_fig3_267687128

► 컨테이너의 적재

: 컨테이너는 Lashing bridge로부터 몇 번째 Tier에 Lashing을 하는지에 따라 1~3 Tier lashing으로 구분하며, 컨테이너를 고박하는 Row에 따라 Internal lashing과 External lashing으로 구분됨

실제 해상에서의 많은 컨테이너선 사고들은 고박과 연관되어 발생함에 따라 고박 안전성에 대해 충분한 구조검증이 필요하고, 실제 고박가능성 등을 검증하기 위해 건조과정에서 첫 호선은 반드시 Mock-up test를 실시함

1~3 Tier lashing	Internal lashing vs External lashing
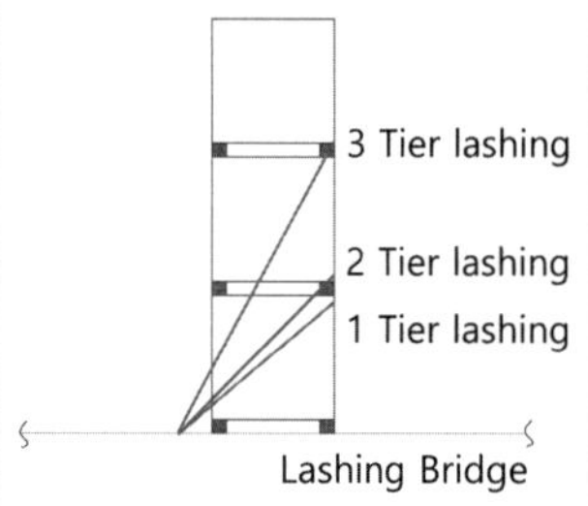	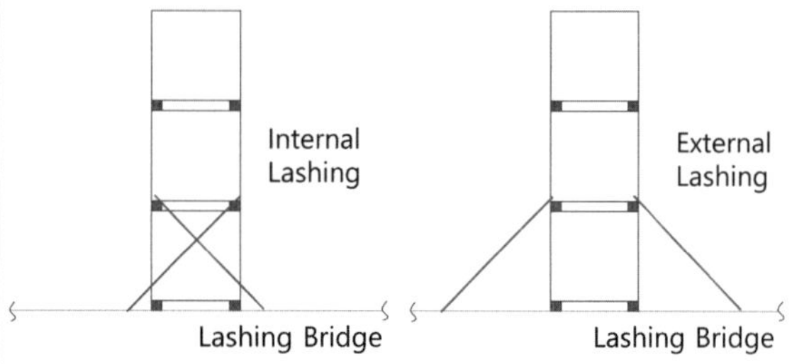

< 컨테이너선 종류 >

► 컨테이너의 종류

: 컨테이너선은 전용선인 Full container선과 선창의 일부를 컨테이너 전용으로 만든 Semi-container로 구분되며 선적방식에 따라 LOLO, RORO로 구분

❶ LOLO(Lift on Lift off): 컨테이너 전용부두의 겐트리 크레인을 이용하여 수직으로 컨테이너를 하역하는 방식

❷ RORO(Roll on Roll off): 부두와 선박 사이를 Ramp로 연결하고 컨테이너를 트레일러나 지게차로 이동이키는 방식으로 차량이 통째로 이동하여 선창의 용적 낭비가 많고, 적재량이 감소하나 수송거리가 짧은 경우 유리한 방식임

2-2-2 폐쇄장치 [적-II-3]

□ 개념

○ Deck, Bulkhead, Wall 등의 격리된 구조에 사람 또는 화물 등의 이동(통과)을 위해, 개폐(Open-close)할 수 있도록 하는 설비이다.

○ 개폐 개념 하에서 설치 위치에 따라 Deck 위에 놓이는 Hatch cover*등의 설비와 Wall 등에 설치되는 Door 등으로 구분된다.

* 화물의 반출입을 목적으로 갑판에 설치되는 개구부를 창구(Hatch)라고 하고, 그 덮개를 창구 덮개 (Hatch cover)라고 함

□ 종류

○ **(Hatch Cover)** Deck를 기준으로 평소에는 밀폐되어 있으나, 상부와 하부 공간에 때때로 사람, 화물 및 설비 등의 통과가 필요할 경우, 개폐할 수 있도록 하는 설비이다.

① **(Hold용)** 화물창에 화물을 선적하거나 하역하기 위해 사용되는 것으로 산적 화물선이나 컨테이너선에 주로 적용되며 규모가 매우 큼. 작동방식 등에 따라 다음과 같이 구분 가능

❶ Single Pull type: 전기나 유압을 이용 Wire rope를 당겨 운용되며, Open시 몇 개로 분리된 창구덮개 판이 Rail 위 끝단에서 회전하며 접히는 방식으로 주로 Bulk선에 사용

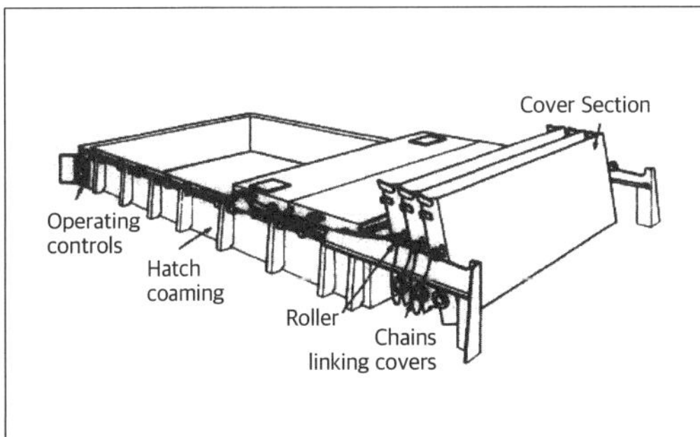

[그림출처] http://www.generalcargoship.com/hatch-covers.html
http://www.shipmatemarine.com/cp_detail/productId=1361.html

❷ Folding type: 유압실린더 등을 이용하여 몇 개로 분리된(Hinge로 연결) 창구덮개 판들을 접는 방식으로 속도가 빠르고 조용함. Open시 Hatch cover 격납 차지공간이 작음

* 선수미 방향의 한쪽 또는 양쪽으로 접는 방식이 있고, 폭방향으로 설치되기도 함

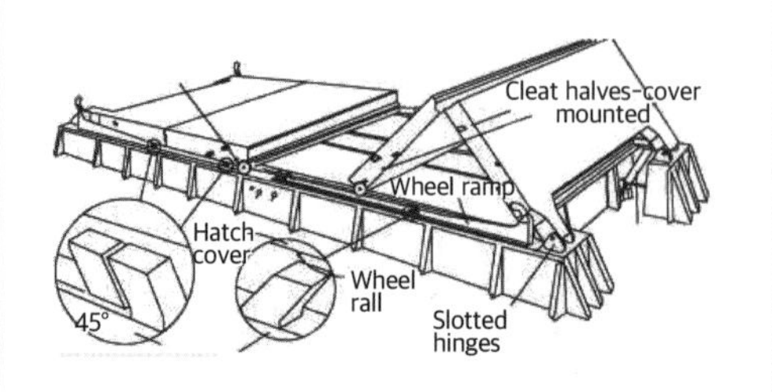

[그림출처] https://www.beyonddiscovery.org/ship-construction/hatches.html
https://m.blog.naver.com/PostView.naver?isHttpsRedirect=true&blogId=romeo0000&logNo=140060813480

❸ Pontoon type: 일체형으로 자체적인 동력원 없이 갑판크레인이나 육상크레인을 이용하여 개폐되며 내구성이 뛰어남. 주로 컨테이너선에 활용

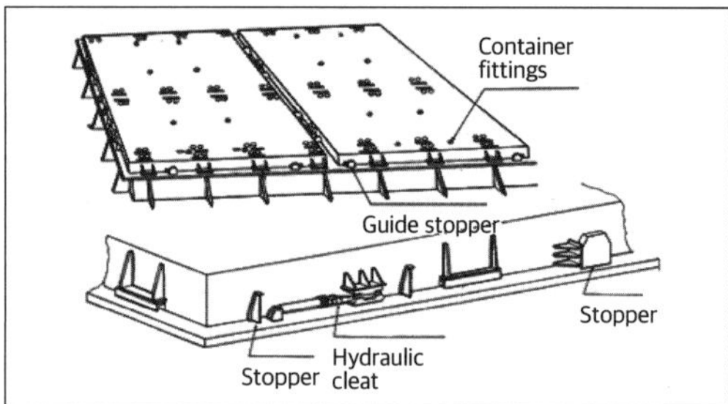

[그림출처] https://www.kyoritsu-kikai.co.jp/english/hatch-en/
https://www.komachine.com/ko/companies/sms-sme/products/78723-Pontoon-Hatch-Cover

❹ Side-End Rolling type: 유압실린더 등을 이용하여 2개의 분리된 창구덮개를 양 끝단으로 Open하는 방식. 주로 Bulk선이나 Ore carrier에 사용

* End rolling형: 선수미 방향으로 개폐 / Side rolling형: 폭 방향으로 개폐

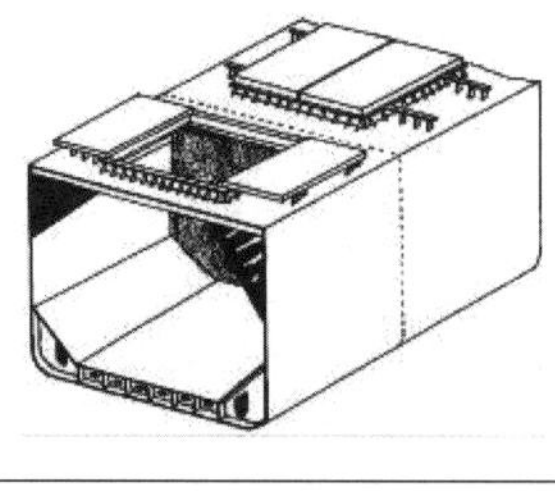

[그림출처] https://m.blog.naver.com/PostView.naver?isHttpsRedirect=true&blogId=romeo0000&logNo=140061071689
http://marinetechkorea.com/business/hatch-cover/

❺ Piggy Back type: 유압실린더 등을 이용하여 바깥쪽 창구 덮개가 들어 올려지고, 안쪽 창구덮개가 그 아래로 들어가는 방식으로 주로 냉동화물선에 적용

[그림출처] https://pdf.nauticexpo.com/pdf/tts-marine/piggy-back-hatch-cover/31735-44763.html

② **(Maintenance용)** Bosun store, Steering gear RM 등에 설비 등*을 반출입하기 위해 사용되는 것으로 중소형 규모

* Bosun store에는 Spare anchor chain 및 Mooring rope를, Steering gear RM에는 Spare mooring rope를 반출입하고, Bow thruster 등이 사용되는 경우 Trunk 상부에 모터 교체 등을 목적으로 Maintenance hatch cover를 적용

- 작동방식은 Manual로 작동하는 Hinged type*(규모小)과 Crane 등으로 작동하는 Pontoon type(규모中) 등이 있음

* Hinged type은 운항상태 등을 감안, Hinge 방향을 선수로 하여 Green water 등의 외력이 작용할 때 Closed 될 수 있도록 함

< Hinged type Hatch >

Count weight 적용	Spring 적용

[그림출처] https://www.marineoutfittings.com/sale-7528860-single-side-opening-weathertight-steel-marine-hatch-cover-with-counter-weight.html
http://www.marine-safetyequipment.com/sale-10808991-quick-acting-watertight-hatch-cover-weather-tight-boat-deck-hatch-covers.html

③ **(Access용)** Copperdam 등 필요시 간헐적으로 접근*하는 공간에 적용하며, 통상 Manual로 작동하는 Hinged type을 사용

* Bosun store와 같이 상시 접근이 요구되는 구역은 Companion way 등의 구조를 형성하고 Door를 설치하여 편리하게 접근할 수 있도록 함

○ (Door) Bulkhead 또는 Wall 등을 기준으로 공간의 구획구분이 필요하나, 상황에 따라 출입이 필요한 경우 개폐할 수 있도록 하는 설비이다.

- **(방화수준)** Door가 설치되는 선체와 동일한 강도의 확보 유무로 A 또는 B로 구분되고, 표준화재시험 조건을 기준으로 방열가능 시간에 따라 60, 30, 15 및 0으로 세분화 하며 두 기준을 조합하여 적용

  * A-60: 설치되는 구조와 동일한 강도를 가지고 표준화재시험기준 60분 이상 방열 가능 / B-0: 표준화재시험기준 15분 이내 방열 가능(설치되는 구조와 동일강도 요건 없음)

- **(밀폐수준)** 수밀(Water tight), 기밀(Gas tight), 풍우수밀(Weather tight) 및 비수밀(Non tight)로 구분

	► 선박운용에 따라 수면 아래 설치되어 수밀기능이 필요한 경우 적용 ► 긴급상황을 감안, 동력공급 없이도 3회 이상의 개폐가 가능하여야 하고, 침수를 인지할 수 있는 센서와 경보(시각·청각) 요구. Wheel house에서 전체 상황을 확인·통제할 수 있는 Mimic panel을 설치해야 함 ► 침수 등을 고려하여 작동방식은 Sliding type을 적용 * Tip. 제품승인과 별개로 설치 후 변형 등을 고려하여 Water tight test를 수행하며, 통상 설치구역의 수압 등을 고려하여 1~2bar(깊이 10~20m 동등조건)의 물을 분사하여 누수여부 확인
Water tight	[그림출처] https://shipinsight.com/articles/watertight-doors-on-ships
	► 선박운용에 따라 가스발생 우려가 있는 경우 적용 ► 통상 잘 사용되지 않으나, 축전지실 이나 LPG선의 화물 가스용 압축기 구동을 위한 전동기실 등에 사용
Gas tight	[그림출처] https://norman0607.en.made-in-china.com/product/kCoQwWSjpdcr/China-Marine-Gas-Tight-Door.html

<table>
<tr><td></td><td>► 상갑판 상부 거주구 및 Companion way 등의 Wall에 설치되며, 외부의 비바람을 막기 위한 Door임
► 통상, 사용의 편의성을 고려하여 Hinged type을 적용
* Tip. Door의 전둘레에 걸쳐 연속된 Seal(고무재질)을 부착하고, Open-close시 Seal이 압축되어 수밀 및 기밀을 형성 → Water tight door도 동일한 원리임</td></tr>
<tr><td>Weather tight</td><td>[그림출처] https://alandia.com/article/water-weathertight-doors/</td></tr>
<tr><td></td><td>► 상갑판 상부 거주구 등의 구조물 내의 Wall에 설치되며, 외부에 노출되지 않아 별도의 풍우밀 조건이 요구되지 않음
► 통상, 사용의 편의성을 고려하여 Hinged type을 적용</td></tr>
<tr><td>Non tight
(Non-weather tight)</td><td>[그림출처] https://www.dreamstime.com/long-corridor-blue-style-cabin-doors-deck-modern-passenger-ferry-cruise-long-corridor-blue-style-image181072532</td></tr>
</table>

- **(작동유형)** Hinged type과 Sliding type으로 구분되며, 침수시 수압에 의한 개폐를 고려하여 Watertight door는 Sliding type을 적용하고, 편의성이 중시되는 Weathertight door 등은 Hinged type을 적용
- **(장치구성)** 대부분 Door는 단품이지만, Watertight door은 개폐를 위한 유압장치(HPU 등), 침수 및 개폐여부의 관리를 위한 센서와 알람 그리고 이를 Wheel house에서 모니터링 할 수 있는 Panel로 구성

○ **(Lamp)** 선적·하역시 선박의 출입구와 부두를 연결하는 다리 역할을 하고, 운항시에는 해당 출입구를 막는 폐쇄장치 기능을 하는 설비로 주로 Ro-Ro선(자동차 운반선) 등에 사용된다.

- **(설치위치)** 설치위치에 따라 Stern lamp, Side lamp 및 Bow lamp 등으로 구분하며, 통상 대형 Ro-Ro선에는 Stern lamp 및 Side lamp를 적용

- (**장치구성**) Lamp body, 개폐를 위한 Winch & Wire, 폐쇄시 Lock을 위한 Cleat & 유압실린더 그리고 유압생성을 위한 HUP 및 Control panel 등으로 구성

< 폐쇄 시 수밀원리 >

► Lamp(또는 Door)의 전 둘레에는 Seal이 부착되어 있고, Lamp가 Closed 되었을 때, 유압실린더 등을 이용하여 Lamp에 부착된 Cleat를 돌출시켜 선체에 부착된 Eye plate에 삽입함

► 이때, Cleat가 모두 돌출되어 Eye plate에 삽입되게 되면, Lamp에 설치된 Seal이 압축되어 찌그러짐으로써 수밀구조를 갖게 됨

※ 높은 수밀성능을 갖기 위해서는 Seal이 Touch되는 선체(또는 선체에 덧 데어진 Plate)의 편평도에 대한 정도관리가 중요하고, Cleat 삽입 시 계산된 설계값 만큼 Seal의 Compression이 발생하도록 선체에 설치되는 Eye plate의 설치관리가 중요

► Door 폐쇄시 Seal 압축을 통한 수밀

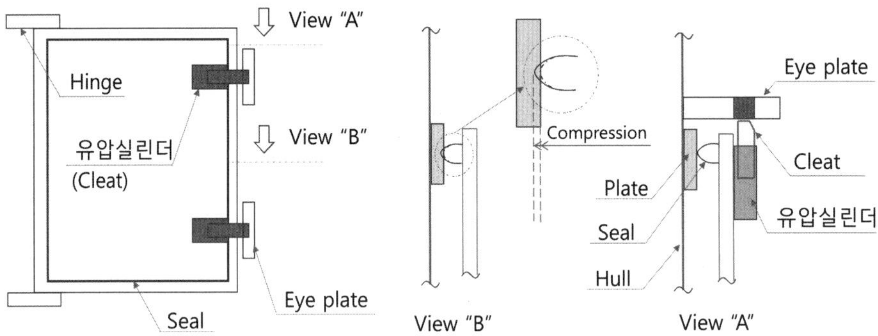

○ (**Manhole Cover**) 특별한 경우 외에 접근이 요구되지 않은 Void space, Hull tank 등의 공간에 필요시 Access 하기 위한 개폐장치이다.

- 평상시 선체와 동일한 역할을 위해 전 둘레에 걸쳐 Bolting이 되어 있어 신뢰도가 좋으나, 사용시 모든 Bolt를 풀어야 하는 단점이 있고, 통상 최소 600×400mm 이상*의 규격을 적용

* 일반적으로 통행을 위한 공간을 고려할 때, 최소공간으로 어깨넓이를 감안 폭 600mm, 원활한 접근을 위해 깊이 400mm를 적용

□ 방화구역

○ 선박 내에서 화재의 발생과 확대를 방지하기 위해 구조, 설비 및 방화조치를 실시하게 되는데, Door가 설치되는 구역의 방화등급에 따라 Door의 성능을 해당 구역의 격벽 등과 동등한 수준으로 적용한다.

* 상세한 내용은 "선박방화구조기준" [국가법령정보센터(www.law.go.kr)] 참조 / 협약 등의 원본을 보는 것을 추천하나, 자료검색이 어려운 경우를 감안 국내법 소개

○ 핵심개념은 선박 내 각 구역의 화재위험성을 고려하여, 각 구획의 방화 등급을 부여하고, 해당 등급에 따라 Wall & Door 등에 방열 조치(Insulation)를 취하는 것이다.

* Tip. 각 선급규정 등에서 구역특성에 따라 방화구획의 등급을 규정하며, 선박 설계시에는 설계 중인 구역이 규정상 어느 유형에 속하는지를 판단하는 과정이 핵심

< 방화구획의 종류 >

► A급 구획 및 B급 구획의 종류는 표준화재시험에 따른 방열시간*을 기준으로 다음 표와 같이 구분

* 화염에 노출되지 않는 부분의 평균온도가 최초의 온도보다 섭씨 140도를 초과하여 상승하지 않고, 이음매를 포함한 어떠한 부분에서도 최초의 온도보다 섭씨 180도(B급구획에 있어서는 섭씨 225도)를 초과하여 상승하지 않는 시간

종류	방열시간
A60급	60분이상
A30급	30분이상 60분미만
A15급	15분이상 30분미만
A0급	15분미만
B15급	15분이상
B0급	15분미만

< 방화구획의 설정기준 >

► 통상 수직구역 및 수평구역의 개념으로 분리하고 각 구역의 인접조건을 기준으로 구획 적용 기준을 Matrix화 하여 사용하고 있음

< 예시: 화물선 격벽의 방화구획 설정 Matrix >

화물선의 격벽

장소 \ 장소	(11) 로로구역 등	(10) 개방된갑판상의장소등	(9) 화재의 위험이 많은 업무구역	(8) 화물구역	(7) 특정기관구역이외의 기관구역	(6) 특정기관구역	(5) 화재의위험이적은 업무구역	(4) 계단 등	(3) 거주구역	(2) 통로 등	(1) 제어 장소 등
(1)제어장소 등	A60	*	A60	A60	A15	A60	A15	A0	A60	A0	$A0^{4}$
(2)통로 등	A60	*	A0	A0	A0	A60	B0	A0 B0	B0	C	
(3)거주구역	A60	*	A0	A0	A0	A60	B0	A0 B0	$C^{1,2}$		
(4)계단 등	A60	*	A0	A0	A0	A60	A0 B0	A0 B0			
(5)화재의 위험이 적은 업무구역	A0	*	A0	A0	A0	A60	C				
(6)특정기관구역	A0	*	A60	A0	A0	*					
(7)특정기관구역이외의 기관구역	A0	*	A0	A0	$A0^{3}$						
(8)화물구역	A0	*	A0	*							
(9)화재위험이 많은 업무구역	A60	*	$A0^{3}$								
(10)개방된 갑판상의 장소 등	A0	-									
(11)로로구역 등	A60										

* Tip. 설계 시 핵심은 설계구획과 인접구획이 규정상 어느 장소에 해당하는지 정의하고, 규정된 Matrix에서 각 구획을 찾아 교점에 해당하는 방화기준을 적용하는 것임

□ Coaming

○ Coaming은 해수유입을 방지하는 문턱의 역할과 Hatch 및 Door 등을 설치하기 위한 구조물로서의 역할을 수행한다.

○ 기본적으로 운항 중에는 Hatch와 Watertight door는 Closed 되어야 하나 파손 및 수밀성 저하 등을 고려하여, 즉각적인 침수가 발생하지 않도록 하는 안전상의 조치*이다.

* Hatch 또는 Door가 파손되어도 Coaming 높이까지는 해수가 바로 유입되지 않기 때문에 침수를 예방할 수 있는 안전기능을 가짐

○ Coaming 높이는 선박길이, 침수위험 등을 고려한 위치와 운항 구역 등을 종합적으로 고려하여 최소 높이를 협약 및 법규에서 규정하고 있다.

< Coaming의 높이 기준 예시 >

► 침수위험 등을 고려한 위치 구분

❶ “위치 Ⅰ”이란 건현갑판 및 저선미루 갑판의 노출부와 선수로부터 $0.25L_f$ 사이에 있는 선루갑판의 노출부

❷ “위치 Ⅱ”란 선수로부터 $0.25L_f$의 후방에 있는 선루갑판의 노출부와 선수로부터 $0.25L_f$ 사이에 있는 건현갑판 상부를 기준으로 하여 표준선루(표준선루높이)의 2배에 해당 하는 높이의 선루갑판상 노출부

► 기본적으로 창구코밍의 갑판상면으로 부터 높이는 위치 Ⅰ에 있어서는 600mm 이상, 위치 Ⅱ에 있어서는 450mm 이상임. 다만, 운항해역에 따라 경감 가능

1. 90미터미만의 선박

구분 / 위치	코밍의 높이(밀리미터)		
	연해구역(L<30)	평수구역	
		30≤L<60	L<30
위치 Ⅰ	450	450	300
위치 Ⅱ	300	300	150

2. 90미터이상의 선박

구분 / 위치	코밍의 높이(밀리미터)	
	연해구역	평수구역
위치 Ⅰ	600	450
위치 Ⅱ	450	300

2-2-3 구명설비 (공통)

□ 개념

- ㅇ 해상에서 사고 발생시, 선박으로부터 탈출하거나 구조하기 위한 설비를 의미하며, 구명장치, 진수장치 및 신호장치 등으로 구분된다.
- ㅇ 하지만, 선박건조 측면에서 건조시 설치단위 또는 제품별 특성을 고려해 다음과 같이 분류하고 각각의 기능을 설명한다.

□ 종류

- ㅇ (Life Boat) 본선을 사용할 수 없는 경우, 탈출을 위한 설비로 자력항해가 가능한 설비이며, 생존을 위한 식량, 보온구 및 대양에서의 생존을 위한 낚시도구 등의 의장품을 구비하고 정기적으로 검사한다.
  - (**Boat 형식**) 밀폐구분에 따라 부분폐형, 전폐형으로 구분되며, 화재시 탈출을 감안하여 일부기능이 추가된 공기자급형*과 내화형**으로 구분

    * 공기자급형: 전폐형 기준에 모든 개구를 닫고 승정원이 안전하게 호흡하면서 10분간 연속으로 작동할 수 있도록 하는 기능 등이 추가된 형태

    ** 내화형: 공기자급형 기준에 유류화재 시 수상에서 8분 이상 안전하게 운항할 수 있도록 살수장치 등이 추가된 형태
  - (**진수형식**) Conventional type과 Free fall type으로 구분되며, Conventional은 안정적인 진수가 가능하나 진수속도가 느리고, Free fall은 자유낙하로 진수속도가 빠르나 진수시 승정원에 충격 발생

Conventional type 탑재상태(좌), Launching(우)	Free fall type 탑재상태(좌), Launching(우)

[그림출처] https://www.wartsila.com/encyclopedia/term/lifeboat &
https://viking-safetyacademy.com/offering/5e985a57aa1ca6009a2d388d
https://www.wartsila.com/encyclopedia/term/free-fall-lifeboat &
https://www.ningbonewmarine.com/product/590cm-freefall-lifeboat-nm59fc/

- **(구성)** Boat, Davit 및 Winch로 구성되며, Free fall type의 경우에도 Recovery 기능이 요구됨에 따라 Winch가 필요하고, Davit은 앞서 사진에서 본 바와 같이 진수형식에 따라 다름

- **(배치)** SOLAS에 따라 화물선은 각현에 최대승선인원 100%를 수용할 수 있도록 배치하고, 여객선은 각현에 최대승선인원 50%를 수용할 수 있는 구명정과 별도로 최대승선인원의 25%를 수용할 수 있는 구명뗏목 설치

  * 긴급상황 시 빠른 탈출을 위해 거주구 인근에 설치하며, Conventional type은 양현에 설치하고(한쪽현은 Rescue boat 겸용), Free Fall type은 Ship center에 맞추어 선미로 낙하 되도록 1척을 설치함

  ** 사고 시 작동을 위해 본선의 20도 횡경사, 10도 종경사 조건에도 원활하게 작동될 수 있도록 하고 Launching 구역 내에는 Drain pipe 등 선체외판에 돌출물이 없어야 하며, 횡경사시 상갑판 측면(Gutter bar)에 걸리지 않도록 Skid plate 등의 설치 필요

○ **(Life Raft)** 본선 탈출을 위한 설비로 자항능력 없이 부력·복원성 등만 갖추고, 생존을 위한 식량, 보온구 및 대양에서의 생존을 위한 낚시도구 등의 의장품을 구비하며 정기적으로 검사한다.

- **(뗏목형식)** 고체식과 팽창식으로 구분되고, 팽창식은 다시 1,2종으로 나뉘며, 제1종이 천막 및 승하선 장치 등의 요건이 강화되어 있는 형태라 할 수 있음(대부분 부피가 작은 팽창식을 적용)

  * Tip 1. 팽창식 구명뗏목은 자동복원팽창식 구명뗏목이 있으나, 일반적인 경우 뒤집혀 전개될 수 있으며, 정위치로 복원하기 위한 승선원의 훈련이 요구됨

  ** Tip 2. 팽창식 구명뗏목의 주요특징으로 기실파손을 감안하여 독립적인 형태로 나누어져 있어야 하고, 전복을 방지하기 위해 아래 부분에 물돛을 적용

- **(진수형식)** Throw out(던지는 형식)과 Davit을 이용하여 진수하는 방식으로 나뉘며, Boat와 구분되는 주요특징으로 갑작스런 본선의 전복을 고려하여 수압식 이탈장치*를 갖추도록 하고 있음

  * HRU(Hydro Release Unit): HRU가 수면으로 부터 2~4m 가량 잠기면 수압에 의해서 뗏목을 고박한 Rope가 Cutting 되어 구명뗏목이 부상됨

- **(구성)** 팽창식은 기실로 구성된 실제 뗏목, 팽창설비(가스가 충전된 용기 및 격발기), 내부의장품, 이를 담고 있는 Container, 거치된 Trestle 및 자동격발을 위한 Rope & Eye ring 등이 주요 구성품임

< 구명뗏목 팽창원리 >

► 구명뗏목 팽창법은 수동작동에 의한 팽창과 HRU 작동에 의한 자유부상시 자동팽창으로 구분. 다만, 핵심원리는 동일하여 작동원리 중심으로 살펴봄

수동작동	자동팽창
❶ Container 구속 제거 : Container를 구속하고 있는 Rope의 연결을 해체 할 수 있는 Pin 제거	❶ Container 구속 제거 : 침수 또는 전복으로 인해 HRU가 작동하여 구속된 Rope cutting
❷ 격발기와 연결된 Rope을 당겨서 팽창설비를 격발함	❷ 뗏목이 자유부상하게 되면 격발기와 연결된 Rope의 한쪽 끝이 본선과 연결(Eye ring)되어 있어, Rope의 인장력에 의해 팽창설비 격발
❸ 팽창설비의 봄베용기로부터 충전가스가 기실로 분출되어 팽창	

○ **(Life buoy)** 구명부기는 구명정 및 구명뗏목과 달리 탑승하는 것이 아닌 Lifebuoy*를 잡고 생존하기 위한 설비이며, 소형선박의 경우 구명뗏목의 대체재(구명부기)로 활용하기도 한다.

* SOLAS에서는 구명부환을 의미하고 있으나, 실제 연근해 선박에서는 다수의 인원이 사용할 수 있는 구명부기를 이용하기도 함

○ **(Life Jacket)** 개인용 구명설비로 SOLAS 기준에 따른 것에서 연근해 및 레저용까지 다양한 제품*이 존재하며, 극지방 운항선박 등은 저체온증을 감안한 방수복(Immersion suit)을 구비하기도 한다.

* SOLAS급 구명조끼는 150N 이상의 부력, 국제오렌지색(가시성 확보) 및 복원성능(기도확보)을 요구하고 있으나, 착용성 및 활동성 저하를 감안 국내에서는 비치의무에서 착용의무로 전환하되 국내용에 대해서는 부력, 색상 및 복원성능이 완화된 구명조끼를 허용하는 추세

** Tip. 최근 조끼의 개념에서 착용하는 옷의 개념으로 전환된 구명의를 도입하기도 함

○ **(신호장치)** 신호장치류는 구명정 및 구명뗏목의 의장품으로 조난시 구조신호를 보내기 위한 소품임에 따라 종류를 알아보는 정도로 정리하며 종류는 다음과 같다.

* 상세한 내용은 '선박구명설비기준'을 통해 확인 가능[국가법령정보센터(www.law.go.kr)]

< 신호장치 종류 >

► 자기점화등, 자기발연신호, 구명조끼등(Lighting for life jacket), 로켓낙하산신호, 신호홍염, 발연부신호, 수밀전기등, 일광신호용거울, 탐조등, 역반사재 등

□ 기타 주요개념

○ 선종 및 운항구역 등을 감안하여 구명설비를 적용하기 위해 구명설비기준에서는 다음과 같이 제1~4종 선박을 규정하고 있다.

> ❶ "제1종선"이란 국제항해에 종사하는 여객선
> ❷ "제2종선"이란 국제항해에 종사하지 않는 여객선
> ❸ "제3종선"이란 여객선 이외의 선박으로서 국제항해에 종사하는 총톤수 500톤 이상의 선박
> ❹ "제4종선"이란 여객선 이외의 선박으로서 제3종선 이외의 선박

○ 구명설비, 소방설비 및 탈출경로 등을 한눈에 보기 쉽게 Symbol 등을 활용하여 나타낸 도면이 Safety plan이며, 해당도면은 선내에 비치하도록 하고 있다.

* Tip. 선박 탑승시 Safety plan을 통해 선박의 구조 및 구명설비의 위치를 확인하고, 최소한 구명 뗏목을 전개하는 방법은 사전에 숙지할 필요가 있음

< Safety plan 예시 >

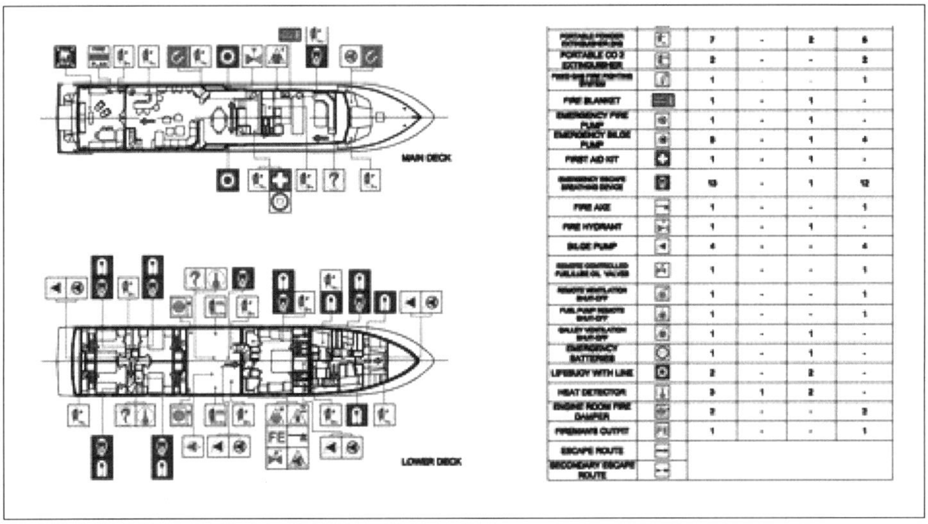

[그림출처] http://www.nas.com.mt/Consultancy/Shipboardmanuals.aspx

2-2-4 소방설비(소화기) (공통)

□ 개념

○ 소방설비의 기능적 구성은 화재탐지, 화재경보, 화재의 확산방지 및 소화 등으로 구분될 수 있다.

○ 선박건조 관점에서 설치*운용을 기준으로 살펴보면, 배관장치 등을 동반한 Fire fighting system과 소화기 등의 단품인 Fire extinguisher 및 소방장구류인 Loose fire fighting equipment 등으로 세분화 된다.

* 본 장에서는 기본적인 소화의 기념을 중심으로 건조시 철의장 영역에 속하는 Fire extinguisher 및 Loose fire fighting equipment를 학습(Fire extinguisher를 Loose fire fighting equipment 중 하나로 볼 수 있으나 편의상 구분하여 정리)

□ 소화개념

○ (**화재종류**) 화재의 종류는 국가 또는 국제규정 등에 따라 달리 구분될 수 있으나 통상 선박에서 사용되는 개념은 다음과 같다.

< 화재의 종류 >

❶ A급화재: 일반화재로 목재와 같이 화재 후 재를 남기는 화재
❷ B급화재: 유류화재로 가연성 고체, 액체 및 기체 화재
❸ C급화재: 전기화재
❹ D급화재: 금속화재(Na, Mg 등)
❺ K급화재: 요리기구 화재
► 선박에서 화재는 통상 A~C급 화재를 의미함

○ (**소화종류**) 소화는 발화의 3요소인 온도, 산소 및 연료 중 하나를 제거하는 방법으로 다음과 같이 구분할 수 있다.

< 소화의 종류 >

❶ 냉각 소화법: 발화온도 이하로 온도를 낮추는 방법
❷ 질식 소화법: 산소 공급원을 차단하는 방법
❸ 제거 소화법: 가연성 물질(연료)을 제거하는 방법

○ (**소화설비종류**) 실제 개발된 소화설비는 소화약제, 설비구성 및 규모 등에 따라 다양하게 구분되나 선박에 사용되는 종류를 중심으로 다음과 같이 소개한다.

① (**물 소화**) 물방울(0.01~3mm)로 화염을 덮어 냉각시킴과 동시에 수증막으로 질식하여 소화하는 방식(A급 화재 적합)

< 물소화 설비의 특징 >

► 특징

장점	단점
❶ 미세한 물방울로 열 흡수가 쉽고, 분사시 분포가 균일함 ❷ 기화시 체적 팽창률이 1,650배로 연소 대상을 덮어 산소차단에 유용 ❸ 물 입자가 세분화 되어 전기절연도↑, 감전위험↓ ❹ 가격이 저렴하고, 소화시 피해가 적음	❶ 가솔린 등 인화점이 낮은 유류화재시 사용 불가 ❷ 열기류나 바람에 날리는 현상으로 소화력 감소 우려 ❸ 침투력이 약함

► 설비구성 및 배치 → 배관설비

: 소화펌프를 통해 각 구역의 소화전에 물을 공급하고, 화재시 인근에 비치된 소방호스를 연결(Hose reel 등 이용)하여 소화함

* 소방호스 및 Hose reel은 Loose fire fighting equipment에 해당하고, 소화펌프는 배관system으로 분류됨

② (**탄산가스**) 화재시 CO_2를 실내에 분출하여(CO_2 농도를 30% 내외로 조절), 산소 농도를 13% 전후로 낮추는 질식소화 방식(B,C화재 적합)

- CO_2 흡입시 질식사고가 발생할 수 있기 때문에, 반드시 소화구역 내의 인원을 대피시킨 후 사용하여야 함

< 탄산가스 소화설비의 특징 >

► 특징

장점	단점
❶ 소화물에 대한 화학적 변화가 없음 ❷ 소화 후 오염 및 손상이 거의 없음	❶ 질식우려 존재 ❷ A급 화재에 비효율

장점	단점
❸ 좁은 공간에도 침투가 용이하여 사각지대 없이 소화 가능	❸ 방출시 장비에 직접 분사될 경우 저온에 의한 손상 우려 존재
❹ 저장기간 동안 소화약재의 변화가 없어 반영구적 사용 가능	❹ 고압용기 및 관련 배관이 필요하여 고가의 설치비용이 요구되고 선박내 공간을 차지
❺ 압력용기 내에 소화약재가 압축되어 보관됨에 따라 별도의 설비 없이 자력으로 방출 가능	❺ 긴 배출시간으로 빠른 진화가 곤란

► 설비구성 및 배치 → 철의장 및 배관설비

: 선박내 CO_2 room을 마련하여 CO_2 용기를 비치하고, 배관을 통해 각 소화구역으로 연결하여 필요시 방출하는 방식으로 운용. 일반적으로 유류화재에 적합함에 따라 기관실 등에 많이 사용(또는 CO_2 소화기를 비치)

③ **(포말)** 연소면을 포말(Foam)로 덮음으로써 산소의 공급을 차단하여 질식 소화하는 방법(B화재 적합)

- 물과 단백질 원액을 조합하여 점성을 갖는 액을 만든 후 공기와 혼합하여 거품을 생성하고, 공기포로 화염을 덮어 질식소화

④ **(분말)** 질소가스와 분말(중탄산나트륨 또는 중탄산칼륨 등)을 혼합하여 분사함으로써 열흡수를 통한 냉각작용 및 질식효과를 활용한 소화방식(A,B,C화재 적합)

< 분말소화 설비의 특징 >

► 특징

장점	단점
❶ 연소의 지속을 억제하는 부촉매 역할 ❷ 절연성이 우수하여 전기화재 적합 ❸ 소화약제가 반영구적으로 경제적임 ❹ 가연성액체(유류화재) 표면화재에 적합	❶ 금속화재에 부적합 ❷ 분말 잔재가 남아 피연소물에 피해 발생 (Ex:기관실에서 엔진에 분사시 엔진 교체 또는 분해 후 정비 필요) ❸ 분사를 위해서는 고압이 요구

► 설비구성 및 배치 → 철의장 설비

: 선박에서는 통상 Fire extinguisher(소화기)로 적용되며, SOLAS에 따라 공간 특성 및 규모를 고려하여 일정수량을 일정거리마다 배치. 가급적 출입구 인근에 배치하여 손쉽게 사용할 수 있도록 하고 있음

⑤ **(할로겐)** 할론 설비라고도 하며, 질식작용과 억제작용을 통한 소화방식으로 인체에 거의 무해하고 2차 피해가 없어 여러 화재유형에 사용 될 수 있는 설비(A,B,C,K화재 적합) → 철의장 설비

⑥ **(고체에어로졸)** 고체 소화약제에 전기적 Heating을 가하면, 칼륨이 에어로졸 형태로 분사. 부촉매 효과로 소화하며, 확산성이 좋고 잔존물 및 인체유해성이 거의 없어 최근 소형선박을 중심으로 사용

○ **(화재감지기종류)** 화재감지기는 감지방식에 따라 연기, 열 및 불꽃 감지기로 구분되며, 선박 내 구역 특성에 따라 달리 적용된다.

① **(연기)** 화재시 연기가 발생되어 일정 농도 이상일 때 감지하는 방식으로 광전식과 이온화식 등으로 구분

- 화재발생시 초기 감지에 효율적이나, 감지 특성에 따라 미세먼지 등 연기와 혼동될 수 있는 대상이 유입되면 오작동의 우려가 있음

< 연기 감지기의 종류 >

<table>
<tr><th colspan="2">광전식</th></tr>
<tr><td>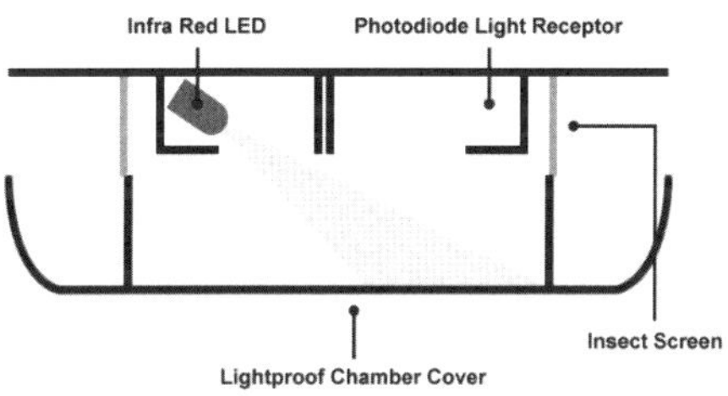
</td><td>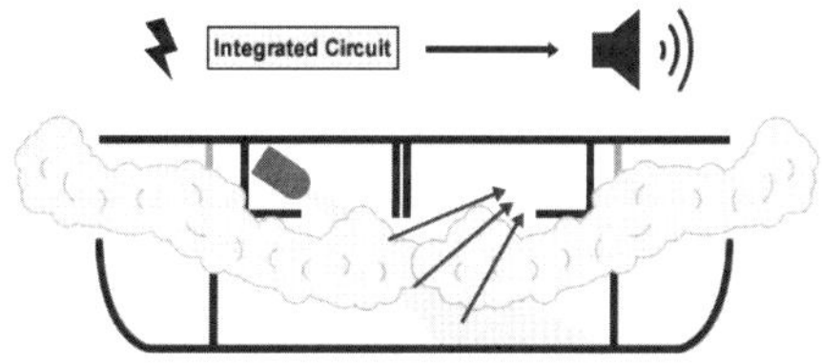
</td></tr>
<tr><td colspan="2">► 암실형태로 된 감지부에 광원(상시작동)과 수광소자를 설치해 두고, 화재시 연기가 유입되면 광원에서 발생된 빛이 연기 입자로 인해 산란 및 반사발생
► 이때, 산란광의 양을 감지하는 산란광식과 광원과 수광부가 분리되어 광량의 감소를 측정하는 감광식으로 구분됨(좌측은 산란광식임)</td></tr>
</table>

[그림출처] https://www.safelincs.co.uk/smoke-alarm-types-optical-alarms-overview/

이온화식

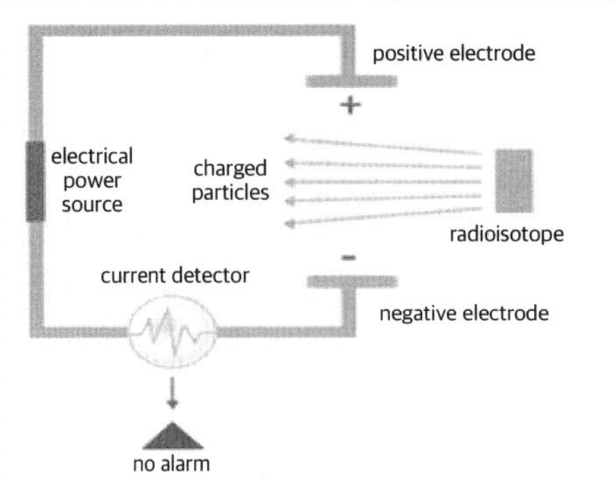

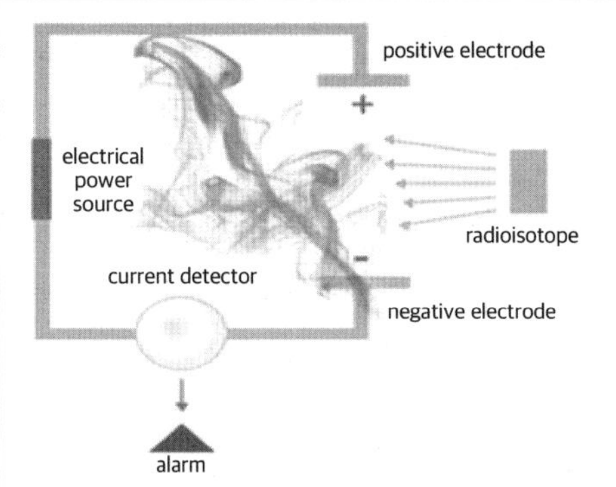

- ► 연기가 유입되는 외부 이온실(-극)과 밀폐된 내부 이온실(+극)로 구성되어, 일정한 전압이 발생
- ► 이때, 외부 이온실에 연기가 유입되면 이온 전류가 감소하여 전압비가 달라짐에 따라 화재를 감지

[그림출처] https://www.magnet-sdm.com/2019/10/09/smoke-detector-magnetic-mount/

② **(열)** 화재시 주위의 온도가 상승하면 감지하는 방식으로 차동식, 정온식으로 구분하며 감지 범위에 따라 Spot형, 분포형으로 구분

- 주위온도가 상승할 경우 감지하기 때문에 연기감지기에 비해 감지 속도는 느리지만 수증기 및 담배연기 등으로 인한 오작동이 낮아 선박 내 조리실 등에 적용

< 열 감지기의 종류 >

차동식 - Spot형

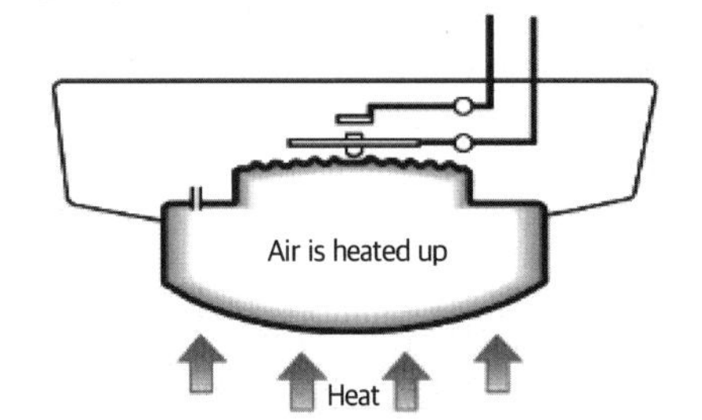

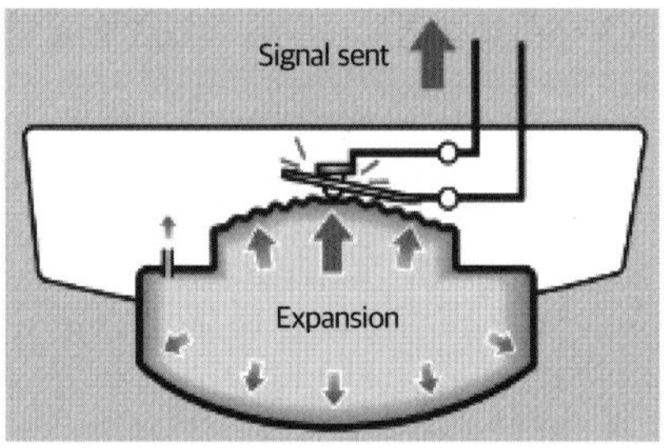

- ► 주위온도 상승시 감열실이 팽창하여 다이어프램을 통해 전기적 접점이 발생시키고, 전기적 신호로 화재를 감지

[그림출처] https://instrumentationtools.com/rate-of-rise-thermal-detectors-working-principle/

차동식 - 분포형(공기관식, 열전대식 및 열반도체식)
► (감열부) Spot형과 달리 넓은 구역을 감지하기 위해, 감지대상 영역에 공기관, 열전대 또는 열반도체 소자를 분포시킴 - 주위온도 상승시 공기관은 관내 공기의 열팽창, 열전대 및 열반도체 소자는 전하 방출을 통해 감열하는 방식 ► (검출부) 감열부로 부터의 정보(공기 열팽창, 전하방출)를 인지하여 실제 화재감지 신호를 발생시키는 것으로 공기관은 다이어램프를 이용하고, 열전대 및 열반도체 소자는 전자석을 이용하여 전기적 접점을 만들어 화재감지신호 발생

정온식 - Spot형

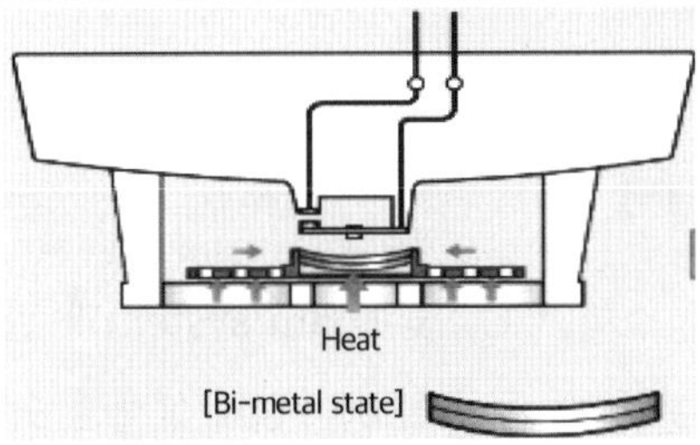

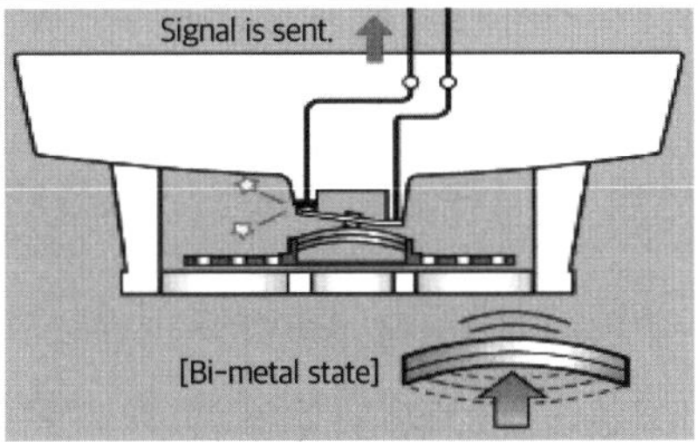

► 주위온도 상승시 열팽창계수가 다른 두 종류의 금속을 접합시킨 바이메탈을 이용하여, 전기적 접점을 발생시키고, 전기적 신호로 화재 감지

[그림출처] https://instrumentationtools.com/fixed-temperature-heat-detector/

정온식 - 분포형

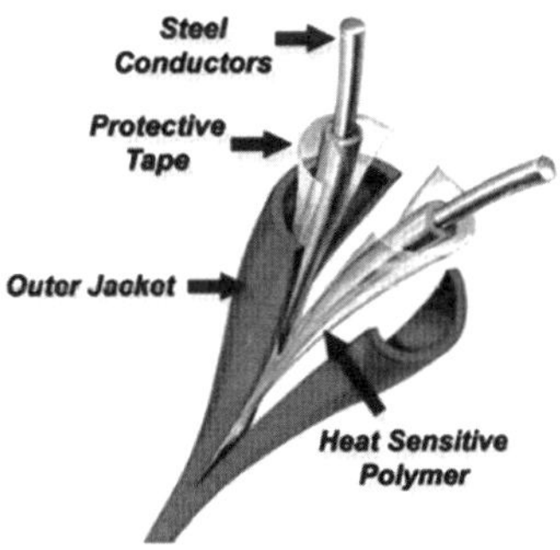

► 감지선을 이용한 방식. 전선 내부에는 소선이 꼬아진 상태로 있고, 각 소선은 금속 위에 가용절연물로 피복 되어 있는 구조임

► 화재발생시 피복이 녹고 금속이 열팽창을 통해 전기적 접점을 발생시켜 화재 감지

[그림출처] https://www.fike.com/products/linear-heat-detection/

③ **(불꽃)** 화재시 화염(Flame) 및 전기불꽃(Spark) 등으로부터 발생되는 복사에너지의 자외선, 가시광선 및 적외선(파장에 따라 구분)을 감지

- 광전물질*을 통해 특정 파장(자외선 및 적외선)의 방사에너지를 전기에너지로 변환하여 화재를 감지하는 방식

* 물질이 빛을 흡수하면 광전자를 방출하여 기전력을 발생키는 것을 광전효과라 하며, 해당 효과를 잘 발생시키는 물질을 광전물질이라 함

□ 선박에서의 소방설비

○ 앞서 살펴본 내용은 소방설비의 일반적인 내용이며, 선박에서는 철의장 및 배관 설계에서 각각의 내용을 나누어 담당한다.

- 철의장 설계는 소화기, 소화설비에 연결되는 Fitting 및 개인 소화장구류 등을 담당하고, 배관설계는 펌프 및 관장치 등을 담당

○ **(Fire Fighting System)** 배관설계에서 물소화, CO_2 및 Foam system과 관련하여 펌프 용량, 관경결정, 배관 및 각종 Valve 배치 등 고정식 소화장치 설계를 수행한다.

- 기본적인 개념은 화재의 위험성이 높은 기관실, 보일러 및 소각로 등이 있는 구역과 소화구역이 넓은 화물창 및 거주구 등에 고정식소화장치를 설치하고, 보조수단으로 소화기를 배치

○ **(Loose Fire Fighting Equipment)** 넓은 의미의 Loose Fire Fighting Equipment는 고정식 소화장치와 대비되는 모든 개별적인 소화장비를 의미하지만, Fire Extinguisher를 분리하여 구분할 수 있다.

- 고정식 소화장치의 종단인 소화전과 연결하는 Hose & Nozzle, 이를 보관하는 Hose reel(또는 Box)과 소방원 장구가 있고, Hose 등은 소화전 인근, 소방원 장구는 사용이 편리한 곳에 배치

* 소방원 장구: 헬멧, 방화복, 호흡구, 구명줄 및 도끼 등

○ **(Fire Extinguisher)** 소화기는 대형선에서 고정식 소화설비의 보조장치로, 소형선에서는 주 소화장치로 사용되며, 구역의 특성을 고려하여 수량 및 배치거리 등을 규정하되 통상 출입구 옆에 배치한다.

* 소방설비의 요건 및 배치기준은 SOLAS를 근간으로 하며, 이러한 내용이 반영된 국내기준인 '선박소방설비기준'은 국가법령정보센터(www.law.go.kr)에서 확인 가능

2-2-5 공조설비 [공통]

□ 개념

○ 공조설비는 온도 및 습도를 조절하고, 해당 공간의 공기를 신선한 외부공기로 치환하는 공기조화를 목적으로 하는 일련의 설비를 말한다.

○ 공조설계는 열교환을 위한 Heating & Cooling coil이 직접적인 배관설계 영역일 뿐만 아니라, 순수 공조설계 역시 작동유체를 액체가 아닌 기체를 다룬다는 것을 제외하면 배관설계와 매우 유사하다.

○ 하지만, 실제 선박설계시 공조설계는 각 구획마다 적용되는 필수설비이며 전방위적으로 적용됨에 따라 별도로 구분된다.

* Tip. 일반적인 상선설계에서는 선실설계에서 공조설계를 수행하나 해양플랜트의 경우 별도의 공조설계 부서를 마련하여 운영하기도 함

□ 종류

○ 공조설비는 기본적으로 공기를 이동시기키 위한 Fan, 온습도를 조절을 위한 별도의 열원시스템, 공기 운송통로인 Duct, Valve 역할의 Damper, 그리고 종단에 풍향·풍량을 조절하는 Ventilator로 구성된다.

○ **(AHU)** Air Handling Unit은 공기이송을 위한 Fan과 온습도 조절을 위한 Cooling & Heating coil(별도의 열원시스템과 연결)로 구성된다.

① **(Fan)** Fan은 원심형, 축류형 및 횡류형으로 구분되며, 원심형은 Blade의 형상에 따라 풍압, 풍량, 효율 및 소음특성이 달라짐

② **(Cooling Coil)** AHU의 관점에서 Cooling Coil(C.C)은 열교환을 위한 배관이지만, C.C는 냉동시스템과 연계된 별도의 System임

- C.C은 송풍되는 공기를 노점온도* 이하로 낮추어 공기** 내 수분을 응축하여 습도를 낮출 수 있어 온습도를 모두 조절하는 핵심요소

* 일정한 압력에서 온도가 낮아질 때, 공기 중의 수증기가 포화되어 이슬로 맺힐 때의 온도

** 공기조화 및 열손실을 줄이기 위해 외기(Out air)와 환기(Return air)를 혼합하여 공급(Supply air)하며, C.C을 통해 해당 구역의 습도를 조절할 수 있음

③ **(Heating Coil)** H.C 역시 AHU에서 하나의 열교환 수단이지만, H.C은 보일러 등과 연결된 별도의 System임. 다만, C.C과의 차이점으로 H.C은 온도만을 조절할 수 있음

< AHU 개념도 >

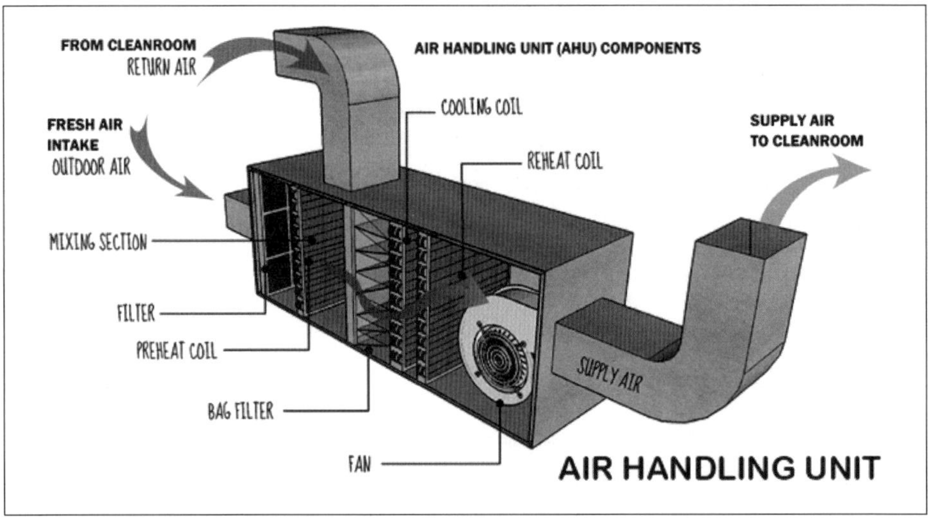

[그림출처] https://ciqa.net/what-is-air-handling-unit/

○ **(Duct)** 공기 이송 통로로서 배관 및 전선과 함께 배치하기 때문에, 간섭회피를 감안하여 효과적인 단면변화를 위해 사각덕트를 사용한다.

- Fan의 용량은 덕트, 분기점의 연결부, 댐퍼 및 송풍기의 마찰손실을 바탕으로 결정되기 때문에 덕트 배치는 최단경로를 찾아 주고, 급격한 경로의 변화가 없도록 함

○ **(Damper)** 배관설계에 사용되는 밸브와 같은 역할로서 기능 중심으로 분류해 보면, 풍량조절, 개폐, 역풍방지, 방화, 방연 및 밸런싱* 댐퍼 등으로 구분할 수 있다.

* TAB**을 달성하기 위한 수단으로 공조설비 시공 후 최종적으로 각 취출구의 정압 및 풍량을 설계치와 맞추기 위해 밸런싱 댐퍼로 조절

** TAB: Testing, Adjust, Balancing을 의미하며, 공조설비 시공 후 Test를 거쳐 밸런싱 댐퍼 등을 이용해 Adjust 함으로써 전체 시스템을 계획된 상태로 Balancing을 맞추는 작업

○ **(Ventilator)** 취출구로서 선박설계 측면에서 보면, 거주구에서 사용되는 것*과 타 구역에서 설치되는 것으로 구분할 수 있다.

* 거주구에서 사용되는 Ventilator는 루버형, 그릴형, 노즐형 등과 같이 건축분야에 사용되는 것과 동일함.

- 거주구 외의 구역에서 선박에 사용되는 형식은 크게 Mushroom(버섯형), Goose-neck(거위목형) 및 Cowl head(담뱃대형)형으로 구분되나, Cowl head는 잘 사용되지 않는 추세임

Mushroom vent	Goose-neck vent	Cowl head vent
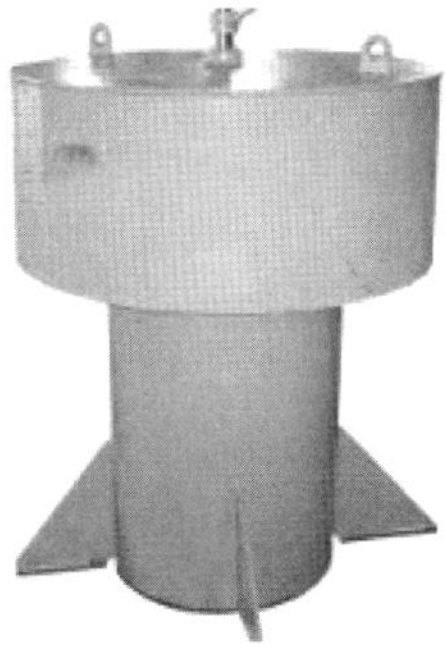		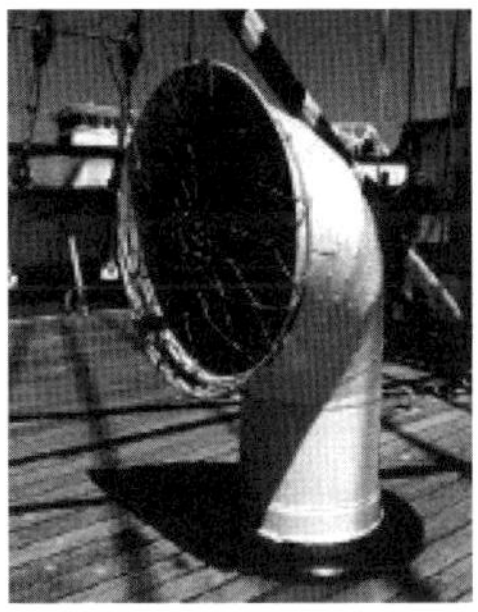

[그림출처] http://www.sunwoomanufacturing.com/bbs/board.php?bo_table=b370&wr_id=2
http://www.sunwoomanufacturing.com/bbs/board.php?bo_table=b370&wr_id=1
https://www.nps.gov/safr/blogs/fancy-knotwork.htm

□ 배치개념

○ **(원리)** 선박에서 거주구, 기관실 및 Control Room 등의 구역을 제외하면 사실상 온습도 조절을 위한 열교환의 개념은 크게 적용되지 않고, 유해가스 배출 등의 관점에서 공기조화 기능이 핵심이다.

- 따라서 각 구역을 Safety zone과 Dangerous zone으로 식별하여, 안전구역은 양압을, 위험구역은 해당 공기가 확산되지 않게 음압이 생성되도록 함

○ **(구성)** 양압이 필요한 구역은 Mechanical supply & Natural Exhaust (기계공급+자연배기)방식을 채택하고, 음압 구역은 Natural supply & Mechanical Exhaust (자연공급+기계배기)방식을 채택한다.

- 필요시 정밀한 제어가 필요한 구역에 Mechanical supply & Mechanical Exhaust (기계공급+기계배기)의 System구성이 가능하나, 거의 사용되지 않음
- 기계공급·배기시 Fan이 적용되어야 함에 따라 Mushroom vent가 사용되고, 자연공급·배기시에는 Goose-neck vent를 적용

○ **(배치)** 배기 된 공기가 다시 유입되지 않도록 통상 선박 진행방향을 고려하여 급기 Vent은 선수 쪽에, 배기 Vent는 선미쪽에 설치한다.

- 또한, SOLAS, IEC, 각 선급 Rule 등에 따라 규정된 Hazardous area를 고려하여 흡기구가 해당영역에 배치*되지 않도록 하여야 함

* 유독가스가 유입되는 문제를 방지하고, 특히 기계급기가 적용되는 경우 Fan으로 인해 폭발위험이 있어 세밀한 주의가 요구

< Hazardous area 개념도 >

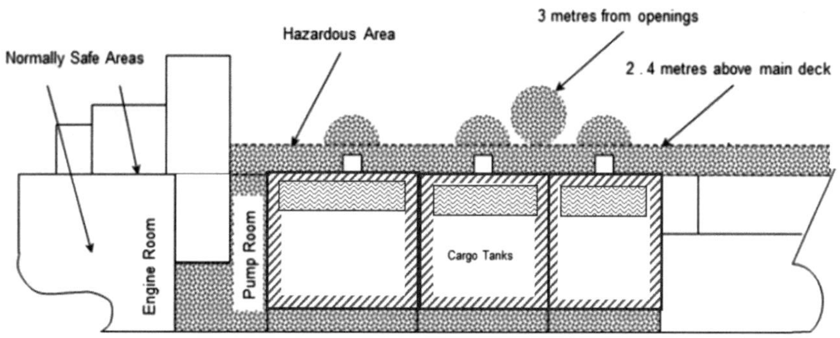

※ Hazadous area의 이해를 돕기 위해 간소화한 개념도임

► Hazardous area(위험장소)

: 폭발성 가스에 의해 위험분위기가 생성될 가능성이 있는 구역

► IEC에 따른 위험장소 분류

❶ Zone 0: 폭발성 분위기가 항상 또는 장시간 동안 존재하거나 수시로 폭발성 분위기가 생성될 가능성이 있는 구역(상기 그림에서 물결무늬)

❷ Zone 1: 통상적인 선박운전에서 폭발성 분위기가 생성 될 가능성이 있는 구역(상기 그림에서 빗금무늬)

❸ Zone 2: 통상적인 선박운전에서 폭발성 분위기가 생성 될 가능성이 없고, 생성되더라도 짧은 시간 동안만 존재하는 구역(상기 그림에서 점무늬)

► IACS에 따른 위험장소 분류

❶ Zone0-A: 인화성 가스와 공기의 혼합물이 상존하고 있거나 장기간 존재하는 구역

❷ Zone0-B: 화물탱크와 인접한 코퍼댐 등 화물탱크와 1개의 격벽에 의해 구획되고 통풍장치가 없는 구역

❸ Zone1-A: 화물탱크와 1개의 격벽으로 구획되었으나, 기계적 통풍장치가 설치된 구역

❹ Zone1-B: 통상적인 선박운전에서 인화성가스와 공기의 혼합물이 발생하기 쉬운 구역

❺ Zone 2: 통상적인 선박운전에서 인화성가스와 공기의 혼합물이 발생하기 어려운 구역

- Vent는 개구를 형성함에 따라 앞서 폐쇄장치에서 살펴본 바와 같이 적절한 Coaming을 설치하여야 하며, 참고로 도식화 된 DNV-GL선급의 규정을 아래와 같이 소개함

< 최소 Coaming 높이 기준 개념도 >

	RQD Raised Quarter Deck	Poop					
Position	I	II	I	II	I	I	I
Ventilators without closures	4500	2300	4500	2300	4500	4500	4500
Ventilators with closures	900	760	900	760	900	900	900

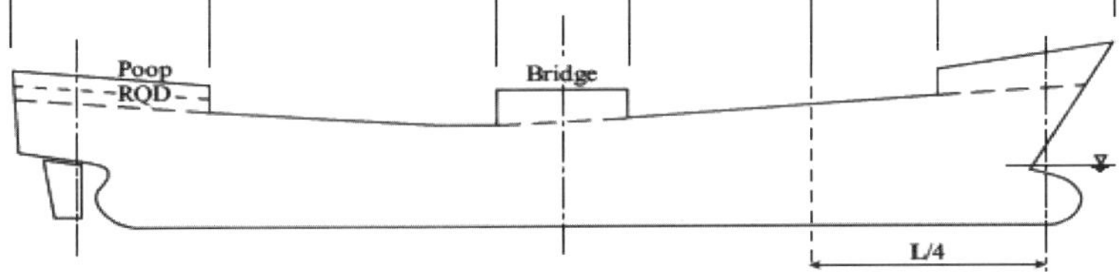

Minimum coaming height [mm] for ventilators according to LLC 66 as amended

2-2-6 교통장치 [공통]

□ 개념

ㅇ 선원의 승하선 및 선박 내 분할된 구획에 따라 수직·수평 이동을 위한 설비로 기기장비와 의장품으로 구분된다.

□ 종류

ㅇ **(기기장비)** 통상 선박의 승하선을 위한 장비가 해당되며, 배치 측면에서는 도선사 승선을 위한 IMMPA 규정의 만족이 요구된다.

< IMMPA 규정 >

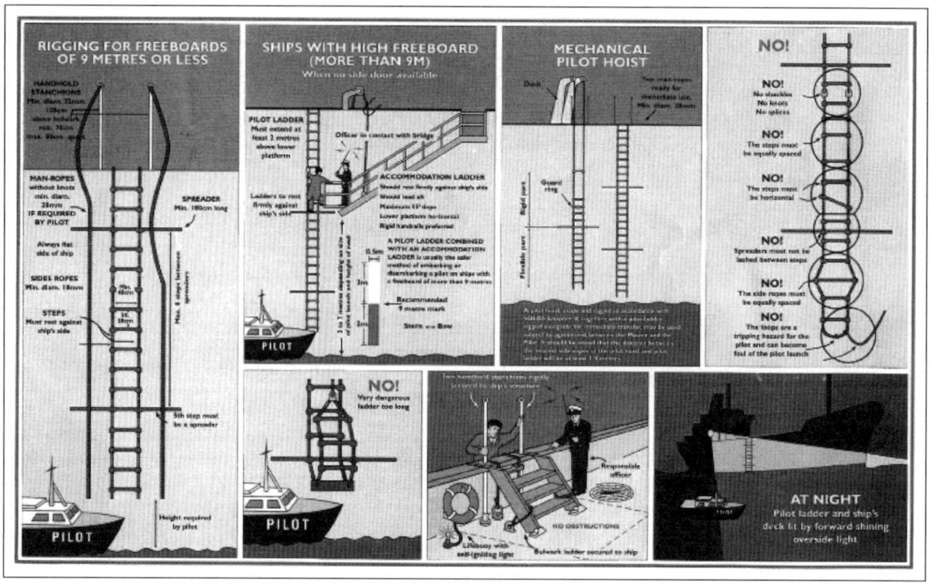

[그림출처] http://www.pla.co.uk/Safety/Pilot-Card-Required-Boarding-Arrangements-for-Pilot

① (Accommodation ladder) 선측에 설치*되어 평상시 격납되어 있다가 승선시 전개하여 사용되며 공압 Winch를 이용한 Wire rigging 방식으로 작동(통상 Acc. ladder로 표기)

* Tanker와 같이 상갑판 공간이 여유로운 경우 상갑판에 Rail과 함께 설치되나, 컨테이너선은 컨테이너 적재에 따른 공간 부족으로 현측에 격납되는 형태로 설치(설치조건을 고려하여 다양한 형태로 제작됨)

② **(Wharf ladder)** 평소 선박에 선적하여 다니다가 필요시 크레인 등을 이용하여 선측에 설치하여 사용하는 사다리로 구동부분이 없으며, 비교적 적용 빈도가 낮음

< Acc. ladder 종류 및 Wharf ladder 예시 >

Horizontal type(탱커)	Verticall type(컨테이너 등)	Wharf ladder

[그림출처] 삼공사 홈페이지 참조(www.sam-gong.co.kr)

③ **(Pilot door)** 기능상으로는 Watertight door와 동일하나, 목적상 승하선용이라는 것과 현측에 설치된다는 점이 차이가 있으며, 컨테이너선에 Acc. ladder와 함께 사용됨

④ **(Rope ladder & Reel)** Rope ladder는 Acc. ladder 및 Pilot door와 조합하여 사용*되며, Rope ladder** 회수를 위해 공압 Winch로 구성된 Rope ladder reel***이 요구

* 파고가 높은 경우, Rope ladder 없이 Acc. ladder만으로 승선하는 것은 사고 위험이 높아, 통선에서 Rope ladder를 거쳐 Acc. ladder로 이동할 수 있도록 마련

** Step pitch는 300mm, 폭은 400mm이며, 꼬임방지를 위해 3개 Step마다 1,800mm의 거더 스텝을 갖추도록 하고 있음

*** 공압 winch로 구동되며, Rope ladder를 충분히 감을 수 있는 폭의 Drum과 충분한 반경의 Flange를 갖춘 Reel이 요구됨

< Pilot door 설치예시, Rope ladder 및 Reel >

Pilot door & Rope ladder 설치 예	Pilot door 개념도	Pilot door & Reel shop test
	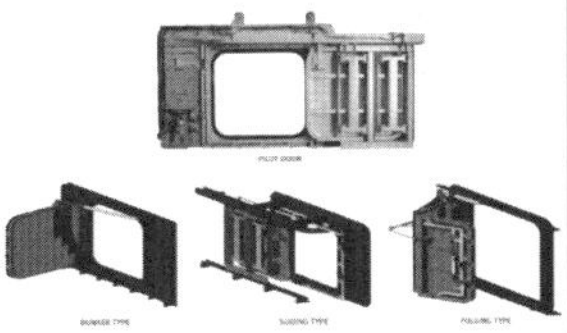	

[그림출처] https://www.google.com/url?esrc=s&q=&rct=j&sa=U&url=https://safety4sea.com/amsa-recommends-safe-pilot-transfer-arrangements/&ved=2ahUKEwjS2ObV4NT1AhW1y4sBHQteCwgQr4kDegQIAxAC&usg=AOvVaw0MAkeuRRHo0jU6S_fi2oKe
https://www.komarine.com/ko/companies/sungmi/products/120496-PILOT-DOOR/
http://dlmarine.com/6-3-pilot-transfer-arrangements/

○ **(의장품)** 선내에서 구획 간 이동 등에 사용되며, 수직이동을 위한 Ladder, 수평이동을 위한 Rail, 수직 이동시 휴식공간을 위한 Platform 및 기타 Fitting으로 구성된다.

① **(Ladder)** 수직이동을 위한 설비로 경사각도에 따라 Inclined ladder(I.L)와 Vertical ladder(V.L)로 구분되며, 각각에 설치되는 부가 장치들이 상이

- **(Inclined ladder)** 통상 79° 이하까지의 경사각도를 가진 Ladder를 의미하며, 원활한 이동을 위해 Ladder 양측에 Handrail을 설치

* Stair로 불리기도 하며, 선실의 주요 이동통로는 Up & Down으로 2개의 ladder가 결합된 형태로 적용되기도 함

- **(Vertical ladder)** 통상 80° 이상의 경사각도를 가진 Ladder를 의미하며, Step을 잡고 수직으로 이동하기 때문에 등을 기대어 쉴 수 있는 Ring 또는 Hoop*를 하층 Deck로 부터 2,500~3,000mm 사이 설치

* Ring은 Round Bar(R.B)로 제작되어 일정간격으로 배치한 것이고, Hoop는 Flat Bar(F.B)로 제작되어 Ring 형태로 Ladder에 부착하되 각 Hoop를 F.B로 연결한 형태임

- **(Spiral ladder)** Inclined ladder는 이용이 편리하나 공간을 넓게 차지하고, Vertical ladder는 좁은 공간에 설치가능하나 이용이 불편하여 절충안인 Spiral ladder를 적용하기도 함

< Ladder의 종류 >

Inclined ladder	Vertical ladder	Spiral ladder
	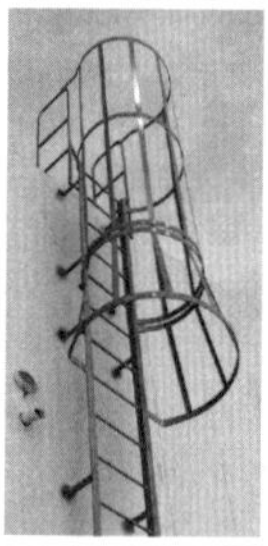	

[그림출처] https://www.environmental-expert.com/products/waco-ladders-287042
https://www.cotterman.com/products/fixed-ladders/
https://torrespilots.com.au/

② **(Rail)** 해상에서 운항시 선박의 운동을 감안하여, 안전하게 이동하기 위해 난간이나 잡을 수 있는 손잡이가 필요함. 따라서 Hand rail과 Storm rail을 설치

- **(Hand rail)** 선측, Deck opening 주위 등의 추락 위험이 있는 곳에 설치하며, 난간의 역할과 손잡이 역할을 겸함

  * 1,000mm 높이의 지주(Stanchion)을 일정간격으로 배치하되, 1.5m마다 지주를 지지하는 Stay를 설치하고, 각 지주를 관통하는 약 3개 이상의 Rail(Top, Mid, Low)을 설치

  ** Top rail은 pipe를 이용하여 손에 잡기 편하도록 하고, Mid & Low Rail을 R.B를 적용함. 각 Rail은 등간격으로 배치하되, Low Rail은 낙하물 방지를 위한 Coaming과의 간격을 고려

- **(Storm rail)** 선실 복도 또는 거주구 외벽 등에 손잡이 역할을 위해 설치하는 것으로 Pipe로 된 Rail과 Wall에 고정하기 위한 Stanchion(통상 Round bar로 제작)으로 구성됨

< Rail의 종류 >

Hand Rail	Storm Rail

[그림출처] https://www.peakpx.com/537475/white-ship-deck
http://www.ehtsystem.com/en/enai-system/enai-railing/

③ **(Platform)** 장비운용 및 유지보수 등을 위해 Deck에서 부터 적절한 높이로 접근이 가능하도록 하거나,

- Hold, Copper dam 및 각종 Trunk 내에서 몇 개 이상의 Deck 높이를 이동할 경우, 적절한 휴식처를 제공하고, 또는 적절한 각도로 Inclined ladder를 설치하기 위해 Platform을 적용하며,
- 선원 추락방지 등을 위한 Handrail과 물체의 낙하방지를 위한 Coaming을 함께 설치함

④ **(Fitting)** 이동시 편의성을 위한 Step 등이 해당. 앞서 살펴본 폐쇄장치에서 코밍 높이가 450~600mm이고, 표준 Step 간격이 300mm임에 따라 보조적인 Step*이 필요

* 통상 Wall에 붙이는 Step과 Platform 형태의 Step이 많이 사용됨

< Platform 예시 >

○ **(배치)** Ladder 설치원칙은 1구역에 2개 이상을 설치하고, 사고 등을 감안하여 최대한 이격시켜야 한다는 것이다. 통상 V.L & I.L를 1개조로 적용하며 편리한 이동을 위해 Step pitch는 300mm*로 한다.

* Tip. 통상 상단으로부터 300mm씩 맞추고 하단의 마지막 Step을 300mm ± a로 적용하나, 일부 유럽 선주는 소수점이하까지 적용하여 Step을 등간격으로 요구하기도 함

- Rail은 기본적으로 연속되도록 하여 수평 이동시 손을 밀면서 놓지 않은 상태로 잡고 움직일 수 있도록 하여야 하나, 방식을 위한 Galv'd 처리*, 의장품 입고시 이동** 및 Block 경계 등에 의해 분할됨

* 의장품은 도장이전에 방식을 위해 Galv'd 처리를 하며, Hot Dip Galv'd 처리(또는 전기도금)를 위해 용로에 넣게 되는데 이때 용로의 크기 제한으로 분할 필요

** 제작된 철의장품을 조선소에 입고할 때, 트레일러 등으로 이동하는데 통상 최대 길이가 4.5m 정도임에 따라, 의장품은 해당 길이 이하로 설계

*** Tip. Pipe로 된 Top Rail의 양끝은 plate로 밀봉하도록 하나, Hot Dip Galv'd시 폭발할 수 있어 공기구멍을 낸 상태로 Galv'd 처리 후 메공함

제2절 배관

7. 배관일반(이-Ⅱ-2)

: 선체가 사람의 신체라면 배관은 혈관에 비유되며, 선박의 배관은 기능에 따라 시스템이 구분된다. 각 시스템을 살펴보기에 앞서 기본적인 배관종류(강, 스테인리스, 동관, 주철관, 합성수지 등), 이음종류(플랜지, 용접이음, 나사이음, 소켓, 신축이음 등), 부속품(가스켓 & 패킹, 스트레이너, 트랩, 보온재 등), 지지방식 등의 내용을 이해해야 한다.

8. 펌프 및 밸브의 종류(이-Ⅱ-2)

: 배관이 혈관이라고 하면, 펌프는 각 배관시스템에서의 심장과 같다. 펌프는 배관시스템에 있어서 유체의 유량 및 압력을 발생시키는 장치이다. 밸브는 유량, 유로 및 압력을 변경 또는 제어하는 장치이며, 다시 밸브는 기계적, 전기적 또는 유공압 방식에 따라 원격으로 제어된다.

9. Ballast system(적-Ⅱ-4)

: 적재성(적재·하역성능)과 관련된 것으로, 화물선적에 따른 선박의 흘수변화를 최적의 상태로 조정하여 효율적인 운항이 가능하도록 평형수를 주배수 하는 기능을 수행한다. 상황에 따라 무게중심을 변화시켜 복원성능을 향상시키는 역할을 수행하기도 한다.

10. Bilge system(공통)

: 부양성을 확보하기 위한 안전장치이다. 선박에 유입된 물을 선외로 배출하는 역할을 수행한다. 선박의 안전성을 확보 할 수 있는 수단으로 협약 및 법령에서 안전설비로 규정하고 있는 대표적인 시스템이다.

11. Fire fighting system
(물소화 & Foam & CO_2 & Gas detection & Inert gas system) (공통)

: 선박의 기능전반에 걸쳐 화재로부터 안전성을 확보하기 위한 장치이다. 화재 발생 흐름에 따라 살펴보면 화물창 내 유증기로 인한 폭발을 방지하기 위한 수단으로

불활성 가스를 각 화물창에 주입하는 예방적 장치인 Inert gas system, 화재를 초기에 인지하기 위한 가스탐지장치(Gas detection system) 및 선내 각 구역별 화재특성을 감안하여 물, FOAM, CO_2 등 소화약제에 따라 세분화 되는 소방설비가 있다.

12. Scupper system(공통)

: 부양성을 확보하기 위한 안전장치이다. Bilge system은 선내에 유입된 물을 펌프를 통해 선외로 배출하는 역할을 하는 반면, Scupper system은 폭로갑판 등에 유입된 해수와 빗물 등을 선외로 배출하는 관장치이다.

13. Air & Sounding system(적-Ⅱ-4)

: 적재성(적재하역성능)과 관련된 시스템이다. 화물창 등을 포함하여 밀폐구역은 온도변화에 따라 수축팽창을 하기 때문에 그 변화량을 흡수하고 원활한 주배수를 위한 장치가 Air system이다. Sounding system은 접근이 어려운 각종 Tank에 유체의 깊이를 측정하기 위한 설비이다.

14. Cargo piping system(적-Ⅱ-4)

: 액체화물선의 적재성(적재하역기능)을 담당하는 중추적인 설비이다.

15. Tank heating system(적-Ⅱ-4)

: 유조선의 적재하역기능(적재성)을 보조하는 시스템이다. 원유는 점도가 높아 Heating을 통해 점도를 낮추어 원활한 적재 및 하역이 이루어지도록 하는 역할을 한다.

16. Crude oil washing system(적-Ⅱ-4)

: 유조선의 적재하역기능(적재성)을 보조하는 시스템이다. 원유속의 왁스, 아스팔트 및 모래 등이 Tank하부에 침전되면, 하역시 Stripping이 불량해지고, 탱크용적이 감소함으로 Crude oil washing system을 이용해 Tank washing을 실시한다.

17. Cargo venting system(적-Ⅱ-4)

: 적재성(적재하역성능)과 관련된 시스템이다. Cargo tank 내부의 온도 변화에 따른

압력변동을 흡수하고, 적재·하역 시 통기를 통해 원활한 주배유가 되도록 한다. 선원의 Tank Access시 유해가스 제거를 위한 Gas freeing을 위한 설비이기도 하다.

18. Cargo monitoring system(적-Ⅱ-4)

: 적재성(적재하역기능)을 위한 보조시스템이다. 액체화물은 적재 및 하역시 화물창 안의 상태를 알 수 없기 때문에 적재량, 온도 및 압력 등을 모니터링한다.

19. Valve Remote control system(적-Ⅱ-4)

: 모든 배관시스템에 공통적으로 적용되는 시스템으로, 배관시스템의 밸브를 원격으로 제어할 수 있도록 하는 시스템이다.

< 선박의 필수기능에 관한 기능구조분석도 >

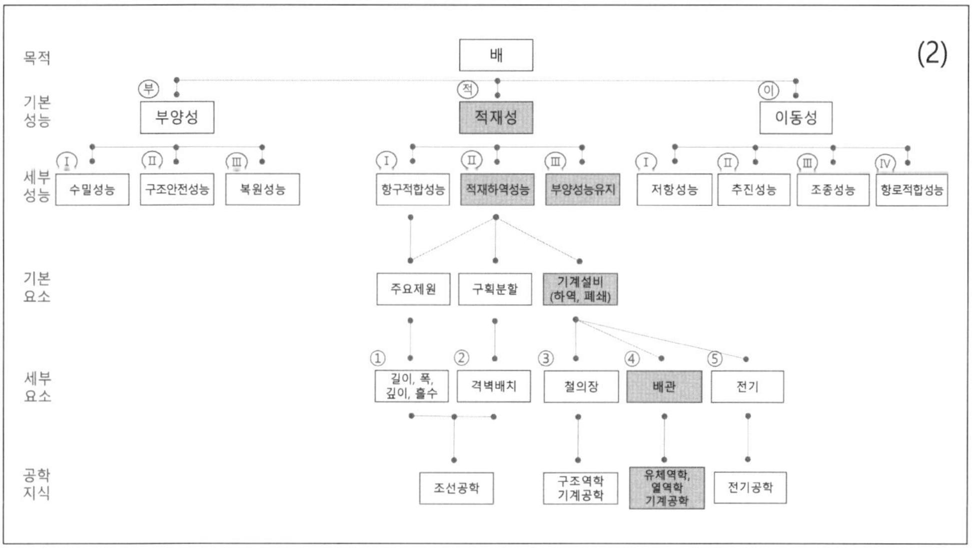

2-2-7 배관일반 [적-Ⅱ-4]

□ 개념

ㅇ 배관설계는 펌프와 밸브의 조작으로 원하는 Performance를 구현하며, 이때 기본이 되는 Pipe, Joint, Fitting and support와 선박건조시의 주요개념 대해서 소개한다.

* Tip. 재질 및 규격 등에 대한 상세한 정보 및 표준을 확인하는 방법으로 e-나라표준인증(standard.go.kr)을 참고하거나, 기계설계도표편람(도서)을 참고

□ 배관(Pipe)의 종류

ㅇ 배관의 종류는 강관, 스테인리스강관, 동관, 주철관, 합성수지관 및 납관 등으로 구분된다.

① **(강관, Steel pipe)** 선박건조시 가장 많이 사용되는 재질이며, 인장강도 및 충격강도가 양호하고, 변형이 용이하며 용접성이 좋으나, 부식에 취약한 특성이 있음. 세부적인 종류는 다음과 같음

< 강관의 종류 >

► 배관용 탄소강관(SPP: Steel Pipe Piping)
→ JIS(일본산업표준)으로 SGP임(조선소에서 주로 JIS 표기법 적용, 이하공통)

► 압력배관용 탄소강관(SPPS: Steel Pipe Pressure Service)
→ JIS(일본산업표준)으로 STPG임

► 고압 배관용 탄소강관(SPPH: Steel Pipe Pressure High)
→ JIS(일본산업표준)으로 STS임

► 고온 배관용 탄소강관(SPHT: Steel Pipe High Temperature)
→ JIS(일본산업표준)으로 STPT임

► 배관용 합금강관(SPA: Steel Pipe Alloy)
→ JIS(일본산업표준)으로 STPA임

► 저온 배관용 탄소강관(SPLT: Steel Pipe Low Temperature)
→ JIS(일본산업표준)으로 STPL임

► 배관용 스텐인리스 강관(STS: Steel Tube Stainless)

► 보일러 열교환기용 탄소강관(STH: Steel Tube Heat)

► 저온 열교환기용 강관(STLT: Steel Tube Low Temperature)

② **(스테인리스강관)** 내식성이 우수하며 강관에 비해 기계적 성질이 우수하고 두께가 얇아, 가볍고 위생적임

* 배관용 스테인리스 강관(STS~) → JIS(일본산업표준)으로 SUS~ 임(조선소에서 주로 JIS 표기법 적용)

③ **(동관, Cupper pipe)** 연성·전성이 풍부하고, 열 전도성과 내식성이 우수하며, 프레온 냉매를 사용하는 시스템에 적용

* 인탈산 동관(DCuP) → JIS(일본산업표준)으로 SCuT 임 등

④ **(주철관, Cast iron pipe)** 강관에 비해 내식성, 내마모성, 내구성 및 압축강도가 좋으나, 인장강도가 낮고 충격에 약함

⑤ **(합성수지관, Plastic pipe)** 내식성, 내산성, 내 알칼리성 및 전기절연성이 크고, 가벼워 운송과 가공에 용이하나, 열에 취약하고 열팽창률이 큼

* Glass reinforced epoxy (GRE)pipe, Glass(fiber) Reinforced Plastic(GRP) pipe 적용

⑥ **(납관, Lead pipe)** 내식성 및 절연성이 크고, 가공성이 좋으나, 무겁고 강도가 약하며 가격이 비쌈

□ 배관의 규격

○ **(강관의 호칭법)** 지름의 단위를 mm로 나타내며(예: 100mm=100A로 표기) 스케줄 번호(Sch. No.)의 개념을 적용한다.

< 스케줄 번호 개념 >

$$Sch.No = \frac{P}{S} \times 10$$

P: 사용압력(kg/cm^2), S: 허용응력(kg/mm^2) (→ pipe 인장강도/안전율)

► 예시: 사용압력 35kg/cm^2, 배관 SPPS38(인장강도 38kg/mm^2), 안전율 4 적용 시

$Sch.No = \frac{35}{(38/4)} \times 10 = 36.8$ → Sch. No 40 적용

○ **(강관의 강도표기)** 실제 강관 표기는 재질 + 강도를 조합하여 표기하며, 재질 뒤의 숫자는 인장강도를 의미한다.

* 예시: STPG370 → 인장강도가 370N/mm^{2}임

○ **(규격 표기)** 생산규격을 호칭경으로 부르고, 호칭경을 기준으로 외경(O.D, out dia.)은 일치하며, 사용압력에 따라 Sch을 달리하여 배관의 두께가 다르다. 즉, 내경(I.D, in dia.)이 변화됨을 의미한다.

< 배관의 규격 >

KS/JIS			ASTM		SCH5S		SCH10S		SCH20S		SCH40	SCH40S	SCH80	SCH80S
호칭경		OD	호칭	OD										
A	B	MM	INCH	MM	KS/JIS	ASTM	KS/JIS	ASTM	KS/JIS	ASTM	KS/JIS	ASTM	KS/JIS	ASTM
6	1/8	10.50	1/8	10.29	1.00	NA	1.20	1.24	1.50	NA	1.70	1.73	2.40	2.41
8	1/4	13.80	1/4	13.72	1.20	NA	1.65	1.65	2.00	NA	2.20	2.24	2.40	3.02
10	3/8	17.30	3/8	17.15	1.20	NA	1.65	1.65	2.00	NA	2.30	2.31	3.00	3.20
15	1/2	21.70	1/2	21.34	1.65	1.65	2.10	2.11	2.50	NA	2.80	2.77	3.20	3.73
20	3/4	27.20	3/4	26.67	1.65	1.65	2.10	2.11	2.50	NA	2.90	2.87	3.70	3.91
25	1	34.00	1	33.40	1.65	1.65	2.80	2.77	3.00	NA	3.40	3.38	3.90	4.55
32	1 1/4	42.70	1 1/4	42.16	1.65	1.65	2.80	2.77	3.00	NA	3.60	3.56	4.50	4.85
40	1 1/2	48.60	1 1/2	48.26	1.65	1.65	2.80	2.77	3.00	NA	3.70	3.68	4.90	5.08
50	2	60.50	2	60.33	2.10	2.11	2.80	2.77	3.50	NA	3.90	3.91	5.10	5.54
65	2 1/2	76.30	2 1/2	73.03	2.10	2.11	3.00	3.05	3.50	NA	5.20	5.16	5.50	7.01
80	3	89.10	3	88.90	2.10	2.11	3.00	3.05	4.00	NA	5.50	5.49	7.00	7.62
90	3 1/2	101.60	3 1/2	101.60	2.10	2.11	3.00	3.05	4.00	NA	5.70	5.74	7.60	8.08
100	4	114.30	4	114.30	2.10	2.11	3.00	3.05	4.00	NA	6.00	6.02	8.10	8.56
125	5	139.80	5	141.30	2.80	2.77	3.40	3.40	5.00	NA	6.60	6.55	8.60	9.52
150	6	165.20	6	168.28	2.80	2.77	3.40	3.40	5.00	NA	7.10	7.11	9.50	10.97
200	8	216.30	8	219.08	2.80	2.77	4.00	3.76	6.50	NA	8.20	8.18	11.00	12.70
250	10	267.40	10	273.05	3.40	3.40	4.00	4.19	6.50	NA	9.30	9.27	12.70	12.70
300	12	318.50	12	323.85	4.00	3.96	4.50	4.57	6.50	NA	10.30	10.31	15.10	12.70
350	14	355.60	14	355.60	4.00	3.96	5.00	4.78	8.00	NA	11.10	11.13	17.40	NA
400	16	406.40	16	406.40	4.50	4.19	5.00	4.78	8.00	NA	12.70	12.70	19.00	NA
450	18	457.20	18	457.20	4.50	4.19	5.00	4.78	8.00	NA	14.30	14.27	21.40	NA
500	20	508.00	20	508.00	5.00	4.78	5.50	5.54	9.50	NA	15.10	15.09	23.80	NA
550	22	558.80	22	558.80	5.00	4.78	5.50	5.54	9.50	NA	15.90	NA	26.20	NA
600	24	609.60	24	609.60	5.50	5.54	6.50	6.35	9.50	NA	17.50	17.48	28.60	NA
650	26	660.40	26	660.40	5.50	NA	8.00	7.92	12.70	NA	18.9/17.5	17.48	31.00	NA
700	28	711.20	28	711.20	5.50	NA	8.00	7.92	12.70	NA	17.50	17.48	34.00	NA
750	30	762.00	30	762.00	6.50	6.35	8.00	7.92	12.70	NA	17.50	NA	NA	NA
800	32	812.80	32	812.80	NA	NA	8.00	7.92	12.70	NA	17.50	17.48	NA	NA
850	34	863.60	34	863.60	NA	NA	8.00	7.92	12.70	NA	17.50	17.48	NA	NA
900	36	914.40	36	914.40	NA	NA	8.00	7.92	12.70	NA	19.10	19.05	NA	NA
1000	40	1016.00	40	1016.00	NA	NA	9.50	NA	14.30	NA	26.20	NA	NA	NA

* 예시: 100A #80(Sch을 #d으로 표기)이면, 외경(O.D)이 114.3mm이고, 두께가 8.1mm임. 따라서 내경(I.D)은 O.D - 2t = 114.3mm - 8.1mm × 2 = 98.1mm가 됨

[그림참조] https://catcom.tistory.com/102

□ 이음(Joint) 종류

○ 배관은 규격화 되어 생산되기 때문에 시스템 구성을 위해서 배관이음은 필수적이며, 재질특성에 따라 이음방법이 세분화된다. 다만, 변형(열팽창 등)에 대응하기 위한 신축 이음은 공통적으로 사용된다.

① **(강관 & 스테인리스강관)** 선박건조시 가장 많은 부분을 차지하며, 플랜지, 용접 및 나사 이음이 가능하나 건조시에는 통상 플랜지 및 용접이음을 활용

< 강관 Joint 형식별 특징 >

<이음방식에 따른 분류>

❶ 플랜지 이음(Flange joint)

: 분해 필요성이 있는 경우(기기장비 연결부 또는 블록분할 개소 등)에 적용되며, 통상 60A이상의 관경에 사용하고, 이음부는 누설방지를 위해 가스켓*을 사용

* Tip. 가스켓(Gasket)과 실(Seal)은 모두 기밀성 확보를 위한 것이나, 배관과 같이 고정된 곳에 적용할 때 가스켓이라 하고, Door와 같이 구동부에 적용할 때 Seal이라고 함

❷ 용접 이음(Welding joint)

: 접합부의 강도 및 기밀성이 좋고 중량이 가벼우며 작동유체의 저항손실이 작음. 주의할 점은 용접 시 잔류응력 및 용접결함 등이 발생하지 않도록 관리 필요

* Tip. 기기장비의 본선 설치 후 배관 연결 시 제작업체(Vendor) 국가에 따라 Flange 규격이 다른 경우가 발생. 이에 따라 Vendor로부터 Flange를 제공받아 조선소의 배관과 용접하는 방식으로 해결하기도 함

❸ 나사 이음(Screw joint)

: 분해가 가능하고 설치방법이 가장 간단한 일반적인 형태의 이음방식으로 통상 50A 이하에 적용

<이음기능에 따른 분류>

❶ 배관경로 변경시: 엘보, 밴드

❷ 배관 분기시: 티(T)조인트, 와이(Y)조인트, 크로스(+)조인트

❸ 직경 변경시: 부싱, 레듀셔

❹ 관 끝 폐쇄시: 캡, 플러그

② **(동관)** 플랜지이음, 납땜 및 플레어 이음(나팔관식 이음)*을 적용

* 한쪽 관 끝을 나팔모양으로 벌리고 플레어너트를 끼운 후, 나사산이 시공된 다른 배관의 끝을 연결하는 방식(분해가 필요한 20mm이하의 관에 적용하고, 그 이상은 플랜지 적용)

③ **(주철관)** 플랜지, 소켓, Mechanical방식, 타이톤 및 빅토릭 이음 적용

< 주철관 Joint 형식별 특징 >

❶ 플랜지 이음(Flange joint)

: 이음부위에 고무링을 끼우고, 압착플랜지를 끼워 볼트로 연결

❷ 소켓 이음(Socket joint)

: 관의 소켓부에 얀(Yarn)과 납을 넣어 연결

* 얀(Yarn)은 기밀성을 목적으로, 납은 이탈방지 목적으로 적용

❸ Mechanical joint

: 한쪽 배관 끝은 소켓 처리되고, 다른 한쪽은 기밀용 고무링을 압착시키는 푸시링과 소켓의 연결을 위한 구부러진 볼트로 구성

❹ 타이톤 이음(Tyton joint)

: 소캣방식과 Mechanical joint와 비슷하나, 소켓방식 대비 고무링만 적용되며, Mechanical joint 대비 푸시링 및 연결을 위한 볼트 등이 없음

❺ 빅토릭 이음(Victoric joint)

: U자형 고무링과 칼라를 이용한 이음방식으로 배관내 압력 증가시 U형 고무링이 압착되어 기밀성을 증가시킴

플랜지	소켓	Mechanical joint	타이톤 이음	빅토릭 이음
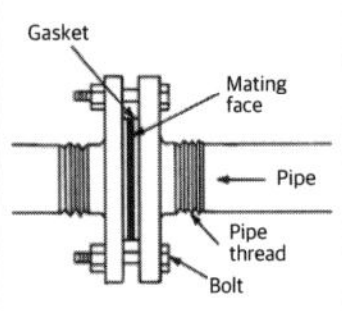	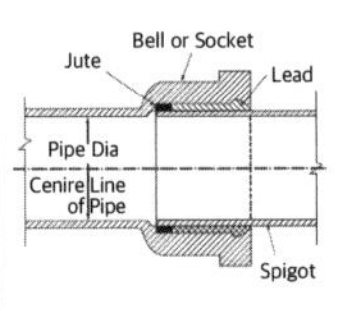	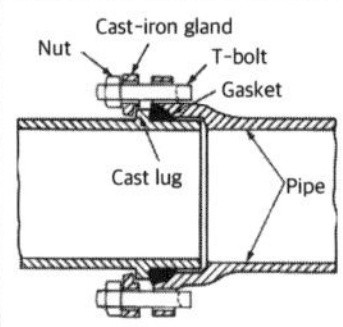	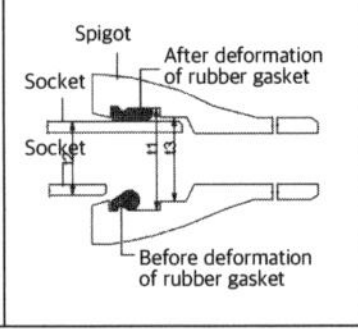	

[그림출처] https://encyclopedia2.thefreedictionary.com/flanged+joint
http://www.expertsmind.com/topic/joints-in-water-supply-pipes/spigot-and-socket-joint-915532.aspx
https://encyclopedia2.thefreedictionary.com/mechanical+joint
https://www.researchgate.net/figure/Standard-drawing-of-T-joint-of-slide-in-ductile-iron-pipe_fig1_343101192
https://www.victaulic.com/grooved-technology/

④ **(합성수지관)** 냉간이음과 열간이음으로 다음과 같이 구분

< 합성수지관 Joint 형식별 특징 >

<냉간 이음>

❶ Taper socket joint

: 한쪽 배관은 관경보다 큰 소켓이 내부에 테이퍼 진 형태로 되어 있고, 다른쪽 배관에 접착제를 발라 끼우는 방식의 이음

❷ 고무링 방식(Rubber ring joint)

: Taper socket joint와 유사하나, 접착제를 사용하지 않고 고무링의 탄성을 이용한 방식

<열간 이음>

❶ 용접이음

❷ 슬리브이음

: 접착재를 바른 양쪽 배관을 연결배관의 관경보다 약간 큰 배관(슬리브)에 끼워 넣고 가열하여 접합하는 방식

⑤ **(신축관)** 배관의 내외부 온도변화에 따른 팽창·수축과 펌프 등 장비의 작동에 따른 급격한 압력 변화 및 선체의 호깅·세깅 등에 따른 외력으로부터 배관의 파손을 방지하기 위해 적용

< Expansion Joint 종류 >

❶ 슬리브(Sleeve)

► (원리) 연결배관과 슬리브 사이의 패킹이 슬리브와 미끄러짐으로써 신축을 흡수

► (특징) 통상 저압배관에 사용하고, 루프형 대비 설치공간은 작으나 패킹 마모시 누설이 발생할 수 있어 교체가 필요

❷ 벨로즈(Bellows)

► (원리) 주름관(벨로즈)를 이용하여 신축 흡수

► (특징) 루프형 대비 설치공간은 작으고 기밀성이 좋으나, 마찰손실이 다소 존재

❸ 루프형(Loop형)

► (원리) 배관 배치시 U자형 구간을 만들어 신축을 흡수

► (특징) 구조가 간단하고, 기밀성이 좋으며, 고장의 염려가 없으나 넓은 설치공간 필요

❹ 볼 조인트(Ball joint)

► (원리) 볼의 형태로 회전이 가능한 연결이음을 적용하여 신축을 흡수

► (특징) 신축흡수량이 가장 큼

❺ 스위블 조인트(Swivel joint)

► (원리) 2개 이상의 나사엘보를 사용하여 신축을 흡수

► (특징) 비용이 저렴하나 반복적인 신축으로 나사가 헐거워질 경우 기밀성 감소

슬리브	벨로즈	루프형	볼 조인트	스위블 조인트
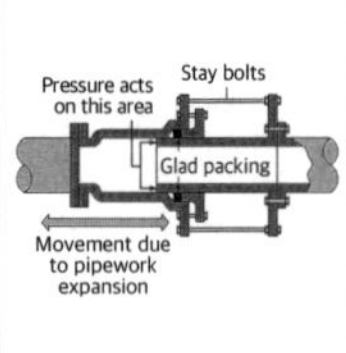	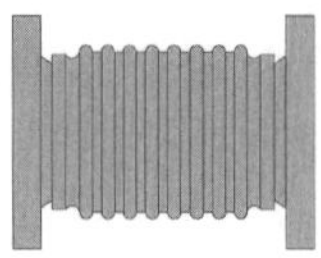	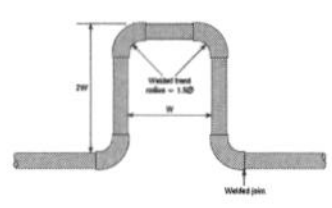	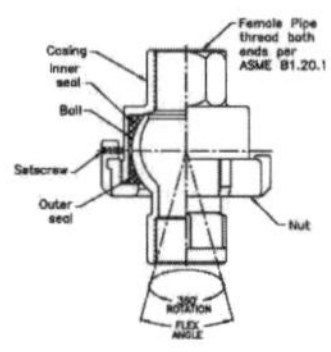	

※ 신축량은 볼 조인트 > 루프형 > 슬리브형 > 벨로즈 > 스위블조인트 순임
통상, 상갑판에 배치되는 배관은 호깅·세깅 및 내구성을 감안하여 루프형을 적용하고, 각 구획내부의 배관은 슬리브를 적용

[그림출처] https://www.wermac.org/steam/steam_part10.html/
https://www.hyspan.com/bj_Standard.html
https://www.arm-tex.com/swivel-joints.html

□ 부속설비

ㅇ 주요 장비인 펌프와 밸브를 제외한 설비로 가스켓 & 패킹, 스트레이너, 트랩 및 보온재 등이 있고 각각의 특징은 다음과 같다.

① **(가스켓&패킹)**(Gasket & Packing) 배관 접합부의 기밀성 유지를 위해 플랜지 사이에 끼워 넣는 것으로, 구동부가 없는 경우 가스켓이라 하고 구동부에 적용하는 것을 패킹이라 함

< 가스켓 & 패킹의 종류 및 특징 >

<가스켓>

❶ 고무 가스켓(천연고무)

: 산과 알칼리에 강하나, 열과 기름에 약하여 100℃ 미만의 물과 공기에 적용

❷ 네오프랜(Neopene, 합성고무)

: 산과 기름에 강하며 사용온도 범위가 -46~120℃로써 물, 공기, 기름 및 냉매배관에 적용

❸ 테프론(합성수지)

: 산과 알칼리에 강하나 탄성이 부족. 사용온도 범위가 -260~260℃로써 매우 넓어 냉매 배관에 사용

❹ 석면(광물질섬유)

: 섬유가 가늘고 강하며 450℃까지 사용 가능하여 증기, 온수 및 고온기름 배관에 적용

❺ 금속

: 연질의 금속(구리, 납, 연강 등)이 사용되나 탄성이 적어 신축 및 진동에 의해 누설우려 존재

<그랜드 패킹>

❶ 아마존 패킹: 면포와 내열고무 콤파운드를 가공하여 제작

❷ 몰드 패킹: 수지, 흑연, 석면 등을 배합하여 제작

❸ 석면 패킹: 석면섬유를 사용하여 제작

② (**스트레이너**(Strainer)) 펌프 흡입면 또는 밸브 입구쪽에 이물질을 걸러 장비를 보호하기 위한 일종의 여과망 장치이며 Y형, U형 및 T형이 있음

Y형	U형	T형
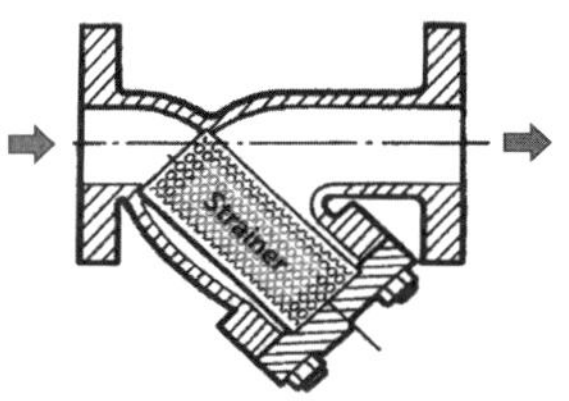	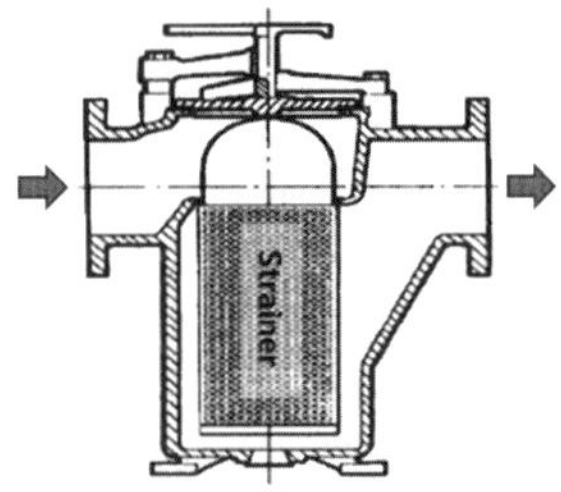	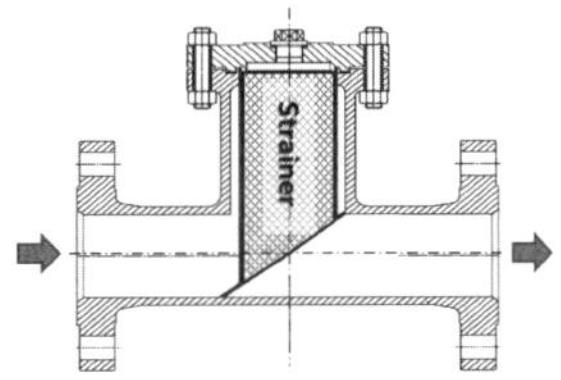

③ (**트랩**(Trap)) 선실설계 등에서 유독가스, 악취 및 벌레 등의 친투를 막기 위해 봉수(배관의 일정구간에 물을 가두어 둔 것)를 형성한 장치로 관트랩(P형, S형 및 U형) 및 박스트랩(벨, 드럼 및 보울 트랩) 등이 있음

P형	S형	U형	벨 트랩	드럼 트랩	보울 트랩
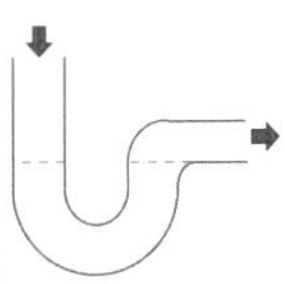	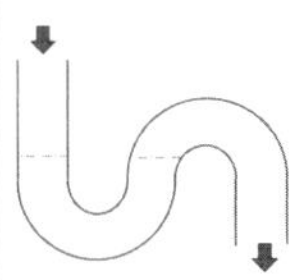	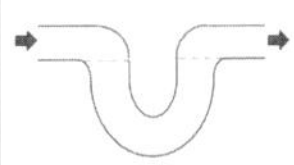	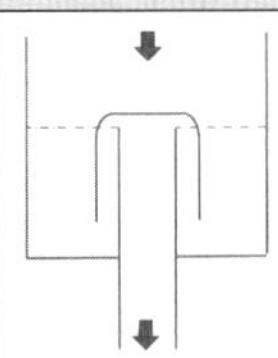	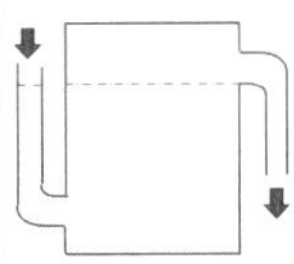	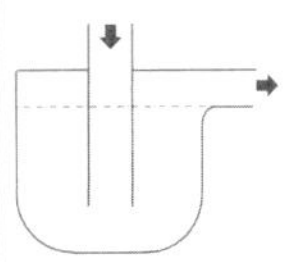

③ (보온재)[Insulation] 배관시스템 전체의 효율을 높이기 위해서는 상온의 배관을 제외하고는 각 구간의 설계온도를 유지할 수 있도록 보온이 필요

< 보온재의 조건 및 종류 >

<보온재의 조건>

❶ 열전도율이 작아 보온·보냉 능력이 클 것

❷ 흡습성 및 흡수성이 작을 것(저온 배관 적용시 파손 우려 감안)

❸ 화학적 안정성이 높고 불연성일 것(고온 배관 및 누출시 감안)

❹ 저렴하고 중량이 가벼우며 시공이 편리할 것

❺ 적용하고자 하는 배관의 사용온도에서 변질없이 안정적일 것

<보온재의 종류 - 유기질(주로 탄소를 포함)>

❶ 펠트(Felt): 양 또는 소의 털을 사용한 것으로 100℃ 이하에 사용하고 곡면시공이 용이

❷ 코르크(Corc): 내습성이 뛰어나 보온 및 보냉이 뛰어나고, 130℃ 이하에 사용되며, 굴요성이 나빠 곡면 등에 시공이 곤란

❸ 플라스틱 폼(Plastic foam): 발포성 합성수지로 다음과 같이 세분화
- 폴리스틸렌(스티로폼): 70℃ 이하 사용, 경량이며 흡습성이 낮음
- 폴리우레탄: 130℃ 이하 사용, 경량으로 강도가 높고 흡수성과 열전도율이 낮음
- 폴리에틸렌: 70~120℃ 사용, 경량으로 흡수성이 낮음

<보온재의 종류 - 무기질>

❶ 유리섬유: 300℃ 이하 사용, 흡습성이 높아 방수처리 필요

❷ 석면: 350~550℃ 사용, 사용성이 좋으나 발암물질을 내포

❸ 암면: 400~600℃ 사용, 석면에 비해 사용성이 나쁨

❹ 규조토: 500℃ 이하 사용, 보온성이 나빠 두꺼운 시공 필요

❺ 펄라이트(Perlite): 650℃ 이하 사용, 흡습성과 열전도율이 적고 내열도가 높음

❻ 세라믹 화이버(Ceramic fiber): 1,200~1,300℃ 사용, 내약품성이 우수하고 용융점이 높아 고온용 배관에 사용

<보온재의 종류 - 금속재>

❶ 알루미늄: 500℃ 이하 사용, 알루미늄을 이용하여 배관사이 공간(공기층)을 두고 시공하여 공기층이 복사열을 반사함으로서 보온하는 방식

□ 지지방식(Support)

○ 배관 Support 선정 시 고려사항과 배관을 지지하는 방식 및 고정하는 방식은 다음과 같다.

* Tip. 선박의 배관은 열응력 등에 의해 신축량이 크기 때문에 지지점에 따라 파손 여부가 결정될 수 있어 응력해석 등을 통해 적정 지지점을 선택하는 것이 중요

< 배관지지 주요내용 >

<Piping support 조건>

❶ 배관 및 작동유체의 중량을 지지할 수 있을 것

❷ 유체의 흐름에 따른 수격작용 및 진동 등의 동하중을 견딜 수 있을 것

❸ 배관의 수축팽창을 흡수할 수 있을 것

❹ 배관의 처짐이 발생하지 않도록 지지구간을 설정할 것

❺ 필요한 구간에 구배(기울기)를 가질 수 있을 것

<배관지지방식>

❶ 고정 Support: Angle, U-chanel 및 H-beam 등으로 지지하고 U-blot로 체결
(Pipe와 Pipe support 사이에 배관 보호용 Pad를 설치하기도 함)

❷ Spring support: 진동을 고려하여 고정 Support에 스프링을 적용

Deck 상부 배관지지	Deck 하부 배관지지
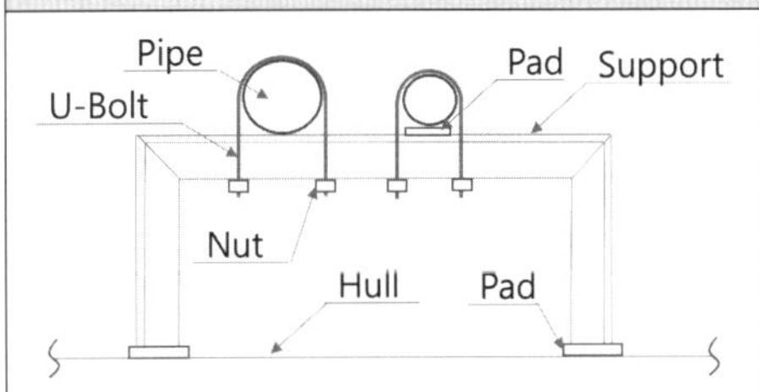	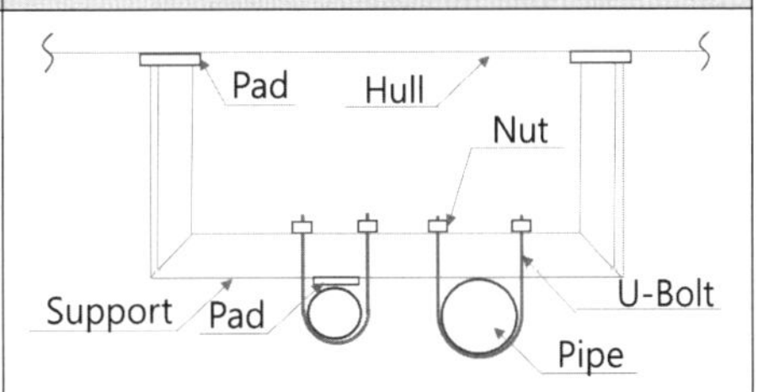

※ 배관의 하중을 행거(Hanger)에 걸어서 지지하는 방식이 다음과 같이 존재하나, 실제 선박설계에서는 대부분 선체운동을 고려하여 Support을 갑판상부에 설치하여 하거나, 갑판하부에 설치하여 배관을 지지 방식으로 적용(아래는 참고 정도로 이해)

- 고정행거: 수직방향 길이변화가 없는 경우 사용
- 스프링행거: 수직방향 길이변화가 있는 경우 사용
- 롤러행거: 배관의 회전이 발생하는 경우 사용

<배관고정방식>

❶ 앵커(anchor): x, y, z 방향 이동 및 모든 회전을 구속

❷ 스토퍼(Stopper): x, y, z 방향 중 특정 방향만을 구속

❸ 가이드(Guide): 배관의 길이방향을 제외한 모든 이동 및 모든 회전을 구속

□ 선박적용시 주요개념(예시: DNV-GL, Part 4 Chapter 6 Piping systems)

○ 배관시스템 종류(목적)별 압력·온도를 기준으로 배관 Class를 규정한다.

Piping system for	*Class I* 1)		*Class II* 1)		*Class III* 1)	
	p (bar)	*t (°C)*	*p (bar)*	*t (°C)*	*p (bar)*	*t (°C)*
Steam	> 16	or > 300	≤ 16	and ≤ 300	≤ 7	and ≤ 170
Thermal oil	> 16	or > 300	≤ 16	and ≤ 300	≤ 7	and ≤ 150
Fuel oil, lubricating oil, flammable hydraulic oil	> 16	or > 150	≤ 16	and ≤ 150	≤ 7	and ≤ 60
Other media 2)	> 40	or > 300	≤ 40	and ≤ 300	≤ 16	and ≤ 200

p = design pressure, as defined in Sec.9 [1.3.3]
t = design temperature, as defined in Sec.9 [1.3.4]

1) For class II and III piping both specified conditions shall be met, for class I piping one condition only is sufficient.
2) Cargo oil pipes on oil carriers and open ended pipes (drains, overflows, vents, boiler escape pipes, etc.), independently of the pressure and temperature, are pertaining to class III.
3) Cargo piping systems for flammable liquids on offshore supply vessels are pertaining to the same pipe class as fuel oil systems.
4) Outside machinery spaces of category A, class II piping is sufficient.

Note:

Cargo piping for chemicals or liquefied gases are not covered by the table. Requirements for these piping systems are given in Pt.5 Ch.6 and Pt.5 Ch.7.

* 주철관 적용시: 1&2극관, 격벽, 연료탱크 및 120℃ 이상 배관에 사용 금지 /
GRP, GRE 적용시: 통상 엔진룸 내부 적용 금지, 주로 Ballast system에 적용

○ 배관시스템 종류(목적)과 설치구역에 따라 내열성 기준을 규정한다.

Piping systems		*Location*										
		A	B	C	D	E	F	G	H	I	J	K
		Machinery spaces of category A	Other machinery spaces	Cargo pump rooms	Ro/Ro cargo holds	Other dry cargo holds	Cargo tanks	Fuel oil tanks	Ballast water tanks	Cofferdams, void spaces, pipe tunnel and ducts	Accommodation service and control spaces	Open decks
Flammable cargo (flash point ≤ 60°C)												
1	Cargo lines	NA	NA	L1	NA	NA	0	NA	0 10)	0	NA	L1 2)
2	Crude oil washing lines	NA	NA	L1	NA	NA	0	NA	0 10)	0	NA	L1 2)
3	Vent lines	NA	NA	NA	NA	NA	0	NA	0 10)	0	NA	X

Inert gas												
4	Water seal effluent line	NA	NA	0 [1)]	NA	NA	0 [1)]	0 [1)]	0 [1)]	0 [1)]	NA	0
5	Scrubber effluent line	0 [1)]	0 [1)]	NA	NA	NA	NA	NA	0 [1)]	0 [1)]	NA	0
6	Main line	0	0	L1	NA	NA	NA	NA	NA	0	NA	L1 [6)]

Abbreviations

L1	=	Fire endurance test in dry conditions, 60 minutes, Appendix 1 of IMO Res. A.753(18)
L2	=	Fire endurance test in dry conditions, 30 minutes, Appendix 1 of IMO Res. A.753(18)
L3	=	Fire endurance test in wet conditions, 30 minutes, Appendix 2 of IMO Res. A.753(18)
0	=	No fire endurance test required
NA	=	Not applicable
X	=	Metallic materials having a melting point greater than 925°C
W	=	Negligible leakage is accepted, i.e. not exceeding 5% flow loss.

* 상기 표는 개념을 설명하기 위해 일부분을 발췌한 것으로, 핵심은 배관특성과 설치구역 간의 상호 영향을 감안하여 적절한 Fire endurance 요건을 규정하는 것임

○ 배관과 관련부속에 대해 재질, 극관, 관경 및 사용온도 등 위험성을 고려하여, 개별 배관의 안전성 확인을 위한 Cert를 요구한다.

Component	*Material*	*Class of piping system*	*Nominal diameter (mm)*	*Design temperature (°C)*	*Certificate type*		
					VL	*W*	*TR*
Pipes [1)]		I	> 50		x		
		II, III	> 50			x	
		I, II, III	≤ 50				x
Flanges and bolts [3)]				> 400	x		
				≤ 400			x
Bodies of valves and fittings [1)], source materials of steel expansion bellows, other pressure containing components not considered as pressure vessels	Steel [2)]	I	> 100	> 400	x		
			≤ 100	> 400		x	
	Steel or nodular cast iron	I, II	> 100	≤ 400		x	
			≤ 100	≤ 400			x
		III					x
	Cast iron	III					x
	Copper alloys [2)]	I, II	> 50			x	
			≤ 50				x
		III					x
Pump housings		I				x	
		II, III					x

1) Pipes and bodies of valves fitted on ship's side and bottom and bodies of valves fitted on collision bulkhead shall be provided with documentation as required for class II piping systems.

2) When fittings are made from plates or pipes, the certification requirements for pipes shall be applied also for pipe fittings.

3) Not applicable for exhaust gas systems.

○ 배관의 관경별 사용목적에 따라 최소 두께를 규정한다.

External diameter D [mm]	*Pipes in general 3) 4) 5) 6) 7) 8)*	*Air, overflow and sounding pipes for structural tanks 1) 2) 3) 5) 8) 9)*	*Bilge, ballast and general seawater pipes 1) 3) 4) 5) 7) 8)*	*Bilge, air, overflow and sounding pipes through ballast or fuel oil tanks, ballast lines through fuel oil tanks and fuel oil lines through ballast tanks 1) 2) 3) 4) 5) 7) 8) 9)*
10.2 to 12	1.6			
13.5 to 17.2	1.8			
20	2			
21.3 to 25	2		3.2	
26.9 to 33.7	2		3.2	
38 to 44.5	2	4.5	3.6	6.3
48.3	2.3	4.5	3.6	6.3
51 to 63.5	2.3	4.5	4	6.3
70	2.6	4.5	4	6.3
76.1 to 82.5	2.6	4.5	4.5	6.3
88.9 to 108	2.9	4.5	4.5	7.1
114.3 to 127	3.2	4.5	4.5	8
133 to 139.7	3.6	4.5	4.5	8
152.4 to 168.3	4	4.5	4.5	8.8
177.8	4.5	5	5	8.8
193.7	4.5	5.4	5.4	8.8
219.1	4.5	5.9	5.9	8.8
244.5 to 273	5	6.3	6.3	8.8
298.5 to 368	5.6	6.3	6.3	8.8
406 to 457	6.3	6.3	6.3	8.8

1) For pipes efficiently protected against corrosion, the thickness may be reduced by 20% of the required wall thickness but not more than 1 mm.
2) For sounding pipes, except those for cargo tanks with cargo having a flash point less than 60°C, the minimum wall thickness is intended to apply to the part outside the tank.
3) For threaded pipes, where allowed, the minimum wall thickness shall be measured at the bottom of the thread.
4) The minimum wall thickness for bilge lines and ballast lines through deep tanks and for cargo lines is subject to special consideration.
5) For larger diameters the minimum wall thickness is subject to special consideration.
6) The wall thickness of pipes within cargo oil and ballast tanks in systems for remote control of valves shall be no less than 4 mm.
7) For inlets and sanitary discharges, see Pt.3 Ch.12 Sec.9.
8) For stainless steel pipes, the minimum wall thickness shall be specially considered, but it shall not be less than given in Table 3.
9) For air pipes on exposed decks, see Pt.3 Ch.12 Sec.7 [3].

ㅇ 배관시스템 목적에 따라 부식 여유치(배관 여유두께)를 규정한다.

Piping service	*c [mm]*
Superheated steam	0.3
Saturated steam	0.8
Steam coils in cargo tanks	2
Feed water for boilers in open circuit systems	1.5
Feed water for boilers in closed circuit systems	0.5
Blowdown pipes (for boilers)	1.5
Compressed air	1
Hydraulic oil	0.3
Lubricating oil	0.3
Fuel oil	1
Cargo oil	2
LPG	0.3
Refrigerants	0.3
Fresh water	0.8
Sea water in general	3

ㅇ 배관설치 후 시스템 구성이 완성되면 수압검사(Hydro test)를 수행하며, 각 시스템별 검사압력을 규정한다.

Piping system	*Test pressure*
Fuel oil piping	1.5 × design pressure, minimum 4 bar
Heating coils in tanks	
Bilge and fire pipes	
Class III pipelines for steam, compressed air and feed water	
Treatment fluid pipes for exhaust gas cleaning systems	
Hydraulic piping	1.5 × design pressure. The test pressure need not exceed the design pressure by more than 70 bar
Piping systems made from non-metallic material (plastic)	1.5 × design pressure. Minimum 4 bar. Minimum duration 1 hour
Refrigeration piping [1)]	1.5 × design pressure
1) Hydraulic pressure tests may be carried out with any liquid, including water, unless it has an unfavourable effect on the refrigerant. Pneumatic pressure tests may be carried out with nitrogen, CO_2 or air.	

2-2-8 펌프 및 밸브의 종류 (적-II-4)

□ 개념

○ 펌프는 배관시스템에 있어서 유체의 유량 및 압력을 발생시키는 장치이고, 밸브는 유량, 유속 및 압력을 변경 또는 제어하는 장치로서 실제 배관시스템의 Operation 수단이다.

□ 펌프의 종류 및 특성

○ 펌프*는 전기모터의 회전력을 이용하여 유체의 흐름(유량 및 압력)을 생성하는 장치로 구조 및 작동원리에 따라 구분된다.

< 펌프의 종류 및 특성 >

<구조적 형태에 따른 분류>

❶ 개방형: 펌프와 모터가 분리되어 있는 경우로 밸트 등의 동력전달 장치를 통해 동력을 전달하는 형태임. 유지보수성은 좋으나 장비가 비대해짐에 따라 설치공간을 넓게 차지하고 노출된 동력전달 장치의 관리가 요구됨

❷ 밀폐형: 펌프와 모터가 밀폐된 용기 속에 함께 있는 구조로 설치가 간편하고 사용이 편리하지만, 고장시 밀폐용기의 절단이 필요하여 전체를 교체하는 단점이 있음

❸ 반밀폐형: 펌프와 모터가 용기속에 함께 있으나 유지보수를 고려하여 분해가 가능하도록 한 형태

<작동원리에 따른 분류>

❶ 용적식: 통상 고양정 저유량 시스템에 적합

► 왕복식(피스톤식): 피스톤 왕복 운동을 통해 유체를 토출하는 방식(왕복운동을 생성하는 형식에 따라 크랭크식과 사판식으로 구분)

→ 피스톤의 의한 맥동현상이 발생할 수 있기 때문에 복수개의 피스톤을 적용하는 등의 조치 필요

► 회전식(베인식): 편심된 로터(회전체)를 회전하여 유체를 토출하는 방식(로터에 여러 개의 베인이 설치)

► 스크류식(기어식): 스크류가 맞물려 유체를 토출하는 방식(싱글스크류, 트윈스크류로 구분)

→ 고양정의 유체를 토출할 수 있으나, 이물질이 포함된 경우 펌프의 손상이 발생될 수 있어 주의가 필요

❷ 터보식: 통상 대유량 저양정 시스템에 적합

► 원심식: 임펠러의 고속회전을 이용하여 유체를 토출(접선방향)하는 방식

► 축류식: 임펠러의 고속회전을 이용하여 유체를 토출(피치이용 축방향)하는 방식

피스톤식

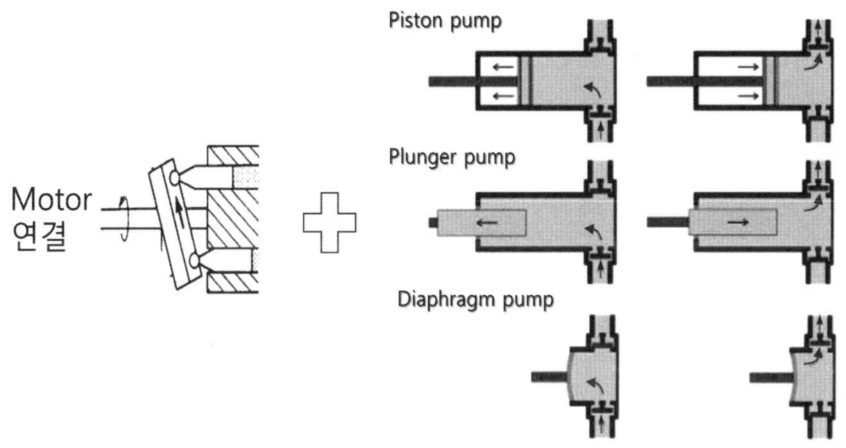

베인식

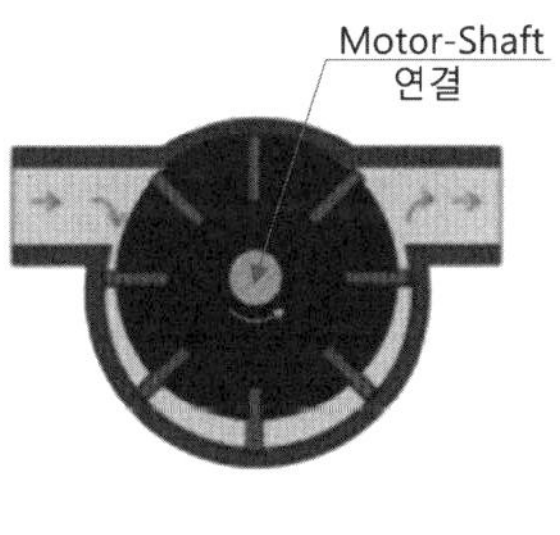

기어식

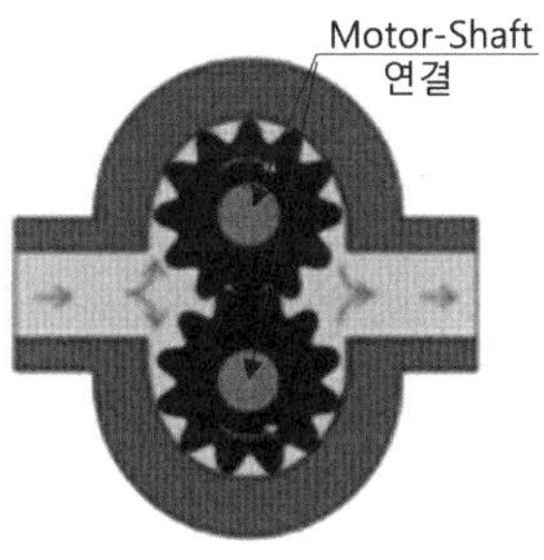

원심식

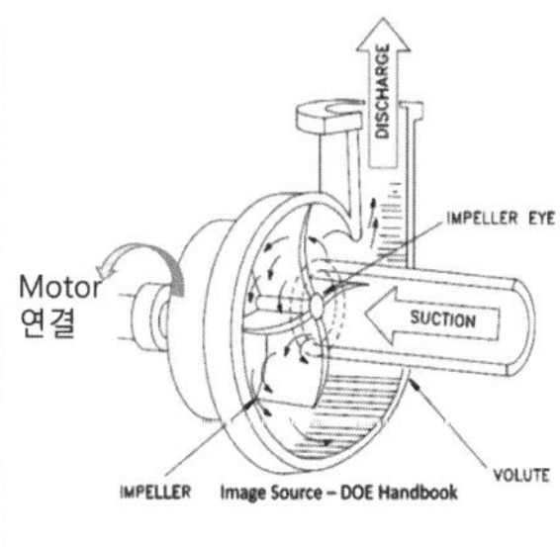

□ 밸브의 종류 및 특성

○ 밸브는 기능상 유로를 차단 또는 유량을 조절하는 정지밸브, 압력 및 온도 등을 제어하는 밸브, 특정방향 만으로 흐르게 하는 체크밸브와 고압폭발 등을 막기 위한 안전밸브 4가지 유형으로 구분된다.

① **(정지밸브)** (Stop valve) 유체의 흐름을 개폐하거나, 유량 조절을 목적으로 하는 밸브로 세부적인 종류와 그 특성은 다음과 같음

< 정지밸브의 종류 및 특성 >

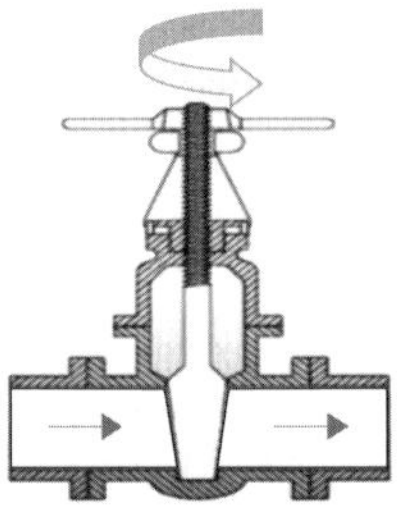 Gate Valve(Sluice Valve)	► 유로 개폐용으로 사용되며(유량조절용 사용불가), 밸브 디스크가 유로를 수직으로 막아서 개폐하는 방식으로 스루스 밸브라고도 함
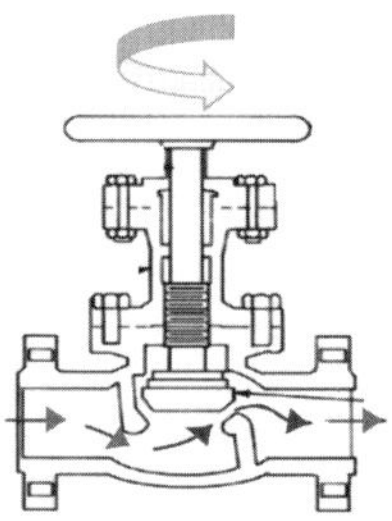 Globe Valve	► 유로 개폐 및 유량조절이 가능하며, 유체의 흐름이 S자로 크게 변함으로써 저항이 큼(둥근 모양으로 인해 Globe valve로 명명)
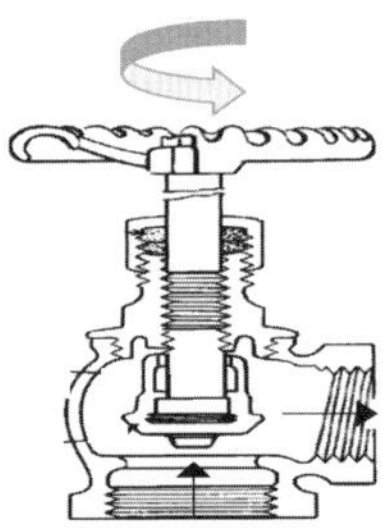 Angle Valve	► 유로 개폐 및 유량조절이 가능하며, 원리는 글로브밸브와 거의 유사하나, 유로의 방향을 90도로 전환할 수 있음(글로브밸브 대비 유로의 변경이 작아 압력손실이 작음)
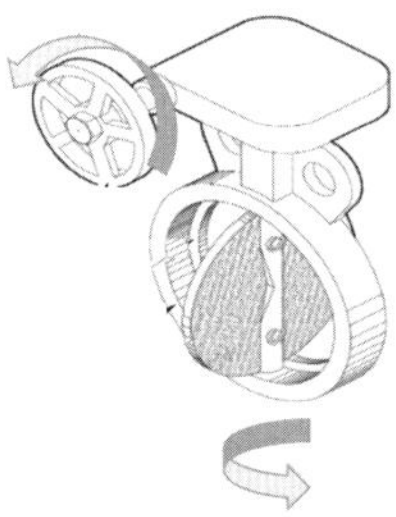 Butterfly Valve	► 유로 개폐 및 유량조절이 가능하며, 밸브의 중심 축에 원판형 디스크를 붙여 축의 회전에 따라 개폐되는 간단한 구조로 유량 조절이 쉽고 압력손실이 작지만 유로폐쇄시 누설의 위험이 있음(나비모양과 비슷하다고 하여 붙여진 이름)

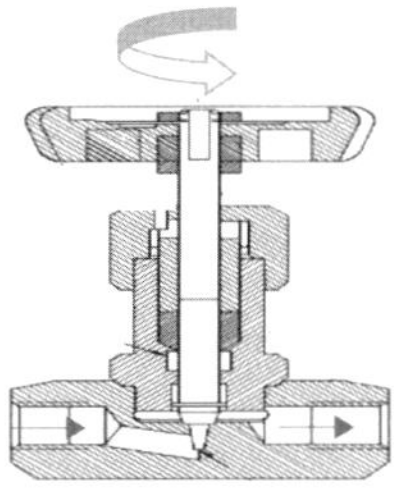 Needle Valve	► 유량조절이 가능하며, 미세한 유량조절을 위해 밸브 디스크의 끝 부분이 바늘모양(원뿔형)으로 되어 있음
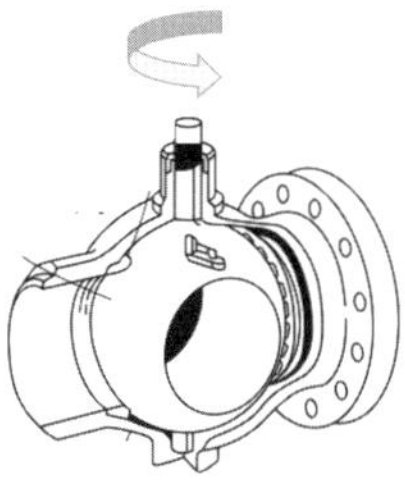 Ball Valve	► 유로 개폐용으로 사용되며, 구멍이 있는 Ball을 회전시켜 개폐하는 방식으로 기밀성이 우수 ※ 콕(Cock)은 원뿔형에 구멍을 뚫은 구조의 밸브로 90도 회전으로 개폐하는 방식이며, 통상 저압 저유량 시스템에 적용

② **(제어밸브)** (Control valve) 유체의 압력·온도 등의 제어를 위한 밸브로 다양한 형태가 존재하나 작동원리를 중심으로 감압밸브와 감온밸브를 소개함

< 제어밸브의 종류 및 특성 >

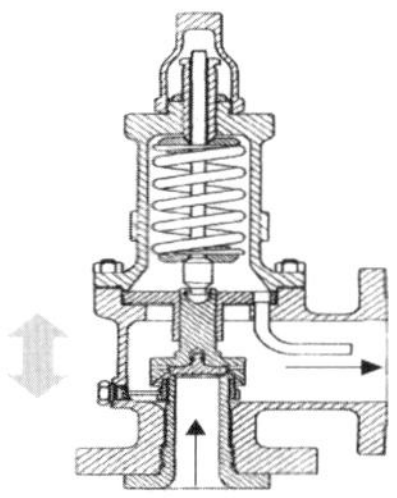 Pressure regulating valve	► 밸브의 2차측(출구) 압력을 1차측(입구) 압력보다 낮게 만들기 위해 스프링, 추 및 유압 등을 이용해 감압시키는 밸브 ※ 최초 펌프에서 생성된 압력은 배관 및 이음쇠 등을 통과하며 압력손실이 발생하며, 부스터펌프(Buster pump)를 추가 설치하지 않는 이상 압력이 증가될 수 없음. 이에 따라 특정 구간에 설계된 압력을 맞추어야 할 경우 고압으로 송출 후 감압밸브를 이용하는 방식으로 시스템을 구성
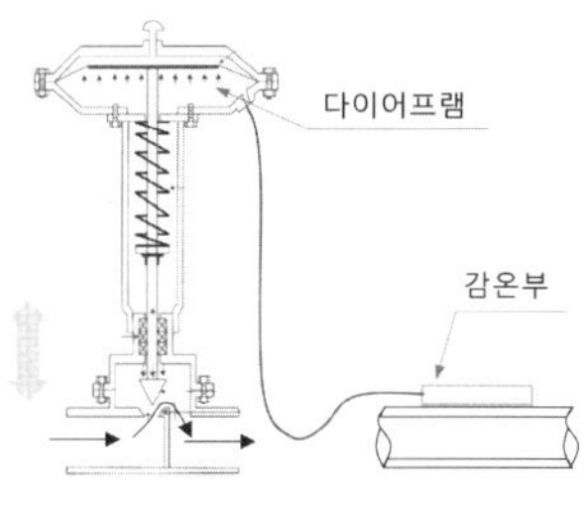 Temperature regulating valve	► 특정구간의 배관온도에 따라 유량을 조절함으로써 최종적으로 시스템 전체의 온도를 조절하는 밸브 ► 일반적으로 감온부를 온도측정을 하려는 배관에 설치(밴딩 등을 활용)하고, 감온부의 온도 상승에 따른 밸브제어는 '용적팽창에 따른 다이어프램 방식' 또는 '전기적 신호를 통한 방식' 등을 활용 ※ 통상 냉매배관에 많이 사용되며, 감온부의 온도 감지에 따라 냉매유량을 조절(냉매의 증발량을 조설)하여 온도 제어

Check valve
③ **(체크밸브)** 유체의 방향을 특정방향으로만 흐르도록 하는 밸브로 역류를 방지하여 시스템의 안정성을 유지하기 위한 밸브임

< 체크밸브의 종류 및 특성 >

종류	특성
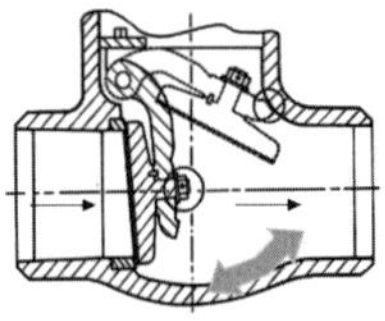 Swing check valve	► 밸브 디스크가 핀지지 점으로부터 일정 거리(Arm)을 갖고 원호 운동을 하도록 설계되어, 정방향 유체흐름이 아닌 경우, 자중과 역류 흐름에 따라 자동으로 폐쇄되는 밸브
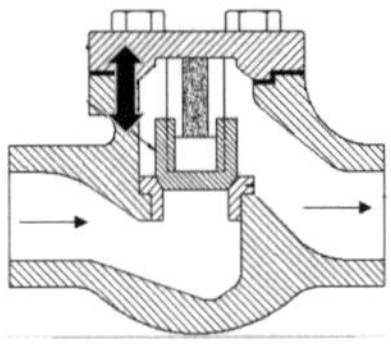 Lifting check valve	► 글로브밸브 형태의 s형 구조이며, 정방향으로 흐르는 경우에는 유로변경 구조부에 밸브몸통(또는 뚜껑)을 유체가 밀어 올려 흐르고, 역류방향으로 흐를 때에는 밸브몸통의 자중 또는 설치된 스프링에 의해 자동으로 폐쇄되는 밸브
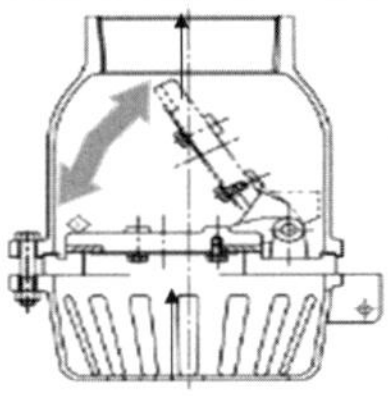 Foot check valve	► Lifting check valve와 작동원리는 동일하나 수직배관에 적용하는 것으로 비교적 구조가 간단함

Safety valve
④ **(안전밸브)** 보일러 및 압력용기 등의 내부압력이 과도하게 증가할 경우, 외부로 유체를 방출하여 기기의 폭발을 방지하기 위한 밸브임

< 안전밸브의 종류 및 특성 >

종류	특성
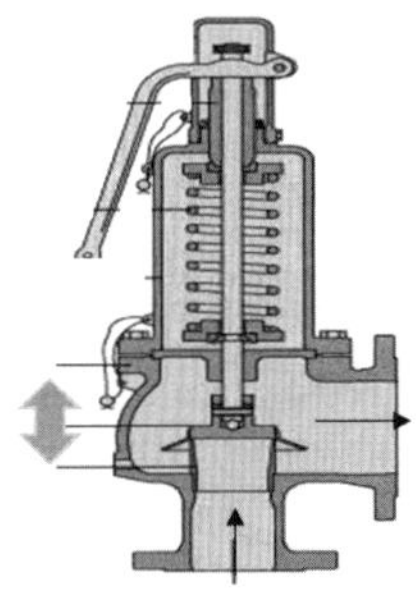 Safety valve (Pressure relief valve)	► 스프링 및 볼이 내장된 밸브 몸통을 갖는 밸브로, 배관 내에서 밸브의 세팅된 스프링 장력 이상의 과도한 압력 발생시, 스프링을 밀어내고 외부로 유체가 분출되어 압력을 낮추는 역할 ► 유체 분출 후 시스템 내부 압력이 밸브의 스프링 장력 이하로 감소하면(정상상태의 압력으로 돌아오면), 스프링 장력에 의해 밸브가 자동으로 폐쇄되는 원리임 ※ 가용전: 유사한 개념으로 과도한 압력 발생시 가용전이 파손되어 유체를 분출시킴으로서 시스템 전체를 보호하는 역할을 수행하나, 안전밸브와 달리 가용전은 파괴되면 원래대로 복구 되지 않음

□ 배관설계 프로세스

ㅇ 통상의 배관설계 프로세스의 큰 흐름은 다음과 같으며, 이하의 각 System에서는 개념과 설계 시 주의사항 등을 중점적으로 소개한다.

① 최종 System 종단에서 서비스 될 압력과 유량을 검토

* 예시) Ballast system의 경우 주수목표 시간에 따라 결정되고, F.O system의 경우 주기관 사양에 따라 결정되는 등 각 System 종류 및 특성에 따라 결정

② 각종 Tank와 초기 배관경로 결정

③ 배관 재질 및 각 경로별 직경(Dia.) 등 결정

④ 서비스 압력 및 유량, 압력수두, 배관·밸브·이음새 등의 마찰손실 및 여유치를 고려하여 펌프 용량을 결정

⑤ 초기 계통도를 작성하여, 계산을 검증하고 불만족시 설계변경 후 상기 과정을 다시 반복

⑥ 최종 계통도가 확정되면, 이를 바탕으로 각 구역에 구조, 철의장 및 전장품과의 간섭 등을 확인하며 실제 상세배치설계 수행

⑦ 상세설계가 확정되면, 생산설계 과정으로 제작도면 작성 및 발주*를 거쳐 설치 도면을 작성

* 각종 Pump, Valve 및 기기장비는 제작기간을 고려하여 발주해야 하며, 발주 후 제작업체(Vendor)와 구매사양서를 기본으로 선박 설치조건 등을 감안하여 협의를 통해 사양을 확정해 감

⑧ 설치도면에 따라 배관 설치 후 Test를 수행하며 필요시 보완

※ 다음에 이어지는 내용은 각 배관시스템의 주요개념을 정리한 것으로 상세내용은 'SOLAS' 또는 '산적액체위험물 운송선박의 시설 등에 관한 기준'(www.law.go.kr)을 참조

2-2-9 Ballast system (적-II-4)

□ 개념

○ **(목적)** 화물의 선적 및 하역을 감안, 선박을 최적의 흘수로 조정하여 효율적인 운항*이 가능하도록 평형수를 주배수 하기 위한 설비이다.

* ①적정 배수량·흘수·트림 확보, ②적정 복원성(GM) 확보, ③선박의 종강도 부하 감소(Bending moment, Shear force 절감), ④선체진동 감소 등

** Tip. 선박의 화물하역시 흘수가 낮아져 프로펠러가 수면에 노출되는 등 효율적인 운항이 곤란함에 따라 적정 깊이의 흘수로 운항하게 위해서는 선적이 필요하며, 화물을 다시 선적할 수 없는 경우 손쉽게 구할 수 있는 해수를 주입하여 흘수를 조정하는 개념

○ **(종류)** Dirty Ballast, Clean Ballast 및 Segregated Ballast로 구분할 수 있으나, 현재는 해양환경관리를 위해 Segregated Ballast만 사용된다.

* ①Dirty Ballast: 화유탱크와 Ballast tank를 겸용으로 사용하여 오염원이 해상에 배출, ②Clean Ballast: 화유탱크 세정 후 Ballast tank로 사용하는 방식이나, 오염원이 해상 배출 가능, ③Segregated Ballast: 전용 Ballast tank를 사용하여 해상에 오염원의 배출이 없음

** Tip. Segregated Ballast 적용은 배관뿐만 아니라 기본설계시 Tank 용량 및 배치설계에도 중요한 부분이며 통상 외판과 Hold 사이의 이중선체에 Ballast tank를 배치하여 방호적 배치 실시

□ 설계시 고려사항

○ **(배치유형)** 배관 계통배치 방식에 따라 다음과 같이 분류된다.

❶ (Manifold 방식) Pump와 연결된 주배관을 메니폴드를 이용해 분기하고, 각 탱크에 분배하는 방식으로 주배관은 짧고, 분지관의 길이가 긴 형태

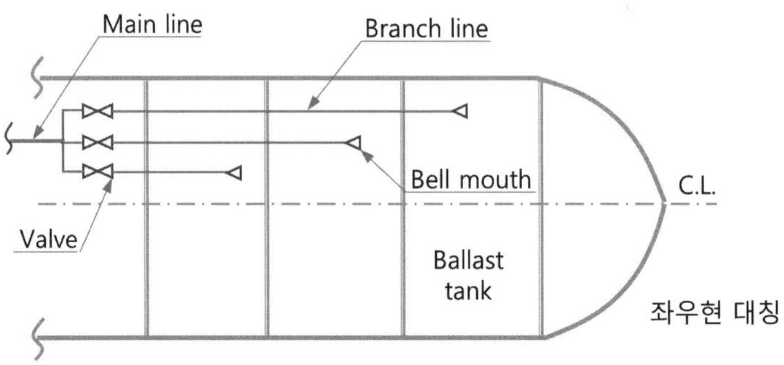

❷ (Main line 방식) 양현에 각각 주배관을 설치하고, 각 탱크에 분지관을 분기하는 방식

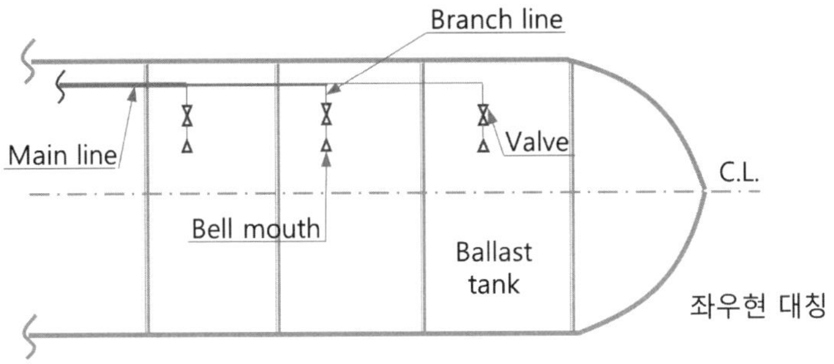

❸ (Ring 방식) 전 탱크를 아우르는 주배관을 설치하고, 각 탱크에 분지관을 분기하는 방식

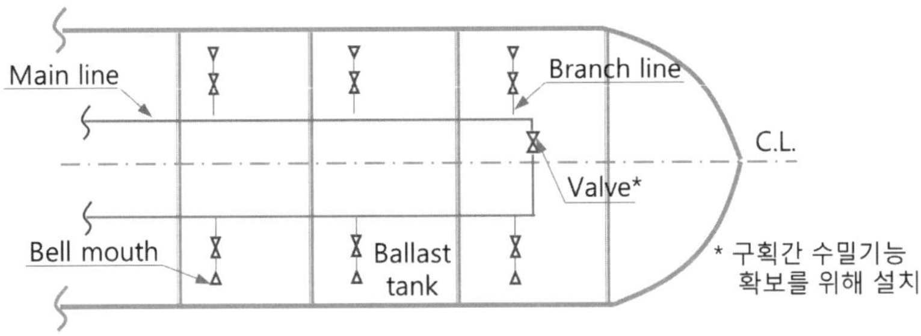

❹ (Duck keel 방식) Main line방식과 동일한 개념이나, Duck Keel이 있는 경우, Duck keel 내에 주배관을 설치하는 방식

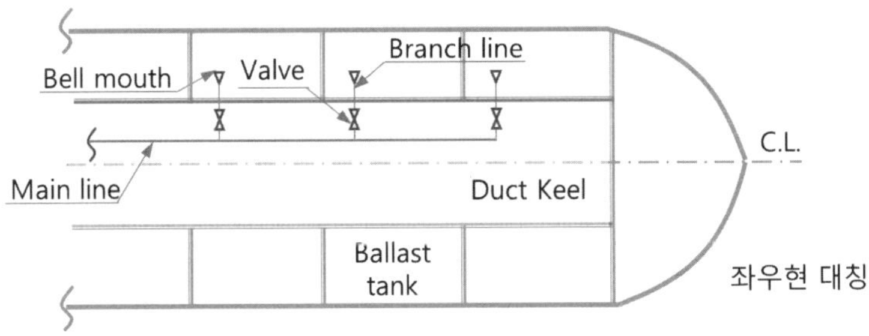

○ **(주의사항)** Ballast용 Main pump가 충분한 용량임에도 불구하고, 잔수처리가 지연되어 De-ballating(배수)시 총 배수시간이 지연될 수 있어, 별도의 Stripping pump(잔수펌프)를 적용한다.

2-2-10 Bilge system [공통]

□ 개념

○ Bilge(오수)*를 선외로 배출하고, 충돌·좌초 등으로 인한 침수를 비롯하여 운항 중 유입된 해수를 선외로 배출하기 위한 설비이다.

* Bilge: 기기장비의 Drain 또는 응축수로 인해 기름성분이 포함된 유수와 선내 유입된 해수가 혼합된 오수

○ 선박의 안전과 직결된 설비로 SOLAS 등에서 배관의 크기를 규정하고 있으며, 특히 리그넘바이트 형식의 선미관을 쓰는 소형선박은 지속적인 해수의 유입이 발생함에 따라 Bilge system이 매우 중요하다.

□ 선박의 구획별 적용

○ Bilge는 화물창 및 기기장비가 설치된 구역에서 발생할 수 있으며 각 구역 하부에 별도의 Bilge well을 형성하여, Bilge를 모으고 배관으로 배출하는 구조이나, 각 구역의 특징에 따라 다음과 같이 설치한다.

① **(Cargo Hold)** Bilge line을 따라 화물구역과 기관구역*이 혹은 각 화물창끼리 연결**될 수 있어 침수시 위험을 저감하기 위해 Bilge well 내부에 Non-Return valve를 설치

* Bilge pump를 포함하여 대부분의 주요기관이 기관실에 설치되어, 기관실 침수시 대형사고로 이어짐. 따라서 타구역과 수밀구분 필요(→기관실 전후단 격벽 설치 이유)

** 손상복원성 측면에서 한 구획이 침수되어도 침몰하지 않도록 수밀격벽을 두고 있는 이유와 같은 맥락으로 각 수밀구획은 관장치 설치 시 반드시 분리 필요

- **(Individual 방식)** 각 Cargo Hold(C/H)의 Bilge well에 개별적으로 연결하는 방식으로 각 구획간 격리가 완벽하여 안전하고 System이 간단하지만, 이중저 늑골의 관통 개소가 많아 시공이 곤란

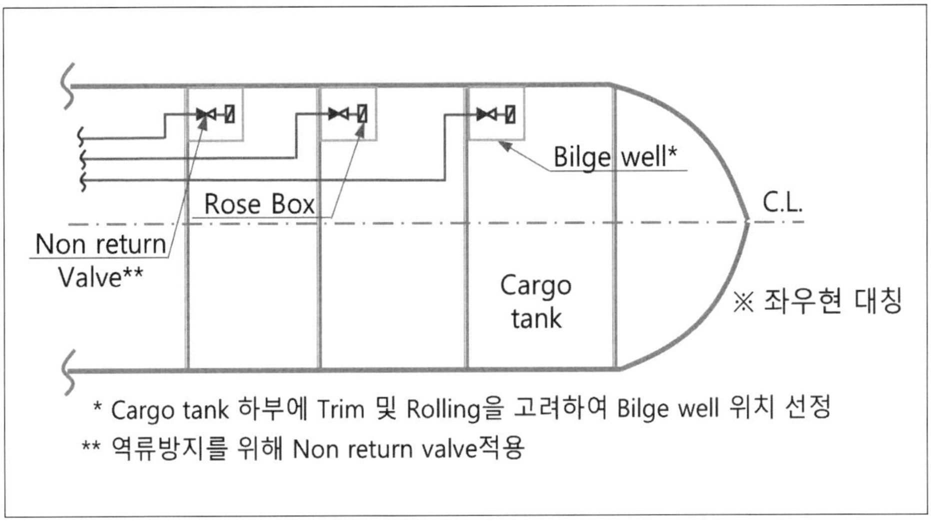

- **(Main line 방식)** Pipe duct 등의 구조가 형성된 경우 적용하며, 배관 측면에서 설치는 용이하나, 각 Hold의 개별제어를 위한 Remote control v/v 설치로 인해 System이 복잡해짐

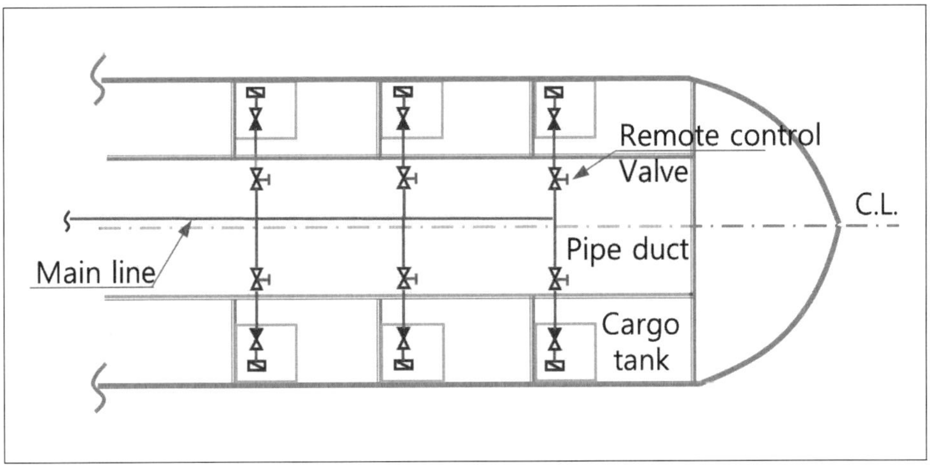

② **(Duct keel)** 33m 이상의 Duck keel에는 선수미 각 1개씩의 Bilge suction을 설치하고, Deck keel과 FWD pump Room이 연결된 경우 선수 Bilge는 1개를 겸용으로 사용가능

(선저구역)

③ 선수구역 **(Chain locker)** Chain locker 하부에 설치하며, 높이는 최대 5m까지 적용가능하나 통상 2~3m 적용. 대부분 Anchor chain으로 부터 해저의 흙이 유입되며, 배출관을 Hawse pipe로 연결하여 선외로 배출

* Bosun store(선수창고)는 Bilge를 적용하지 않고 Coaming & Drain plug를 적용함으로써 대체 할 수 있음

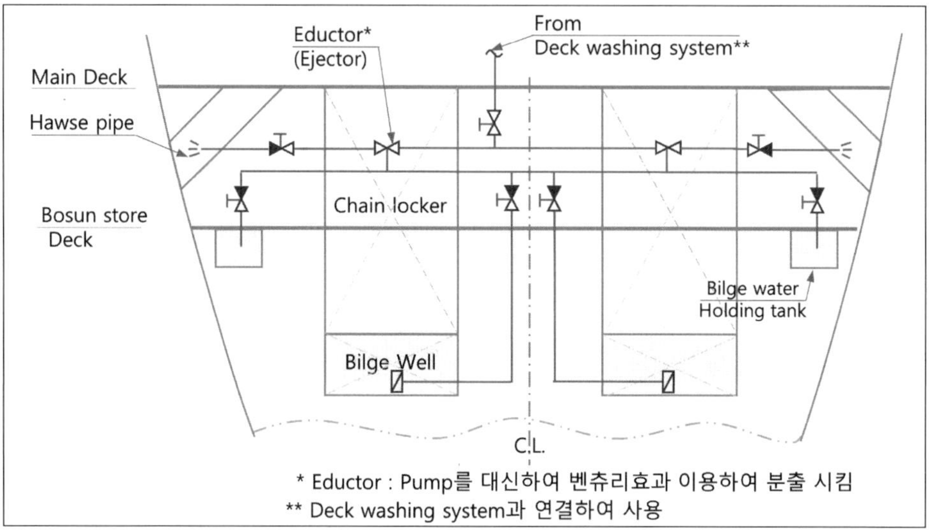

④ 선미구역 **(Steering Gear Room, Pump Room 등)** 각 구역 내 선수미와 좌우현에 Bilge suction을 설치. 배관이 기관실 구역을 지나는 경우, 자동 폐쇄 드레인 밸브(Self closing drain v/v)를 설치

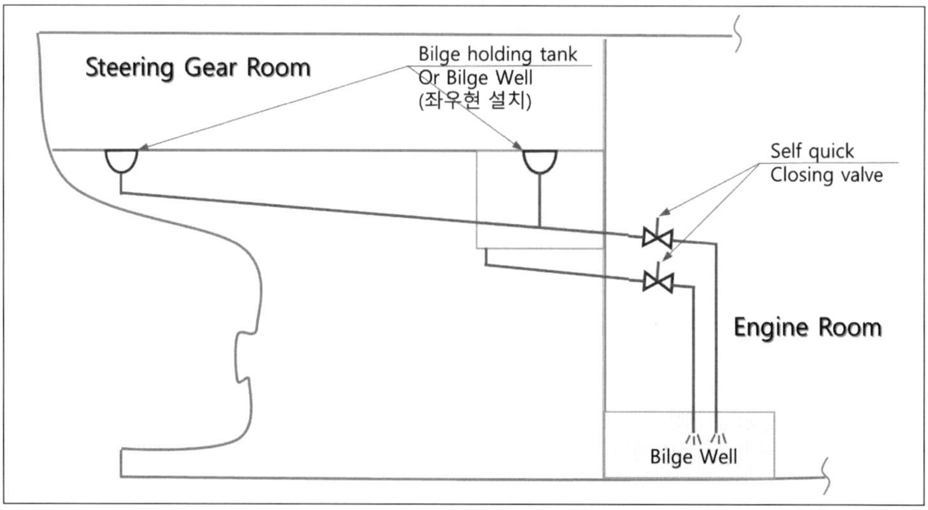

□ Bilge pipe Dia & Pump 사양결정

○ Bilge system은 안전설비임에 따라 SOLAS 등 각종 법규에서 주요 설비의 최소 사양을 규정하고 있다.

❶ 배관직경(배길이 35m 이상)

► Main pipe: $Dia_{(main)} \geq 1.68\sqrt{L(B+D)} + 25(mm)$

► Branch pipe: $Dia_{(branch)} \geq 2.15\sqrt{C(B+D)} + 25(mm)$

L: 선박길이, B: 선폭, D: 선박깊이, C: 해당 compartment 길이

❷ 펌프사양

► 유량: $5.66d^2 \times 10^{-3}(m^3/h)$

$$
\begin{aligned}
\therefore\ Q(\text{유량}) &= V(\text{유속}) \times A(\text{배관단면적}) \\
&= \frac{\pi}{4} \times [\frac{d(mm)}{1000}]^2 (m^2) \times V(m/s) \times 3{,}600\,(s/h) \cdots\cdots\ V = 2m/s \\
&= \frac{\pi}{4} \times [\frac{d(mm)}{1000}]^2 (m^2) \times 2(m/s) \times 3{,}600\,(s/h) \\
&= 5.66\,[d(mm)]^2 \times 10^{-3}\,(m^3/h)
\end{aligned}
$$

※ 펌프수량은 선박의 규모(길이에 따라 달리 적용되며), 배관직경 역시 길이 35m 미만인 경우 규모에 따라 경감됨

2-2-11 Fire fighting system (공통)

□ 개념

○ 선박의 화재안전성 확보를 위한 소방설비로써 소화기 및 개인소방장구류 외의 배관계통 설비를 중심으로 소개한다.

* 상세기준은 국제항해 선박인 경우 SOLAS 및 각 선급규정을 참고하고, 국내항해 선박인 경우 선박소방설비기준을 참고. 아래 내용은 개념 및 특징 위주의 정리임

□ 물소화 설비

○ 해수를 분사함으로써 냉각·질식효과를 통한 소화방식으로 별도의 소화약제가 필요하지 않으나, 사용 시 부식발생의 우려가 있다.

○ 선박의 소화를 위한 가장 기본적인 설비로써 SOLAS에서 세부적인 사항을 규정하고 있으며, 선종 및 규모별 주요 기준은 다음과 같다.

❶ 소화펌프 수량

: 소화펌프는 다음과 같이 최소수량이 확보되어야 하며, Sanitary, Ballast, Bilge 및 General surevice pump가 통상 연료유 이송 등을 위해 사용되지 않는 경우 소화펌프로 겸할 수 있음

구분	적용대상	최소 펌프수량
여객선	4,000톤 이상	3대
	4,000톤 미만	2대
화물선	1,000톤 이상	2대
	1,000톤 미만	2대 (1대는 독립된 동력으로 작동 필요)

※ 총톤수 1,000톤 이상 여객선은 특정 구획실의 1건의 화재로 인해 모든 소화펌프가 작동불능이 되지 않아야 하고, 1,000톤 미만 여객선 및 화물선은 동 조건을 만족하지 못하는 경우, 해당경우에 사용할 수 있는 비상소화펌프를 요구

❷ 소화펌프 유량
: (Total 유량) 여객선은 Bilge pump 유량의 2/3 이상이어야 하고, 화물선은 비상소화 펌프를 제외하고 Bilge pump 유량의 4/3 이상 일 것(최대 180m^3/h 이내)
(펌프당 유량) 각 소화펌프당 최소 25m^3/h 이상을 기준으로 하여 계산된 총유량에 대해 각 펌프는 80% 이상을 송수하여 2줄기 이상의 물줄기를 방출해야 함

❸ 소화주관의 직경
: 소화펌프 2개가 동시에 작동하는 유량에 적합하여야 함
(화물선은 최소 140m^3/h의 유량을 만족할 필요)

❹ Isolating valve
: 기관실내 1~2의 주소화펌프와 연결된 소화주관은 다른 소화주관과 분리 할 수 있는 Isolating valve를 적용하고, 기관실 외부에서 조작 가능하도록 할 것

❺ 소화전
: 소화펌프 2개가 동시에 송수할 경우, 소화전에서는 다음과 같은 최소압력이 유지되어야 함

구분	적용대상	최소압력
여객선	4,000톤 이상	0.4Mpa
	4,000톤 미만	0.3Mpa
화물선	6,000톤 이상	0.27Mpa
	6,000톤 미만	0.25Mpa

❻ 소화호스 및 노즐사양
: (소화호스 길이) 기관실 15m / 개방된 갑판 20m(선폭 30m 초과 시: 25m)
(노즐 사양) 12mm, 16mm 및 19mm

□ CO_2 system

ㅇ 질식·냉각작용을 이용한 소화방식으로 화학적으로 안정적이고, 소화구역에 오염 없이 소화할 수 있으며, 환기를 통해 쉽게 처리 가능하다.

* 질식작용: CO_2 가스 주입으로 산소농도를 저하시켜 소화
** 냉각작용: 방출시 높은 팽창률로, 기화열을 이용하여 소화

ㅇ CO_2가 압축된 다수의 Bottle을 CO_2 Room에 모아두고, 소화대상 구역까지 배관으로 연결하여, 화재 시 압축된 압력을 통해 분출될 수 있도록 시스템을 구성한다(펌프 등의 별도 설비 불필요).

□ Foam fire extinguishing system

ㅇ 단백질과 물을 일정비율로 혼합하여 Foam을 분사함으로써 산소를 차단하는(질식효과) 방식의 소화설비이다. 유류화재에 적합하고 침몰 위험이 있는 물소화방식의 대안으로 적용한다.

ㅇ 도입 초기에는 기관실 및 펌프룸 등에도 적용하였으나, 소화시 잔존물로 인한 장비 손상으로 현재는 물소화설비와 함께 유조선의 상갑판에 적용하며 작동유형은 다음과 같다(기관실 등은 CO_2로 대체).

< Foam fire extinguishing system 작동유형 >

❶ Pressure proportioning type : 포말액 탱크에 포말액을 채워두고, S.W(Sea water)를 펌프로 이송할 경우 동압에 의해 포말액이 Suction 되어 일정한 비율로 물과 포말액을 혼합하는 방식
❷ Pressure side proportioning type : Pressure proportioning type과 기본원리는 동일하나 다이어프램 밸브 등을 이용하여 S.W 이송압력에 따라 포말액 탱크로부터 포말액이 S.W 배관에 공급되도록 함. 이로써 일정한 비율로 물과 포말액을 혼합되는 방식
❸ Foam liquid pump type : S.W pump와 Foam pump을 각각 마련하여 일정한 비율로 물과 포말액을 혼합하는 방식으로 가장 많이 적용되는 방식임

□ Gas detection system

ㅇ 화재·폭발 이전에 위험을 인식하여 사고를 방지하기 위한 것으로 가연성 가스가 존재할 수 있는 구역에는 '가연성 가스탐지기'를 가스가 상존하나 불활성화 된 곳에는 '산소 농도계측기'를 각각 설치한다.

ㅇ 가스탐지기는 가스 응집 가능성과 Venting을 고려하여 조기감지가 가능하도록 설치하고, 가시가청 경보기는 선교 및 해당구역의 제어장소에 설치하며, 오작동 방지를 위해 주기적으로 관리해야 한다.

< Gas detector 종류 >

❶ 적외선 가스 분석기 : 가스 등에 적외선을 노출시키면, 가스는 특정 파장을 흡수하여 온도가 상승하게 되는 원리를 이용하여 감지 ❷ 촉매식 가스탐지기 : 공기 및 가연성 가스의 혼합기체가 필라멘트를 지나면, 필라멘트가 산화되고 이때, 필라멘트의 전기저항이 증가하는 원리를 이용하여 감지 ❸ 비촉매식 가스탐지기 : 촉매식 가스탐지기 대비 'Hot filament'를 이용하여 열손실을 측정하여 감지하는 방식 ❹ 굴절식 : 공기와 가연성 가스의 굴절의 차이를 이용하여 검출하는 방식

□ Inert gas system

ㅇ 유증기에 정전기가 발생할 경우 폭발의 위험성이 높기 때문에 Cargo tank 내에 Inert gas(불활성가스)*를 주입하여 Cargo tank를 불연성 범위(산소8% 미만)로 만들어 폭발을 방지하기 위한 설비이다.

* 불활성가스: 화학적으로 안정된 질소, CO_2(13~15%) 및 소량의 산소로 구성

ㅇ 작동시점*은 육상으로 양육하거나 Laden voyage(만선항해) 및 Cargo tank 청소시 산소가 유입되어 폭발위험이 높아짐에 따라 사용된다.

* 양육시: Cargo tank에서 양육시 화유량의 저하만큼 산소가 유입되어 폭발위험↑ /
Laden voyage: Cargo tank는 외부온도 변화 및 슬로싱 등으로 인해 내부 압력변화가 발생하고 설치된 공기관을 통해 압력변동에 대응하는데, 이때, 산소가 유입되면 폭발위험↑/
Cargo washing시: 청소시 살수로 인해 의장품 등이 떨어지는 경우 스파크로 인해 폭발위험↑

< Inert gas system 개념 >

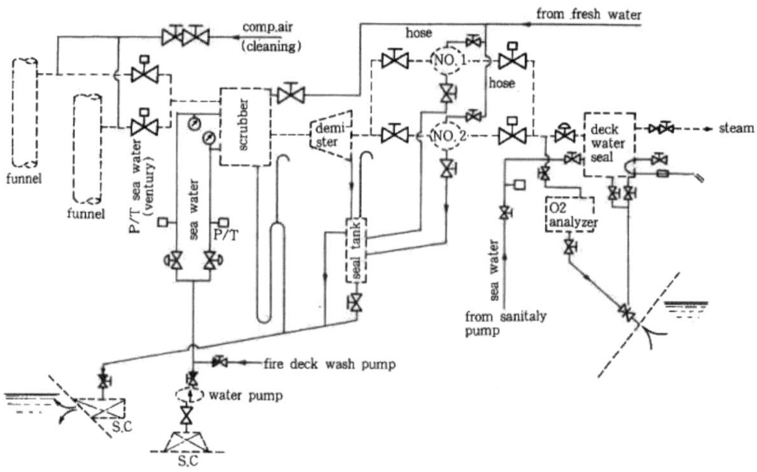

[참조: 대한조선학회. 「선박의장」. 2016, 동명사, 203쪽]

❶ Burning unit

: 보일러 또는 소각기 등으로부터 발생한 배기가스는 연도(Uptake)를 통해 배출되며, 해당 배기가스를 통해 불활성가스를 추출

❷ Uptake valve

: Inert gas system 미사용시 연도와 Inert gas system을 차단하기 위한 Closing valve. (System 미사용시 Open 되어 있으면 연소산화물로 인해 Inert gas system 장비손상 발생)

❸ Scrubber unit & Demister

: 배기가스 내의 황을 제거하기 위한 장치로 통상 3단계*를 거쳐 진행되며 Fail시 System 손상을 막기 위해 Alarm이 작동

* (1단계) 고인물 통과 → (2단계) Water spray 통과 → (3차) 제습(Demister 사용)

❹ Blower unit

: 송풍기(Redundancy 감안 2대)를 통해서 송풍하며, 온도, 압력 및 산소농도 등을 확인하여 유량 조절

❺ Deck water seal & Deck isolating valve

: Cargo tank와 연결되어 있기 때문에 차단될 수 있는 기능이 필요하며, Deck water seal은 역류방지를 목적으로 하고, Deck isolating valve는 수동 체크밸브 역할을 수행

※ Inert gas system의 구성은 위와 같으나, 선박 운용관점에서 Cargo tank 과압시 안전성 확보를 위해 Breather v/v(과압시 open), Pressure breaker(과압시 터짐) 및 Vent riser(배출시 선박으로부터 이격시켜 배출시키기 위한 굴뚝) 등이 추가로 필요

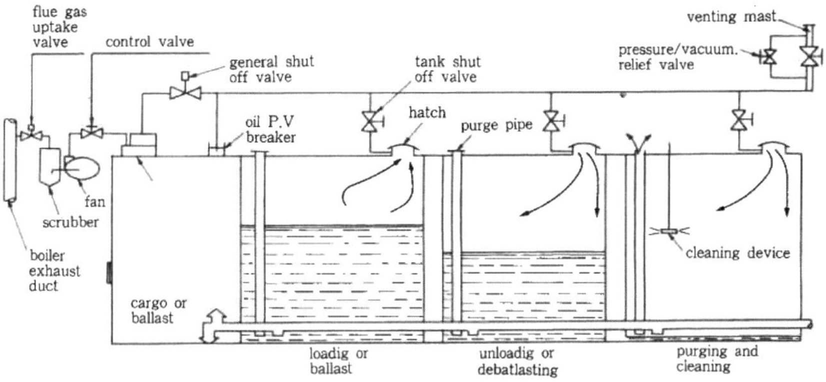

[참조: 대한조선학회. 「선박의장」. 2016, 동명사, 197쪽]

□ 배치시 고려사항

○ SOLAS에서는 고정식 소화장치를 가스소화장치, 팽창포말소화장치 및 가압수분무장치로 분류하고 각 구역별에 설치기준을 규정하고 있다.

① **(소화약재 보관실)** 소화약제실은 보호대상으로 선수충돌격벽 후방에 배치하고, 상갑판 하부 위치시 계단 등을 통해 손쉽게 접근하도록 하며, 기계환기(6회/h) 및 입구문의 외부방향 개방 등을 규정

② **(보일러 실 등)** 보일러 및 연료유장치가 있는 곳에는 고정식 소화장치 중 하나를 설치하고, 조건에 따라 소화기를 추가* 비치

* 구역 출입구 바깥: 휴대식 포말방사기 1개 + 보일러실 내: 휴대식포말소화기 2개(175KW 이상의 보일러인 경우, 총 용량은 135리터 이상 필요)

③ **(기관실 등)** 내연기관이 있는 곳으로 고정식 소화장치 중 하나를 설치하고, 조건에 따라 소화기를 추가*로 비치

* 휴대식 포말방사기 1개 + 연료유 압력장치 등 화재위험개소를 고려하여 45리터 이상의 포말소화기를 충분히 배치 + 소화기 사이의 거리가 10미터 이상 떨어진 곳이 없도록 휴대식 포말소화기를 추가 (구역내 최소 2개 이상 요구)

- 증기터빈 또는 밀폐형 증기기관이 있는 곳으로 총 출력 375KW 이상이고 당직자가 배치되지 않은 경우, 고정식 소화장치 중 하나를 설치하고, 조건에 따라 소화기를 추가*로 비치

* 압력윤활장치 등 화재위험개소를 고려하여 45리터 이상의 포말소화기를 충분히 배치하는 것이 원칙이나, 고정식소화장치가 위험개소를 모두 커버하는 경우 면제

④ **(일반화물구역)** 총톤수 1,000톤 이상의 여객선, 2,000톤 이상의 화물선(로로 및 차량구역 제외)은 고정식 CO_2 또는 불활성가스소화장치를 설치해야 하고, 여객선에 한하여 포말소화장치도 적용 가능

⑤ **(위험화물구역)** 위험화물 구역은 선종 및 톤급에 관계없이 고정식 CO_2 또는 불활성가스소화장치를 설치

⑥ **(화물탱크)** DWT 20,000톤 이상의 Tanker의 갑판에는 고정식 갑판포말장치를 설치하고, 20,000톤 미만은 적절한 갑판포말장치를 적용

⑦ **(펌프룸)** 펌프룸 외부에서 조작 가능한 고정식 소화장치 중 하나를 설치(단, CO_2 적용시 질식사고 예방을 위해 방출 전 가청경보기 필요)

2-2-12 Scupper system 〔공통〕

□ 개념

○ 개방된 갑판상(폭로갑판)에 발생되는 Sea water, Drain water 및 빗물 등을 선외로 배출하기 위한 설비이다.

* Tip. 건축물의 옥상 등에서 빗물을 배수하기 위해 설치한 배관과 유사한 목적

□ 설계시 고려사항

○ **(배수구 배치시 고려사항)** 폭로 갑판상에 배수구의 설치 위치를 결정할 때에는 다음 사항을 고려해야 한다.

> ❶ 갑판면적 및 물의 흐르는 방향
>
> ❷ Trim & Heel 조건
>
> ❸ 협소공간 또는 물이 고이는 장소
>
> ❹ Camber 및 Sheer의 최저점에 관계없이 물이 고이는 장소
>
> ❺ Machinery 하부에 물이 고이는 장소
>
> ❻ 하층의 배수구와 인접한 장소
>
> ❼ 통상 배수구는 등간격으로 배치
> (선미: 15m 간격, Mid: 25~30m, 선수: Forecastle deck 최선미측 등)

○ **(배관 배치시 고려사항)** 배관손상시 화물 유출의 위험 등을 감안Cargo Hold를 통과하지 않도록 하고, 다른 설비*와 간섭에 주의한다.

* Tip. 주요간섭 예: Acc. ladder, Ship name, Waterline mark, Life boat launching area 및 외판 Seam 부위 등

- 갑판을 관통하는 배관은 배수에 방해가 되는 돌출물이 없도록 용접하고, 배출을 위해 선측외판을 관통하는 배관은 가급적 외판을 타고 흐르지 않도록 시공

< 배관 용접 Detail 예시 >

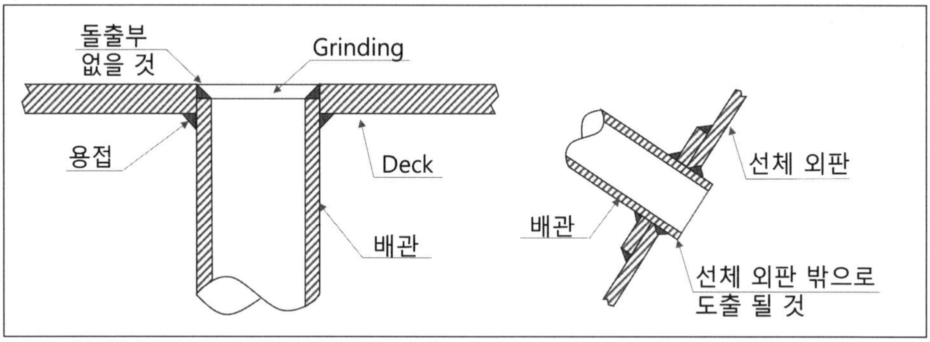

○ **(관경결정)** 배수유량은 100mm/h의 강우량을 기준으로 각 배수구가 커버하는 Deck 면적을 고려하여 정하고, 표준유속을 적절히 감안하여 배관의 관경을 결정한다.

► 유량결정

: Q = 100mm/h × 배수구당 갑판면적 A (mm^2) = 100A mm^3/h

► 관경결정

: $Q = (\frac{\pi D^2}{4}) \times V(\text{표준유속})$에 Q를 대입하여 D(관경) 결정

2-2-13 Air & Sounding system (적-II-4)

□ Air pipe(공기관) 개념

ㅇ 밀폐된 구역은 외부온도 변화에 따라 수축팽창을 하기 때문에 통풍이 되지 않는 경우 구조물에 파손이 발생할 수 있으며, 해당 구역에 공기의 유출입이 있어야 원활한 주배수가 가능하다.

ㅇ 이에 해당구역에 수축팽창을 흡수하고, 원활한 주배수 등을 위해 자연통풍이 가능하도록 배관을 설치하는 것이 Air pipe이다.

□ Air pipe 설계시 고려사항

ㅇ 구획의 길이 또는 폭이 7m 이상인 경우 2개 이상의 Air pipe가 필요하다.

ㅇ 선체주부의 모든 Air pipe는 건현갑판 및 격벽의 상부에 위치한 갑판 위로 끝단을 배치해야 한다.

ㅇ 통상 강관을 사용하며, 끝단에는 해수 유입 등을 방지하기 위해 Hatch type vent 또는 Goose neck type vent 등을 적용한다.

□ Sounding pipe(측심관) 개념

ㅇ 쉽게 접근이 곤란한 Tank구역(Bilge, F.W, S.W 및 F.O 등)에 유체의 깊이를 측정하기 위한 시스템이다.

□ Sounding pipe 설계시 고려사항

ㅇ 배관은 수직으로 배치하여 정확한 측심이 이루어지도록 하고, 통상 관경은 40A가 기본이나 유류탱크 등에 대해 65A까지 증가시키기도 한다.

ㅇ 측심관의 끝단은 격벽의 상부에 위치한 갑판 위로 설치하나, 기관실과 같이 설치가 곤란한 경우, 끝단을 갑판 아래로 배치하고 Access platform을 설치하여 원활히 접근하여 측심할 수 있도록 한다.

ㅇ 냉각수 및 청수 등 확인빈도가 높은 주요탱크 등은 측심관 대신 기관실 쪽에서 확인 가능한 액면계(Glass level gauge) 등을 설치한다.

2-2-14 Cargo piping system (적-II-4)

□ 개념

○ Oil tanker, Chemical tanker, LNG선 및 LPG선 등의 액체화물선에 화물(화유)의 하역을 위한 배관시스템이다.

□ 종류

○ **(Conventional pumping type)** 각 화물창을 하나의 배관으로 연결하고, 펌프룸 내에 있는 펌프를 이용하여 화유를 하역하는 방식이다.

* 과거(펌프제작 기술 발달 전)에는 수밀성 확보를 위해 기관실에 모터를 설치하고, Shaft를 이용해 펌프룸 내부의 펌프를 작동하는 방식으로 구동(아래 그림참조)

** 하지만 현재는 펌프룸 내부에 모터가 일체화 된 펌프를 설치하고 있으며, 이로써 기관실과 펌프룸 사이의 Knuckle진 구조가 불필요하여 구조형성이 쉬워짐

< Conventional pumping type >

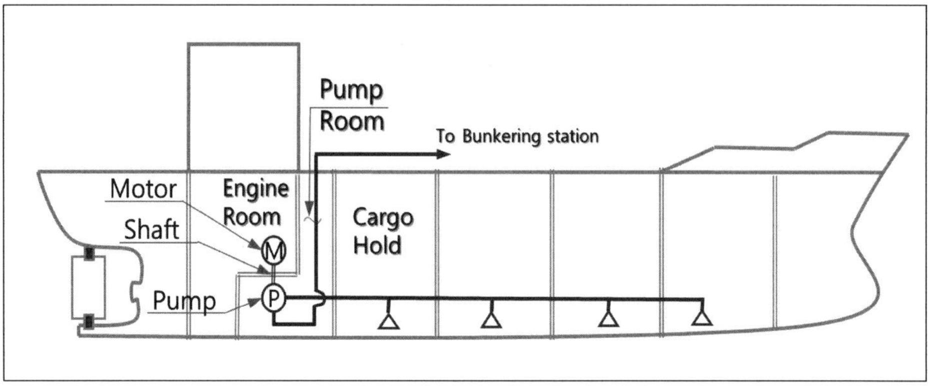

* Tip. Pump RM내 설치 장비: Cargo pump, Cargo stripping pump, Water ballast pump, Tank cleaning pump, Tank cleaning heater 등

○ **(Independent pumping type)** 각 화물창마다 독립된 잠수펌프(Submerged type pump)를 설치하는 방식이다.

- 초기 투자비는 비싸지만, 펌프룸 공간을 화물창 공간으로 활용할 수 있고, 화물창을 관통하는 배관이 불필요하여 시공성과 안전성이 향상됨

< Independent pumping type >

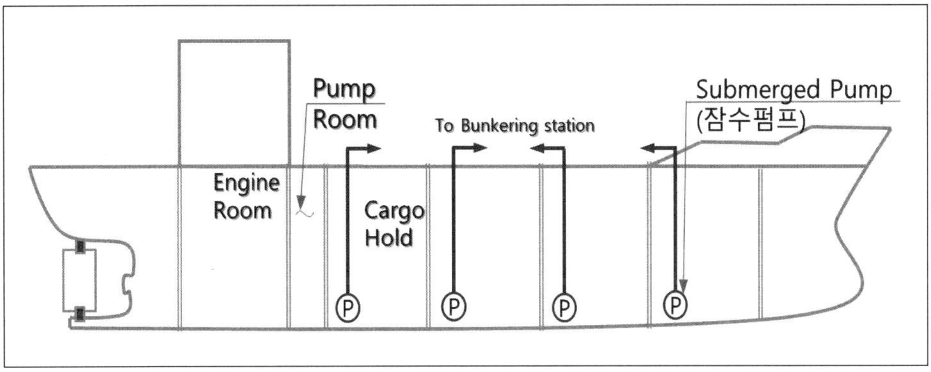

※ 통상 Crude oil tanker는 24시간 이내, Product tanker는 18시간 이내 하역하며 이에 맞는 용량의 Cargo pump와 배관의 관경을 적용하고, 잔유처리를 위해 Stripping pump를 적용한다.

2-2-15 Tank heating system [적-II-4]

□ 개념

○ 점도가 높은 기름의 원활한 Pumping을 목적으로 Heating coil을 통해 온도를 높여 점도를 낮추기 위한 배관시스템이다.

□ 설계시 고려사항

○ **(종류)** Heating coil의 작동유체 기준으로 Steam과 Thermal oil로 구분된다.

① **(Steam)** 온도조절이 용이하고, 균일한 온도를 유지 할 수 있어 다량의 열을 손쉽게 전달할 수 있으며, 유체 이송을 위한 Pump 등의 장비가 필요하지 않아 설치비가 저렴

- 다만, 배관 내부에 Steam으로 인한 부식이 발생할 수 있어 주의 필요

② **(Termal oil)** 작동유체가 기름으로 배관내부 부식의 및 저온 결빙의 우려가 없음. 다만, 이송을 위한 별도의 Pump가 필요

○ **(설계프로세스)** 주요절차는 필요 열량계산 후 관경과 배관길이를 결정하고, 해당 배관을 Tank 형상에 따라 적절히 배치

① **(열량계산)** 필요한 점도를 고려하여 tank내 유체의 목표온도를 설정하고, Tank의 용량을 고려하여 필요 열량(Q)을 계산

② **(관경 및 배관길이 결정)** 필요열량을 공급하기 위한 관경 및 배관길이를 결정하며, 관경과 배관길이는 반비례 하기 때문에 시공성 및 사용성 등을 고려하여 적절히 결정

► $Q = K \cdot A \cdot \Delta t$

Q: 필요열량, K: 배관의 열관류율, Δt: tank 내부 온도와 Heating coil 온도 차이

► $A = \pi D \times L$

D: 관경, L: 배관길이 → 결정

③ **(배관배치)** Tank 형상에 따라 열전달 등을 고려하여 배관 배치

2-2-16 Crude oil washing system (적-II-4)

□ 개념

○ 원유 속의 왁스, 아스팔트 및 모래 등이 Tank하부에 침전되면, Stripping 불량, 탱크용적 감소 및 해양오염을 발생시킴에 따라 이러한 문제를 해결하기 위한 세정 System이다.

□ 종류 및 특징

○ 종류는 대표적으로 Water washing과 Crude oil washing이 있다.

① **(Water washing, LOT*)** 80℃로 가열된 해수를 10bar로 분사하여 Washing하는 방법으로 Washing된 Oilly water를 Slop tank에 모은 후 유수 분리를 거쳐 물만 배출하는 방식

* LOT: Load on Top 방식이라고도 함

② **(Crude oil washing, COW)** 하역시 하역되는 원유를 이용하여 침전물을 용해시킨 후 해당 원유를 다시 하역시키는 방식으로 현재 주로 사용되는 방식임. 특징 및 종류는 다음과 같음

< COW 특징 >

장점	단점
❶ 침전물을 용해하고, 분사압력으로 점도가 낮아져 하역효율을 높임 ❷ Water washing 대비 부식우려 낮음 ❸ 하역시 Washing이 진행되어 별도의 Tank washing 과정이 불필요 ❹ 해양오염 우려 감소	❶ 하역시간이 증가(통상 40~60% 증가) ❷ COW 구성을 위한 설비추가 필요

< COW 종류 >

❶ Closed cycle: Slop tank에서 Oil을 이용하여 분사하고, 다시 Washing 된 Oil이 Slop tank에 모여 Cargo oil pump의 의해 순환되는 방식

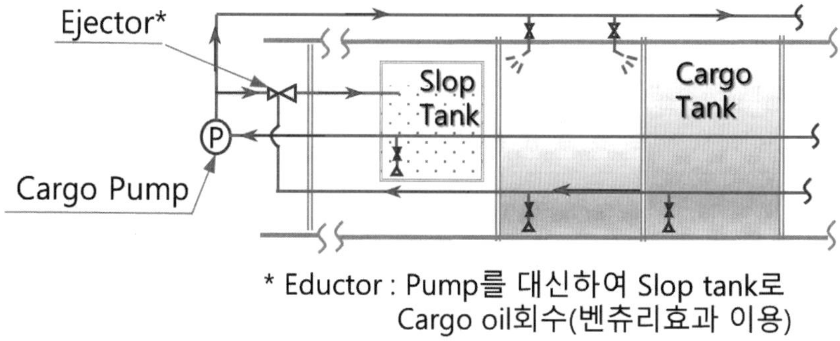

❷ Open cycle: 특정 Tank의 Oil을 이용하여 Washing 후 해당 Tank로 다시 Washing된 Oil을 모으고, 최종적으로 Slop tank로 배출하는 방식

※ 하역이 진행되어 공간이 발생할 때부터 Washing하는 것을 Top washing이라 하고, Tank가 거의 비었을 때(통상 0.5~1m) Washing하는 것을 Botton washing이라 함

2-2-17 Cargo venting system 【적-Ⅱ-4】

□ 개념

○ Cargo tank 내부의 온도 변화에 따른 압력변동 흡수와 적재·하역 시 통기 및 Tank Access시 Gas freeing을 위한 설비를 말한다.

□ 설계시 고려사항

○ **(적용)** 통상 증기압력이 대기압 이하이며, 인화점이 60℃ 이하인 원유 또는 화학 제품을 운반하는 액체화물선의 화물유 탱크에 적용한다.

* 대기압보다 증기압력이 낮고 인화점이 낮은 경우, 유증기가 응집되어 폭발 위험이 높아 유증기는 배출하고 산소농도를 낮추기 위한 불활성가스의 주입 등 필요

○ **(구성)** Cargo tank 내부의 압력을 일정하게 유지하기 위한 밸브*, 폭발방지를 위한 불꽃막이 및 화염방지막**으로 구성된다.

* 과압 발생시 방출을 위한 Venting valve와 음압 발생시 흡기를 위한 Pressure vacuum relief valve 필요

** 불꽃막이(Flame arrester)와 화염방지막(Flame screen)은 폭굉에 따른 역화방지를 위해 열을 흡수하여 발산함으로써 화염을 차단하는 것으로 Tank venting & Breading line에 설치하며, 불꽃막이는 세라믹 소재 등을 사용하고, 화염방지막은 미세한 Wire mesh를 이용

○ **(운용)** Cargo venting system 및 Inert gas system의 일반적인 운용 Process는 다음과 같다.

❶ Inerting: Cargo tank에 Inert gas를 공급하여 산소함유량을 8% 미만으로 유지 ❷ Venting: Cargo의 모든 Opening이 Close된 상태에서 Pressure/Vacuum relief valve를 통해 Venting ❸ Padding(or Topping): Cargo tank에 Inerting된 상태에서 Inert gas를 추가로 주입함으로써 과압상태를 만들어 산소 등의 유입을 차단 ❹ Breathing: Normal Sea going condition에서 Cargo tank 내부의 열팽창에 따라 일부 수증기, 공기 및 Inert gas가 Pressure/Vacuum relief valve로 출입(필요시 Inerting 실시) ❺ Cargo unloading: 하역으로 인해 Cargo tank 내 음압을 처리하는 단계(Vacuum relief process) ❻ Cleaning: 하역 후 Cargo내 유증기 등의 제거를 위해 Inerting하는 과정 ❼ Purging: 빈 Cargo tank 내부의 Hydrocarbon vapour 농도를 탱크 체적당 2% 이하로 감소시키는 과정 ❽ Gas freeing: Cargo tank access를 위해 Hydrocarbon vapour를 제거하고, Tank 내부의 산소 함유량을 21%로 증가시키는 과정 ❾ Cargo tank inspection: Cargo tank 내부 접근 및 검사

2-2-18 Cargo monitoring system (적-Ⅱ-4)

□ 개념

○ 액체화물선*의 적재, 운송 및 하역시 Cargo tank 내에 적재량, 온도 및 압력 등의 측정과 고수위 경보 등을 위한 설비를 말한다.

* 액체화물(특히, 석유 및 화학제품 등)은 사고시 해양오염 등의 중대한 문제를 발생할 수 있기 때문에 보다 세밀한 관리를 요구

□ 계측기능 및 특성

○ **(Level gauging system)** Cargo tank 내의 화유의 적재 깊이를 측정하여 적재량이나 Tank의 잔여용량 등을 파악하는 설비이다.

- 레이더를 액면에 발사하여 측정한 거리로 적재 깊이를 계산하거나, Guide bar를 따라 움직이는 부자(Float)를 활용한 방법 등이 사용

○ **(Temperature gauging system)** 2~3개의 온도센서를 활용하여 Cargo tank 내 온도를 측정하는 것으로 Gargo heating coil 주위에 온도센서를 설치하지 않도록 주의한다.

○ **(Level alarm system)** 적재시에 각 Cargo tank에 화유가 넘치지 않도록 Level alarm을 설치하며, High-high & High alarm을 설치*한다.

* 세팅된 고수위에서 High alarm을 울리고 위험수위에서 High-high alarm이 경보되도록 하는 방식으로 Cargo tank 적재시 넘침을 방지할 수 있음

** Tip. Level alarm은 배관 및 유압시스템 등에서 다양하게 사용되며, 통상 유압장치에서는 Tank내 작동유체의 양이 적은 경우 고장을 일으킬 수 있기 때문에 Low alarm 및 Low low alarm을 적용하고 필요시 High alarm을 같이 적용하기도 함

○ **(Sampling 장치)** 화물유 등의 Sampling을 위해 해당 Cargo tank 상부에 갑판을 관통하는 Post를 설치하며, 통상 각 Tank당 Vapor control v/v가 부착된 것 1개와 Cap만 씌워진 것 2개를 설치한다.

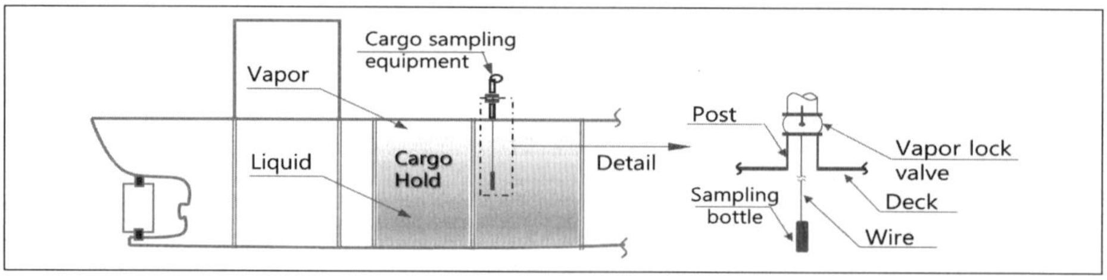

2-2-19 Valve remote control system (적-II-4)

□ 개념

○ 선박 운항시 각 배관시스템은 밸브 조작을 통해 운용되며, 해당 밸브를 각 설치구역에 가서 조작하는 것은 비효율적임에 따라, 원격으로 각 밸브를 제어할 수 있도록 하는 시스템이다.

□ 종류

○ 작동 동력원을 기준으로 기계식, 유압식, 공압식 및 전기식 등으로 구분 할 수 있다.

① **(기계식)** Wire를 통한 원격 밸브제어 방식으로 고장이 적어 안정적이나, 밸브 설치구역과 원격제어 구역이 복잡한 구조로 이격된 경우 Wire 적용이 어려움

② **(유압식)** 순수 유압을 통한 Pure Hyd. system과 Solenoid v/v를 적용한 Elec-Hyd. system으로 세분화할 수 있으며, 제어속도가 빠르고 비교적 고장이 적은 장점이 있으나, 높은 초기 설치비용이 요구됨

③ **(공압식)** 압축공기를 작동유체로 적용한 것(Pneumatic type)으로 설치가 간단하며 선박에 많이 활용되는 방식임

④ **(전기식)** 전기적 신호를 통한 모터 제어로 밸브를 개폐하며, 세밀한 유량 조절이 필요한 경우 적용됨. 응답속도가 가장 빠르지만 고가이고 비교적 고장의 확률이 높으며 수리가 어려움

※ 밸브의 제어상태는 Bridge(선교)에서 한 번에 작동상태를 모니터링 하여 제어할 수 있어야 하기에, Control Console에 모든 밸브의 제어 상태를 Mimic Diagram으로 나타낸다.

제3절 유공압 및 전기

20. 유공압 일반(적-Ⅱ-4, 이-Ⅲ-2)

: 유공압은 선박기능 전반에 관여하고 있다. 유공압 시스템은 유압을 통해 직진운동과 회전운동을 만들어내고 이를 통해 원하는 동작을 만드는데 특화된 배관설계다.

21. 유압펌프, 유압엑츄에이터 및 기타부속(적-Ⅱ-4, 이-Ⅲ-2)

: 펌프에서 생성된 유압과 유량은 배관을 거쳐 최종적으로 유압엑추에이터(유압실린더 또는 유압모터)에 전달되어 직진운동, 병진운동 또는 조합된 운동을 만들어 낸다.

22. 유압밸브(적-Ⅱ-4, 이-Ⅲ-2)

: 유압밸브는 앞서 배관부분에서 살펴본 바와 같이 배관 사이에 설치되어 유압시스템을 제어한다.

23. 유압회로(적-Ⅱ-4, 이-Ⅲ-2)

: 유압펌프, 유압밸브 및 유압엑추에이터의 조합을 통해 직진운동 및 회전운동 그리고 조합된 운동을 만들어 낼 수 있다. 이를 구현하는 것이 유압회로이다. 따라서 기본이 되는 직진운동과 회전운동을 소개한다.

24. 전기설계 일반(적-Ⅱ-5, 이-Ⅲ-4)

: 전기 역시 선박기능 전반에 관여하고 있다. 앞서 기계를 신체, 배관을 혈관에 비유한 바 있다. 전기는 신경에 해당된다. 이해를 돕기 위한 비유였으나, 전기 자체를 동력원으로 사용하는 설비도 많은 비중을 차지한다. 전기설비에 대해서는 크게 전력계통과 제어계통 두 가지 분야가 있다.(실제 조선소에서는 항통분야까지 전장설계에서 수행하고 있다.)

25. 제어의 종류(적-Ⅱ-5, 이-Ⅲ-4)

: 앞서 설명한 유압장비를 비롯하여 전기를 동력으로 사용하는 전기설비에는 목표하는 제어수준이 존재한다. 제어수준은 목표하는 제어 값에 얼마나 빠르고 정확하게 도달

하는지를 나타내는 것이다. 제어는 크게 정해진 순서 또는 일정한 논리에 따라 순차적으로 제어하는 시퀀스 제어와 출력 값을 목표 값과 비교하여 편차를 줄여가는 방식의 피드백 제어가 있다.

26. 전기기호 및 전기회로(적-Ⅱ-5, 이-Ⅲ-4)

: 전기회로 역시 유압회로와 마찬가지로 전력원과 전선 그리고 전력소비 대상(모터 및 전구 등)을 연결하여 원하는 기능을 만든다. 전기회로의 기본적인 개념을 이해하고 유압회로와 연계하여 생각할 수 있어야 한다.

27. IP grade(적-Ⅱ-5, 이-Ⅲ-4)

: 전기설비의 각종 외함에 대해 방진와 방수에 대한 보호 등급을 나타낸다.

28. 방폭(Explosion Proof)(적-Ⅱ-5, 이-Ⅲ-4)

: 전기설비는 폭발의 원인을 제공할 수 있다. 따라서 폭발위험이 존재하는 구역에 전기설비를 설치하기 위해서는 폭발방지 기능(방폭)이 있는 전기설비를 설치해야 한다.(혹은 폭발위험이 있는 공간을 분리하여, 방폭 요건을 면제받기도 한다.)

< 선박의 필수기능에 관한 기능구조분석도 >

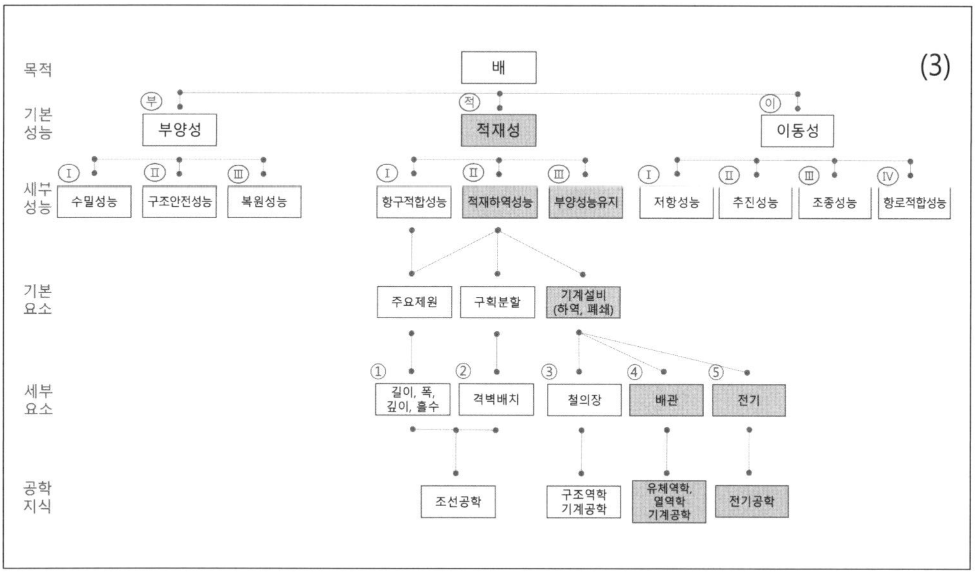

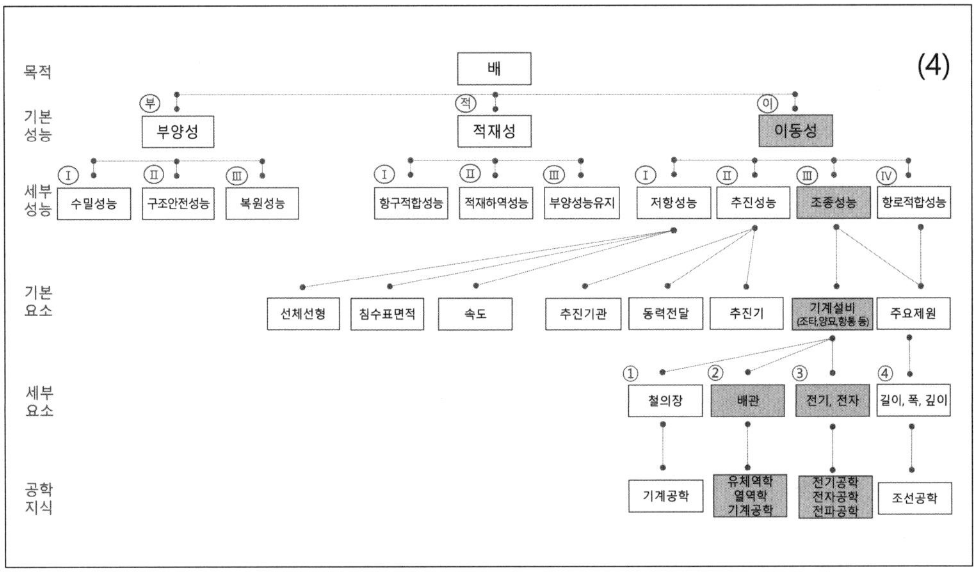
(4)
목적
기본 성능
세부 성능
기본 요소
세부 요소
공학 지식
배
부양성
적재성
이동성
수밀성능
구조안전성능
복원성능
항구적합성능
적재하역성능
부양성능유지
저항성능
추진성능
조종성능
항로적합성능
선체선형
침수표면적
속도
추진기관
동력전달
추진기
기계설비 (조타,양묘,항통 등)
주요제원
철의장
배관
전기, 전자
길이, 폭, 깊이
기계공학
유체역학 열역학 기계공학
전기공학 전자공학 전파공학
조선공학

2-2-20 유공압 일반 (적-Ⅱ-4, 이-Ⅲ-2)

□ 개념

○ 유공압 시스템은 앞서 소개한 배관설계와 크게 다르지 않으나, 유압을 통해 직진 운동과 회전운동을 만들어내고 이를 조합하여 원하는 동작을 구현하는데 특화된 배관설계다.

○ 유공압 시스템은 활용범위가 매우 넓지만, 선박에서 사용되는 기계장비*의 작동 원리를 중심으로 소개한다.

* 직진운동: 각종 Crane류 / 회전운동: 각종 Winch류

□ 주요구성 및 프로세스

○ **(구성)** 유체의 흐름에 따라 주요 구성품을 살펴보면 오일탱크, 유압펌프, 관장치, 밸브 및 유압액추에이터로 구성된다.

- 세부구성품은 오일탱크 내에 설치된 Heating & Cooling coil, Level & Temp. sensor와 관장치에 설치되는 Filter 및 Gauge가 있고, 비상동력으로 유압에너지를 축적할 수 있는 Accumulator로 구성

○ **(프로세스)** 시스템 목적에 따라 유압회로는 다양하게 구성되지만 기본적인 작동 프로세스는 다음의 공통점을 가진다.

① **(유체송출)** 오일탱크 내의 오일을 유압펌프를 이용하여 일정 압력 및 유량으로 관장치에 송출

② **(유로, 유량 및 압력 제어)** 유압 액추에이터를 목적한 바에 따라 작동시키기 위해 유압밸브를 조작하여 유로, 유량 및 압력을 제어

③ **(유압 액추에이터 작동)** 관 장치로부터 이송 받은 유압을 통해 실린더 또는 유압모터를 작동하여 목표하는 기능을 수행

④ **(유체회수)** 액추에이터에 유량 또는 압력을 전달한 작동유체는 오일탱크로 회수되어 다시 유체송출 과정을 반복

⑤ **(안전장치)** 시스템의 안전성과 효율성 확보를 위해, 적정 점도를 유지하기 위한 Heating & Cooling coil, 오일탱크 내 오일의 과부족 등을 경보해주기 위한 Level & Temp. sensor가 있고,

- 관 장치에 설치되어 정상 작동여부를 외부에서 확인하기 위한 유량·압력 Gauge와 비상시 별도 동력원인 Accumulator가 있으며, 회수되는 유체에 불순물을 제거하기 위한 Filter 등이 함께 사용

□ 핵심원리

○ **(파스칼의 원리)** 유공압 시스템이 사용되는 가장 큰 이유는 힘을 증폭 시킬 수 있기 때문이며, 그 핵심이 파스칼 원리이다.

- 파스칼 원리는 밀폐된 계에서 유체의 압력이 동일하게, 모든 방향에 전달되며, 유체와 접한 면에 수직으로 작용한다는 것임
- 즉, 밀폐된 계의 특정 지점에서 압력을 상승시키면, 유체가 접한 모든 면에 수직으로 동일한 압력이 발생함에 따라 힘을 증폭시킴

* Tip. 앞서 살펴본 유압시스템은 파스칼 원리를 잘 따르고 있음. 유압펌프와 액추에이터 사이는 밀폐된 계를 이루고, 유압펌프에서 발생한 압력이 유압액추에이터(실린더 또는 모터 내의 부품에 수직으로 작용)에 전달되어 힘을 증폭시킴

< 파스칼 원리 개념도 >

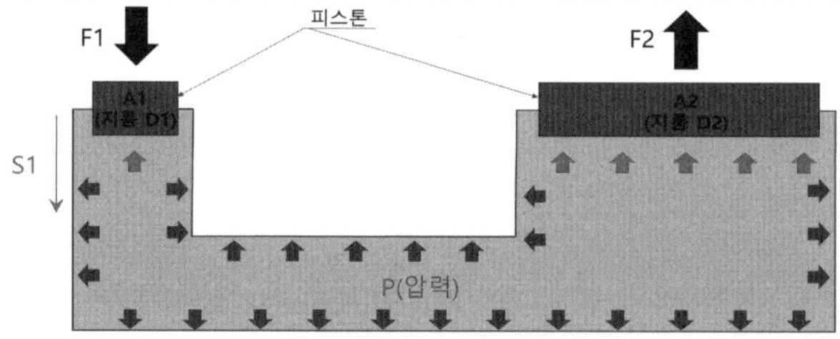

► 힘 F1를 가하면 밀폐 계 내에 압력(P) 생성 ($F1 = P \times \frac{\pi}{4} D1^2$)

► 모든 면에 동일한 P가 가해지지만 이동가능한 대상은 A1 및 A2임

► A2에는 P로 인해 힘 F2가 작용 ($F2 = P \times \frac{\pi}{4} D2^2$), D2 > D1 임으로 ***힘이 증폭됨***

► 밀폐된 계 내에서 비압축성 유체를 가정하면 질량보존법칙에 의해 A1에서 밀어낸 유체는 A2에서 증가된 유체와 같아야 함에 따라 ***이동거리는 S2가 S1에 비해 작음*** ($S1 \times \frac{\pi}{4} D1^2 = S2 \times \frac{\pi}{4} D2^2$)

► 또한 **A2측의 이동속도가 A1측보다 느림** ($Q_{유량} = V1_{A1속도} \times \frac{\pi}{4} D1^2 = V2_{A2속도} \times \frac{\pi}{4} D2^2$)

2-2-21 유압펌프, 유압엑추에이터 및 기타부속 (적-II-4, 이-III-2)

□ 개념

○ 유압시스템의 제어는 사실상 밸브를 통해 이루어지며, 본격적으로 밸브를 살펴보기에 앞서 밸브 이외의 주요 구성품을 소개한다.

□ 각 구성품의 기능 및 특성

○ **(유압펌프)** 유체의 이송을 위한 장치로 시스템 내에 유량과 압력을 생성하는 장치이다.

○ **(유압엑추에이터)** 유압시스템을 통해 실제 장비의 운동을 발생시키는 구성품으로 유압 실린더와 유압모터가 있으며, 복합한 동작은 실린더와 모터 작동의 조합으로 이루어진다.

- **(유압실린더)** 유압을 통해 직진운동을 만들어내는 것으로 실린더 스트로크 만큼 실린더의 길이가 늘어나거나 줄어듦

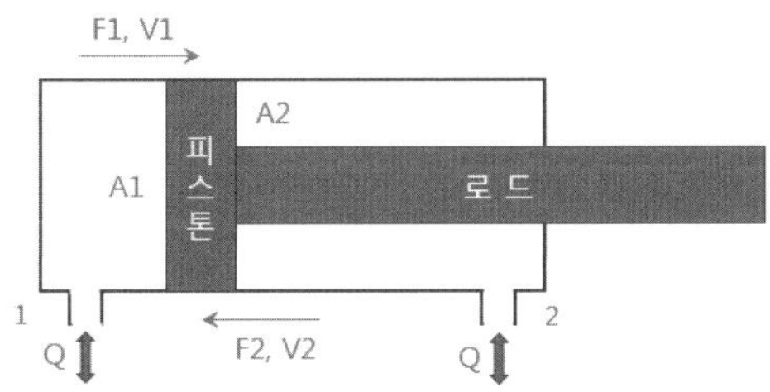

► 위치①에서 유체가 유입되면, 로드측에 있는 유체가 위치②번으로 유출되면서 피스톤과 로드가 실린더 우측 스트로크 상사점으로 이동

► 위치②에서 유체가 유입되면, 로드 반대측에 있는 유체가 위치①번으로 유출되면서 피스톤과 로드가 실린더 좌측 스트로크 하사점으로 이동

► 주요공식은 다음과 같음

팽창시: F_1(팽창력) $= P \times A_1$(피스톤면적), V_1(팽창속도) $= Q$(유량)$/A_1$

수축시: F_2(수축력) $= P \times A_2$(피스톤면적), V_2(수축속도) $= Q$(유량)$/A_2$

* Tip. 위치①,② 모두 동일한 압력과 유량으로 실린더 내로 유체가 유입되면 A1 > A2임으로 실린더가 팽창하는 방향인 스트로크 상사점으로 이동
즉, 실린더에서는 피스톤의 로드쪽 면적이 작음에 따른 영향을 이해해야 함

- **(유압모터)** 유압을 통해 회전운동을 만들어내는 것으로 사실상 유압 펌프와 동일한 원리이나, 유압펌프는 전기모터 등으로 펌프를 회전하여 유체를 송출하고, 유압모터는 송출된 유체로 회전력을 발생시킨다는 것이 다름

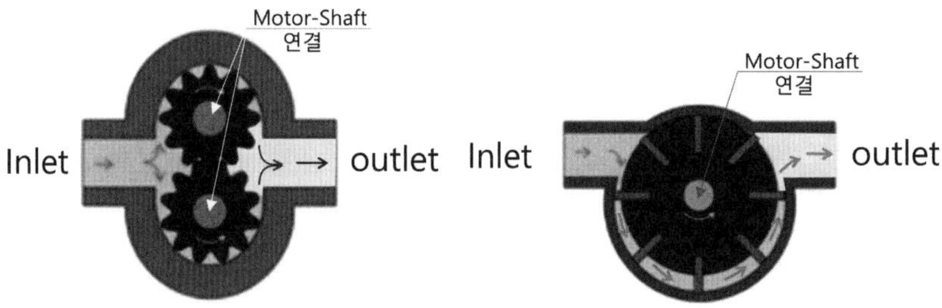

< 유압모터 예시, 좌. 기어식, 우. 베인식 >

► 주요공식은 다음과 같음

동력: $W(N \cdot m/s) = \dfrac{V_D(m^3/\text{회전수}) \times P(N/m^2) \times n(\text{회전수}/s)}{2\pi}$

$\therefore Q(\text{유량}) - \Delta Q(\text{손실유량}) = V_D(\text{실제 모터에서 배재용적}) \times \dfrac{\omega(\text{각속도})}{2\pi}(\text{속도})$

토크: $T(N \cdot m) = \dfrac{V_D(m^3/\text{회전수}) \times P(N/m^2)}{2\pi}$

유량: $Q(m^3/s) = V_D(m^3/\text{회전수}) \times n(\text{회전수}/s)$

○ **(기타부속)** 유압펌프, 액추에이터 및 밸브를 제외한 유압시스템의 주요구성품은 아래와 같다.

- **(Oil tank)** 작동유체를 보관 및 회수하기 위한 용기이며, 유압시스템 구성방식에 따라 Oil tank의 크기가 결정됨

  * 유량형 시스템(낮은 압력으로 다량의 유체를 작동시키는 형태)과 압력형 시스템(높은 압력으로 소량의 유체를 작동시키는 형태)으로 구분할 때 기본적으로 유량형 시스템의 Tank가 압력형 시스템의 Tank 대비 커져야 함

  ** Tip. 선박의 제한된 공간을 감안하여 유량형 시스템의 경우에도 평소 관장치에 유체를 채워 놓는 방식으로 적용하여 Oil tank가 자치하는 부피를 최소화함

- (**Heating & Cooling coil**) 선박의 운항환경 및 유압시스템 운전에 의해 작동유체의 온도는 변화하고, 이에 따라 점성이 달라짐. 그러므로 적정한 점도를 유지하기 위한 열원장치가 필요함

* Tip 1. 통상 선박에서는 Heating Coil은 잘 사용하지 않고, Ideal running(무부하운전)으로 온도를 상승시키며, Cooling은 대부분 열교환 장치를 통한 수냉식을 사용하나, 작동유체의 온도상승이 크지 않은 경우 Fan을 이용한 공랭식을 적용

** Tip 2. 공랭식을 적용할 경우, 선박 내 Oil tank 설치구역의 Ventilation system과 함께 검토하여 원활한 Cooling이 되도록 해야 함(공랭식으로 Cooling을 할 경우, 설치구역의 온도가 높아질수록 Cooling 효율이 감소)

- (**Level & Temp. sensor**) 작동유체는 시스템 운용에 따라 Leak 등으로 감소하거나, 온도가 정상범위를 벗어날 수 있어 Tank내 유체의 양과 온도를 측정하는 센서 및 외부 알람설비를 설치해야 함

- (**Filter**) 유압시스템 운전에 따라 작동유체 내에 불순물이 섞이며, 불순물의 크기가 큰 경우는 장비의 손상을 발생시킬 수 있어 Filter를 이용해 추출하고, 정기적인 교체로 제거해야 함

* Tip. 토출 측에는 압력손실을 감안하여 설치하지 않고, Tank return line(회수배관) 중 Tank 근처에 Filter를 설치(실제 건조시 유압시스템을 설치하고 나면, 불순물을 제거하기 위한 Flushing을 실시함)

- (**Gauge**) 유압시스템의 운전상태를 외부에서 간단히 모니터링 하기 위해 압력 및 유량 게이지를 적절한 개소에 설치해야 함

- (**Accumulator**) 펌프고장 등의 상황에서 최소한의 시스템 운영을 위한 유압에너지 축적장치로, 선박에서는 수밀문에 적용하여 유압펌프가 작동하지 않더라도 일정횟수(3회)를 개폐할 수 있도록 적용하고 있음

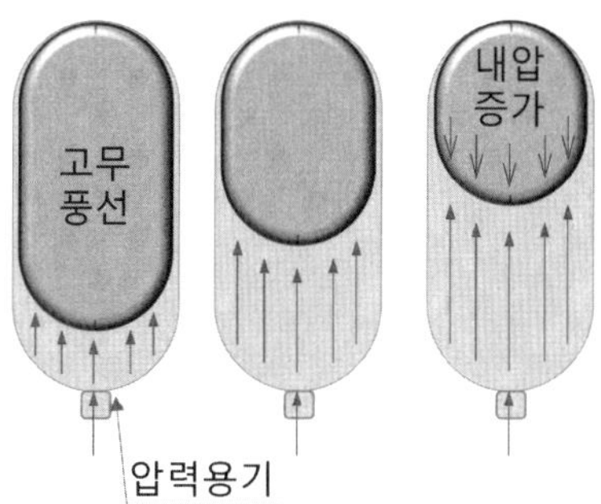

► 용기 내에 일정한 부피를 갖는 고무풍선이 설치된 구조로 고무풍선이 찌그러짐으로써 압력을 축적하고 있다가 필요시 용기를 개방하면 고무풍선의 탄성에 의해 팽창하며 일정 압력을 배출하는 원리

○ (Elec. panel) 전기설계의 분야이지만 선박건조 측면에서는 하나의 통합시스템으로 이해할 필요가 있으며, Elec. panel은 실제 유압시스템에서 두뇌 역할을 하는 제어장비*이다.

* Tip. 실제 제어는 Elec. panel 내부에 PLC(Programmable Logic Controller)에 의해서 이루어지며, 일종의 컴퓨터와 같은 역할로 내장된 제어방식(피드벡제어, 시퀀스제어 등)에 따라 유압펌프용 전기모터와 각종 Solenoid valve를 제어함

- Elec. panel은 유압시스템의 구성에 맞게 적용되며, 제어 대상이 되는 전자장비와 연결됨

< 유압장비용 Elec. panel 적용 개념도 >

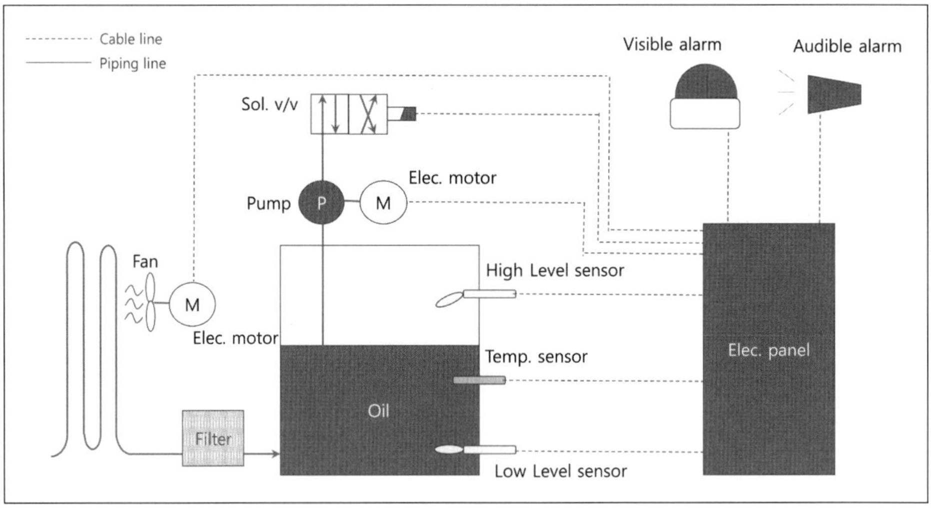

2-2-22 유압밸브 (적-Ⅱ-4, 이-Ⅲ-2)

□ 개념

ㅇ 유압시스템을 제어하여 유압액추에이터가 원하는 기능을 수행하도록 하는 수단이 밸브이며, 그 구조와 종류를 소개한다.

□ 밸브의 구조

ㅇ 유압밸브 각 부분의 명칭, 작동원리 및 조작방법은 아래와 같다.

< 유압 밸브의 각부명칭 및 작동원리 >

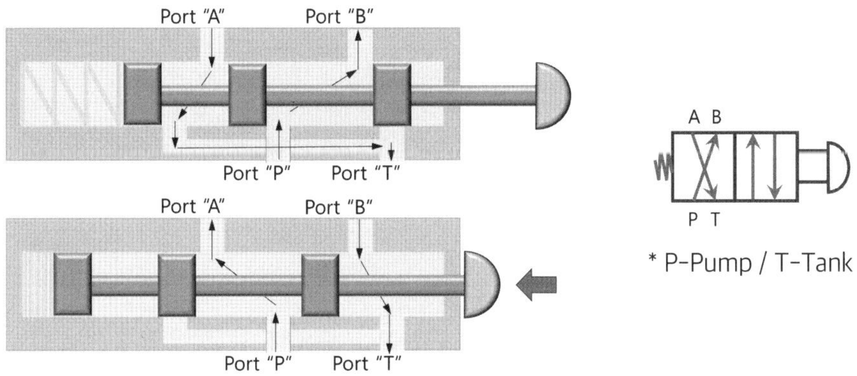

4-port 2-position (슬라이드형)

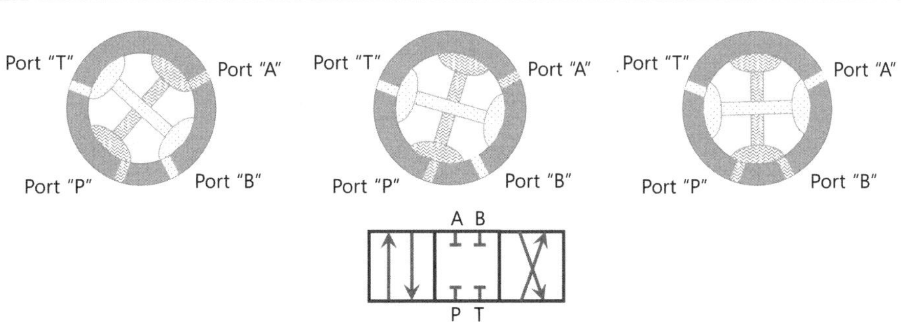

4-port 3-position (회전형)

< 유압 밸브의 각부명칭 및 작동원리 >

▶ 작동원리는 상기와 같이 슬라이드형과 회전형으로 구분할 수 있음 ▶ 상기 A, B, P, T는 유압라인이 연결되는 곳으로 '포트(Port)'라고 하며, 통상 P는 펌프 토출라인, T는 Tank 회수라인, A,B는 유압액추에이터 연결라인을 의미 ▶ 밸브 내에 유로를 변경할 수 있는 장치를 '스풀(SPOOL)'이라고 함 ▶ 심볼 중 네모모양의 갯수는 스풀이 위치할 수 있는 경우의 수(유로를 변경할 수 있는 경우의 수)로 '위치(Position)'이라 함 ▶ 포트의 수는 '방향(Way)'이란 용어를 사용하여 표시

< 유압 밸브의 제어방법 >

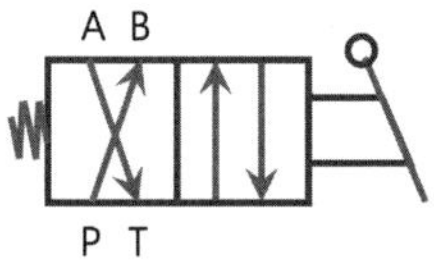	▶ 레버식
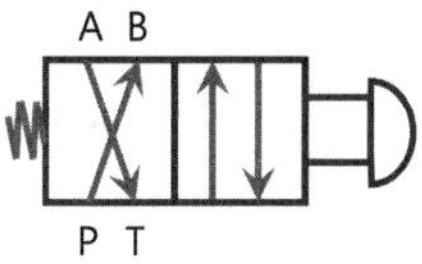	▶ 누름식
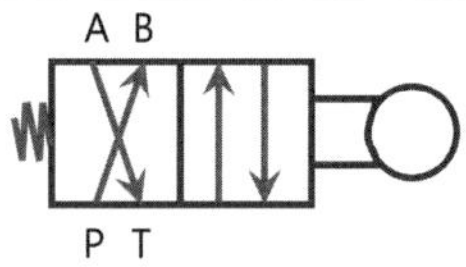	▶ 롤러식(캠과 연동하여 작동)
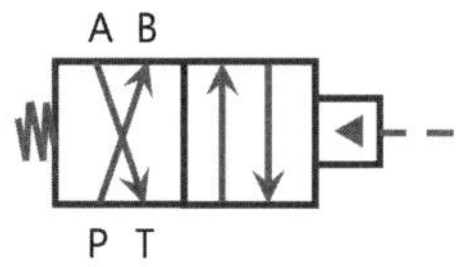	▶ 파일럿식(점선은 별도의 유압라인으로 유공압을 통한 밸브 제어방식을 의미)
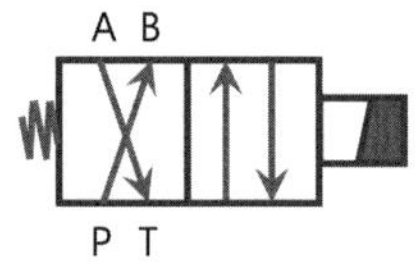	▶ 솔레노이드 코일식(Solenoid vlave, Sol v/v): 코일을 감고 전기적 신호를 발생하면 자기력이 발생함에 따라, 전기적 신호를 받아 자기력에 의해 밸브를 제어하는 방식

□ 밸브의 종류

○ 유압밸브의 목적에 따른 구분은 다음과 같다.

① **(압력제어밸브)** 유압시스템 내의 압력을 일정하게 유지 또는 감압하거나, 세팅압력 도달 시 작동하여 유압회로가 정해진 순서에 맞추어 특정 동작을 할 수 있게 하는 밸브

- (Pressure relief v/v) 유압시스템 내의 압력이 세팅된 기준값을 초과하면, 밸브가 Open되어 작동유체를 배출함으로써 시스템 전체 압력을 항상 일정하게 유지시키는 밸브(과압에 의한 장비손상 방지용 안전밸브)

* 통상 유압펌프 토출구 측에 설치하여 과압이 발생하는 경우 밸브가 Open되어 작동유체를 Oil tank로 회수되는 방식으로 적용

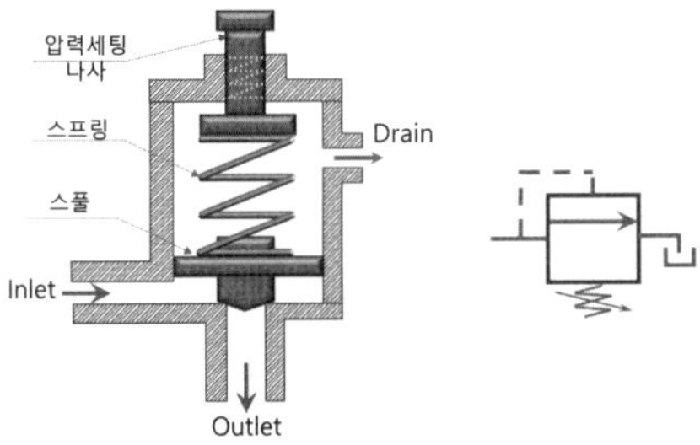

< 파일럿 기능 미적용 >

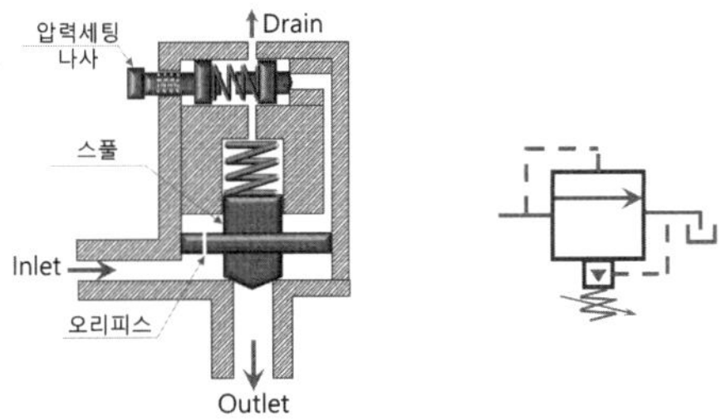

< 파일럿 기능 적용 >

► 파일럿 작동형(우측사진)의 장점은 스프링과 유압*에 의해 밸브가 개폐되기 때문에, 파일럿 기능이 없는 경우 스프링 세팅값 이후 급격히 Open되는 단점이 보완

* 유압라인과 파일럿라일을 연결하는 오리피스에 의해 작동

- (Pressure reducing v/v) 유압시스템 내에서 감압이 필요한 경우(액추에이터 또는 밸브 사양에 따라 감압이 필요한 경우 등) 적용하는 밸브

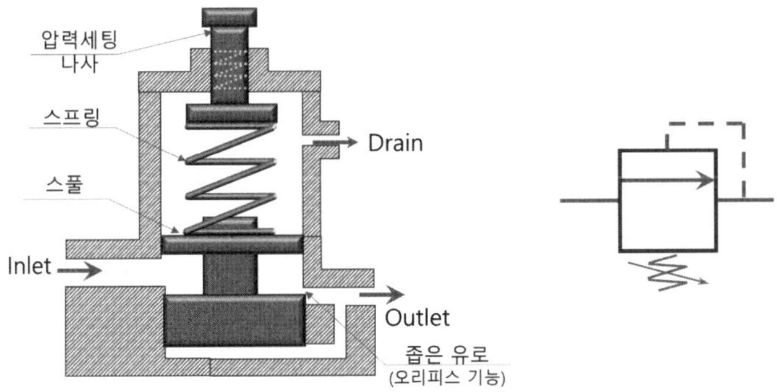

► 좌측의 그림의 좁은 유로(오리피스 기능)에 의한 저항으로 압력강하가 발생하며, Outlet 하단의 유로(심볼상 점선)에 의해 Outlet 압력 상승시 스풀이 상승되어 좁은 유로는 더욱 좁아져 압력강하가 증가함에 따라 일정한 압력강하량을 유지

- (Sequence v/v) 밸브에 세팅된 기준값 이상의 압력 발생시 Open 된다는 점은 Pressure relief v/v와 동일하나 Oil tank 등으로 회수하지 않고, 액추에이터로 일정 압력을 공급하도록 하는데 목적이 있음

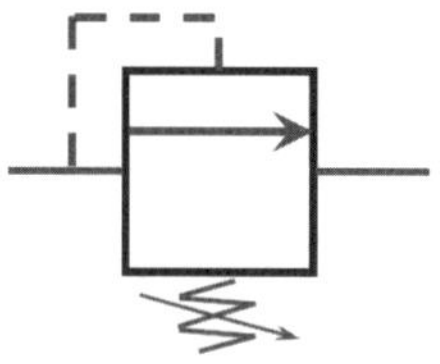

< 파일럿 기능 미적용 >

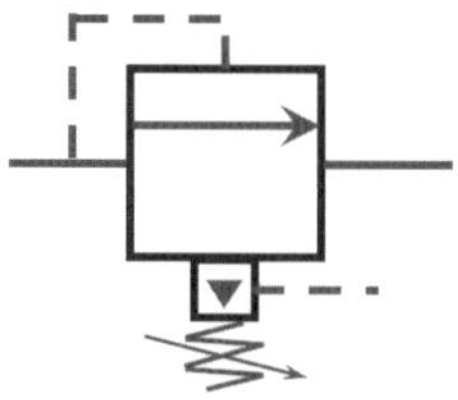

< 파일럿 기능 적용 1 >

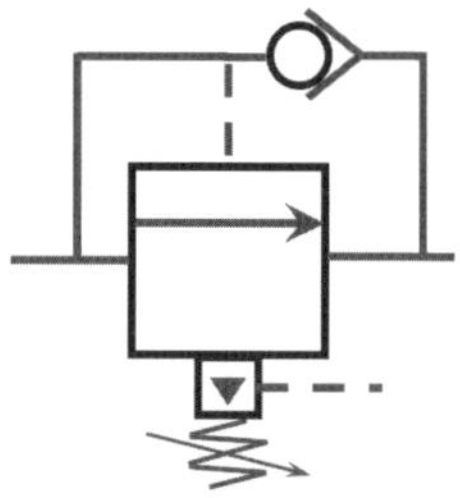

< 파일럿 기능 적용 2 >

► 시퀀스는 일정한 순서에 따라 처리됨을 의미

► (예시) 세팅 압력값이 다른 스퀀스밸브를 다수 설치하고 각각의 Outlet 측에 실린더를 설치 후 유압시스템을 작동하면 순차적인 스트로크 움직임을 만들 수 있음

- (Counter balance v/v) 밸브에 세팅된 기준값 이상의 압력 발생시 Oepn 된다는 점은 Pressure relief v/v와 동일하나 본 밸브는 시스템 미작동 시에도 1차측 압력이 유지되도록 하는데 목적이 있음

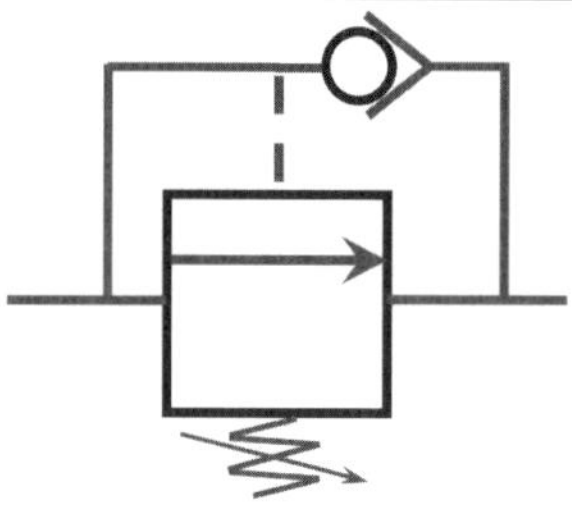

► 선박에서 대표적으로 사용되는 곳은 크레인의 Hosting 기능으로 시스템의 작동이 멈추더라도 크레인은 중량물을 떨어뜨리지 않아야 함

► 따라서, 밸브 1차측에 Hosting용 유압모터가 Lowering하는 방향으로 연결

② **(유량제어 밸브)** 유압시스템 내의 유량을 조절할 수 있는 밸브

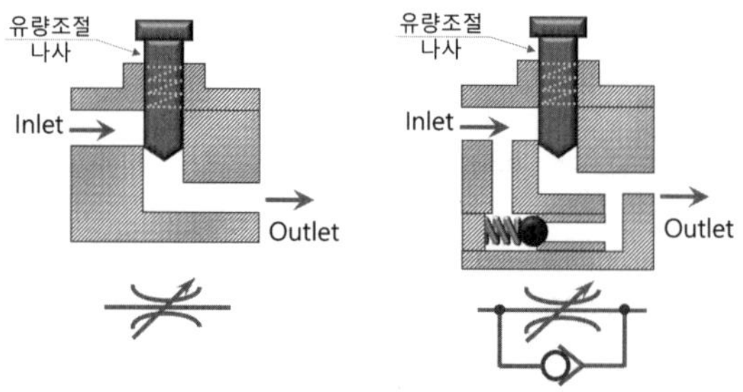

< 일반적인 형태의 유량제어밸브 >

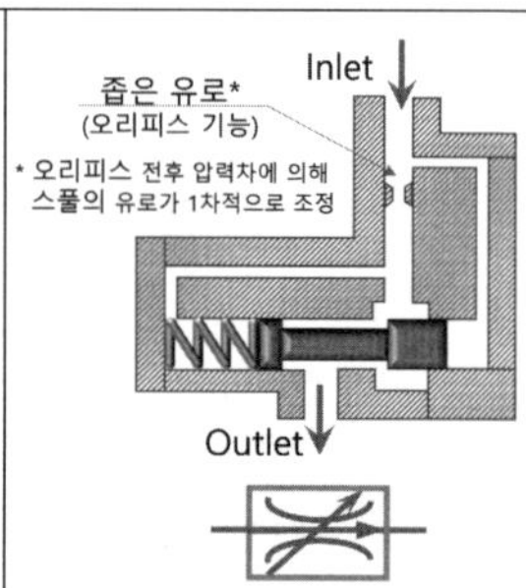

< 압력보상형 유량제어밸브 >

< 유량제어 밸브 >

► 일반적인 형태는 유량조절 나사를 통해 유량을 조절하는 원리이나, 입출구의 압력 차이가 큰 경우 유량이 증가하는 문제 발생 ► 압력보상형 유량제어밸브는 위와 같은 문제를 보완한 것으로 입구측(Inlet) 압력과 출구측(Outlet) 압력의 차이에 의해 스풀이 조절됨으로써 세팅된 유량을 유지가능

③ **(방향제어 밸브)** 유압시스템 내의 유로를 일정한 방향으로만 유지하거나, 유로를 변경할 수 있도록 하는 밸브

- (Check v/v) 유체를 한쪽 방향으로만 흐르도록 하고, 역방향으로는 흐르지 못하도록 하는 밸브

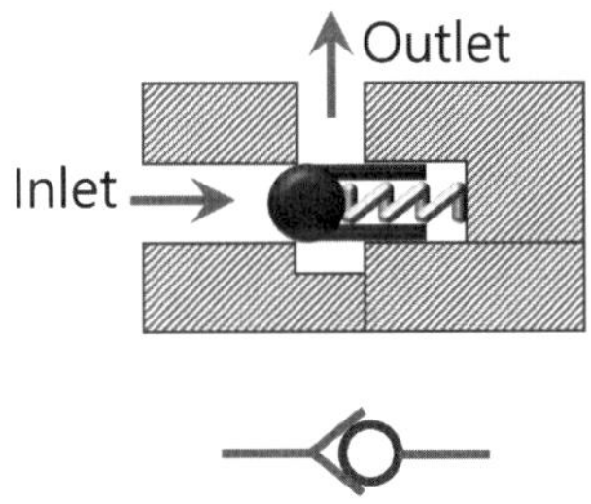

< 파일럿 기능 미적용 >

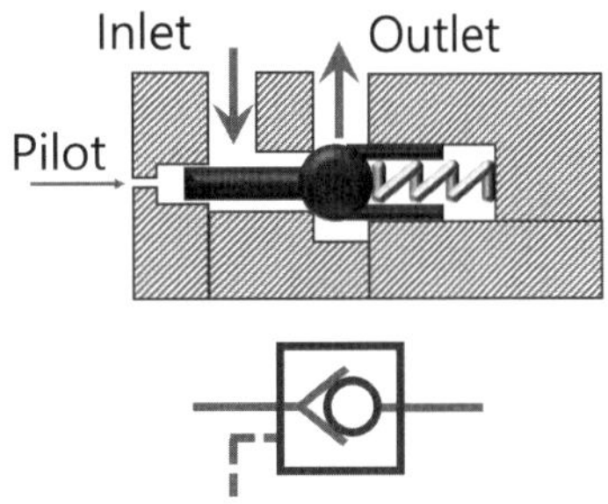

< 파일럿 기능 적용 >

- (Shuttle v/v) 2개의 입구와 1개의 출구로 구성된 밸브로, 각각의 입구에서 출구로 흐를 수 있으나 2개의 입구에서 동시에 흐를 수 없는 선택형 구조

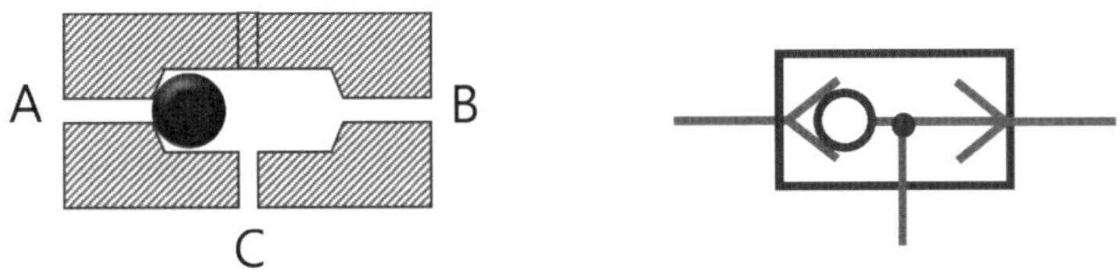

- **(방향전환 밸브)** 유로의 방향을 변경할 수 있는 밸브로 여러 형태로 구현이 가능하며, 예시는 다음과 같음

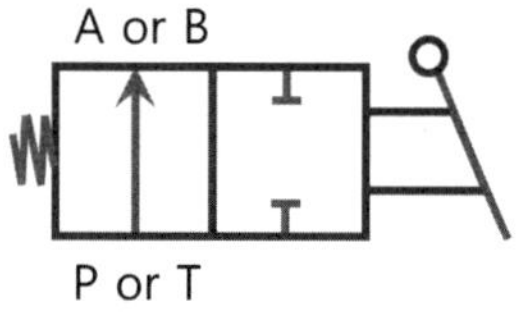	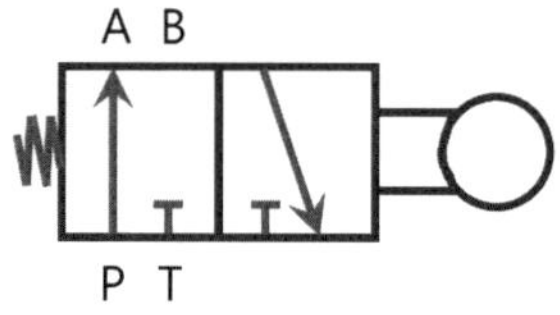
2-port, 2-position 스프링 오프셋, 레버작동	3-port, 2-position 스프링 오프셋, 롤러작동
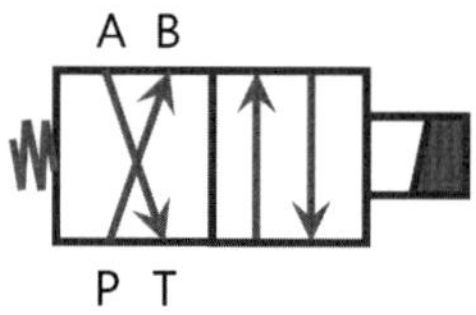	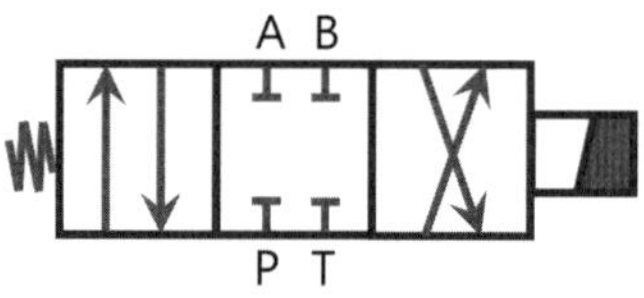
4-port, 2-position 스프링 오프셋, 솔레노이드작동	4-port, 3-position 스프링 오프셋, 솔레노이드작동
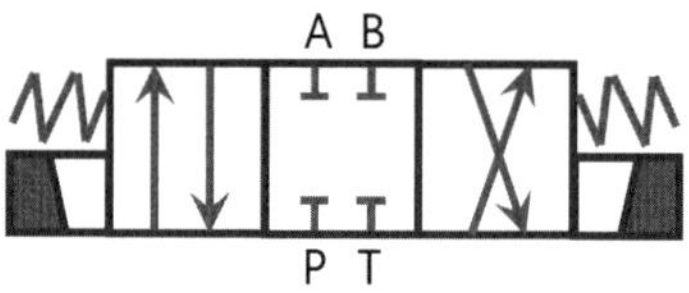	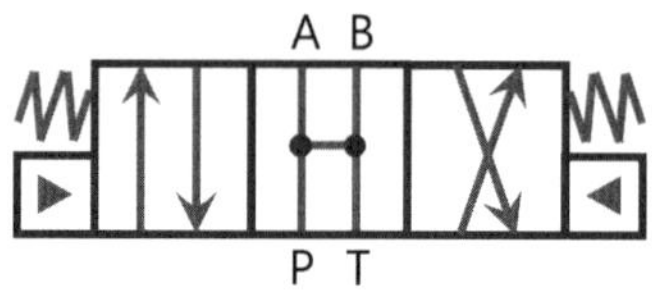
4-port, 3-position 스프링 중립, 솔레노이드작동	4-port, 3-position 스프링 중립, 파일럿작동

④ (Solenoid v/v) 앞서 살펴본 압력 및 유량제어 밸브를 전기적 신호로써 정밀하게 제어할 수 있는 밸브(아래 예시 참조)

* 작동원리: 코일을 감고 전기적 신호를 발생하면 자기력이 발생함에 따라, 전기적 신호를 받아 자기력에 의해 스풀을 이동시켜 밸브를 제어하는 방식

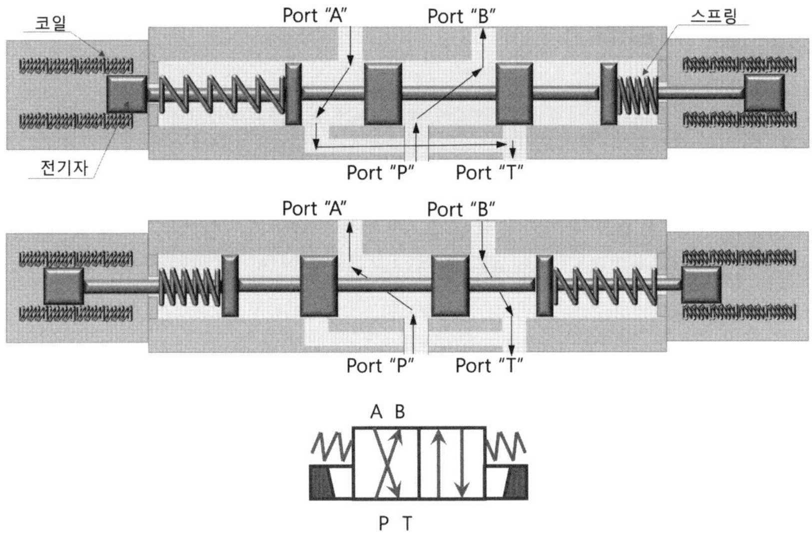

⑤ (Serbo v/v) 압력 및 유량제어를 위한 스풀 조작시 많은 힘이 요구되는 경우, 작은 기계적 또는 전기적 신호를 발생시켜 스풀 조작 후 작동된 유체를 통해 힘을 증폭시켜 다시 스풀을 조작하는 방식

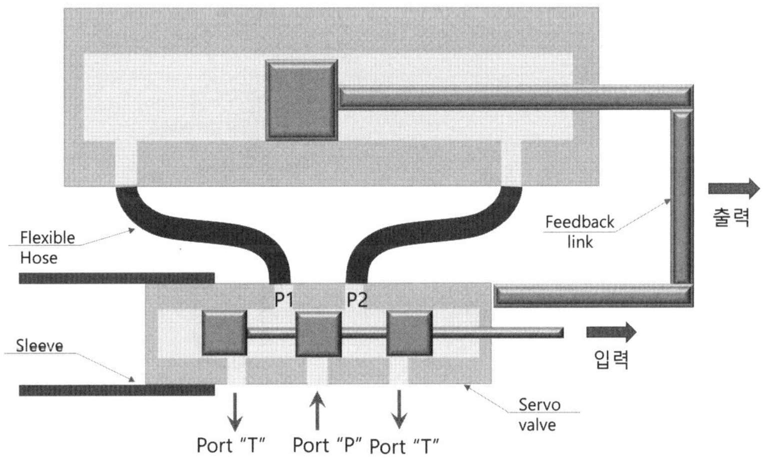

► 최초 조작으로 그림상의 '입력'과 같이 스풀을 조작하면 P1을 통해 '출력'과 같은 동작이 이루어지고, Feedback link가 Servo valve를 조작하여 스풀이 유로를 폐쇄할 때까지 작동하게 됨

► 서보밸브의 대표적인 적용 사례는 자동차의 조향장치(파워핸들링 시스템)로써 서보밸브를 이용해 작은 힘으로 Handle을 조작할 수 있도록 함

2-2-23 유압회로 (적-Ⅱ-4, 이-Ⅲ-2)

□ 개념

○ 앞서 살펴본 유공압 이론을 바탕으로 선박에 사용되는 장비의 가장 기본적인 형태인 직진운동과 회전운동의 유압회로를 살펴본다.

□ 주요심볼

○ 유압회로를 이해하기 위해서는 심볼(Symbol)의 이해가 필요하며 주요심볼은 다음과 같다(밸브는 유압밸브 내용 참조).

	▸ 유압펌프	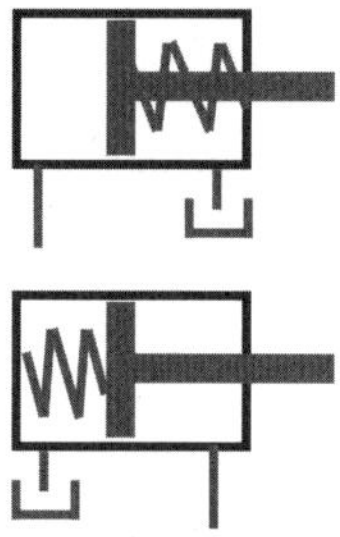	▸ 단동형 실린더
	▸ 공압모터	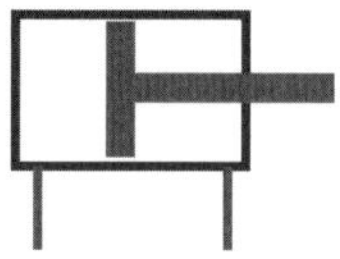	▸ 복동형 실린더
	▸ 유압모터		▸ 어큐뮬레이터
	▸ 유량계, 압력계	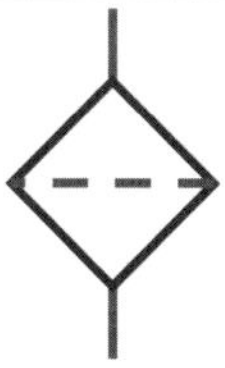	▸ 필터

* Tip. 상기 밸브 심볼은 대표적인 예를 표시한 것이며, 매우 세분화 되어 있음. 선박배관설계(P & ID)에 사용되는 심볼은 조선소마다 조금씩 달라 도면 앞부분에 심볼 정의를 참고해야 하나 유공압에 사용되는 심볼은 대체적으로 통일되어 있음

□ 직진운동회로

ㅇ 유압실린더를 이용한 유압회로이며 대표적으로 사용되는 장비는 Crane(luffing 용), Steering gear 및 Watertight door 등이 있다.

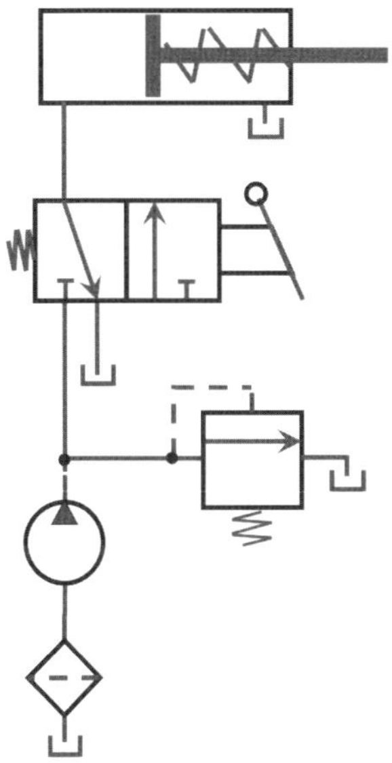

< 단동형 실린더 회로 >

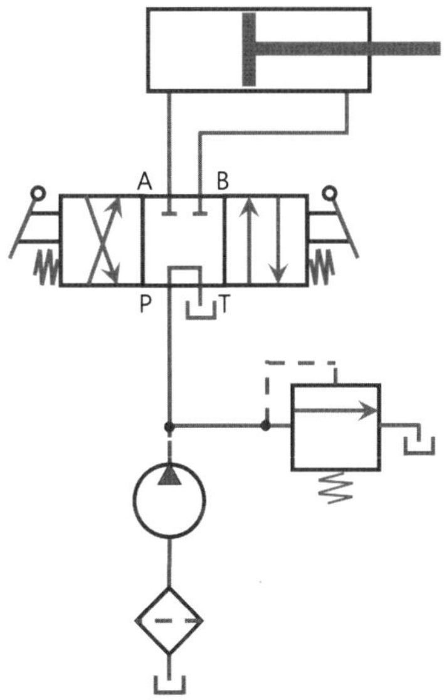

< 복동형 실린더 회로 >

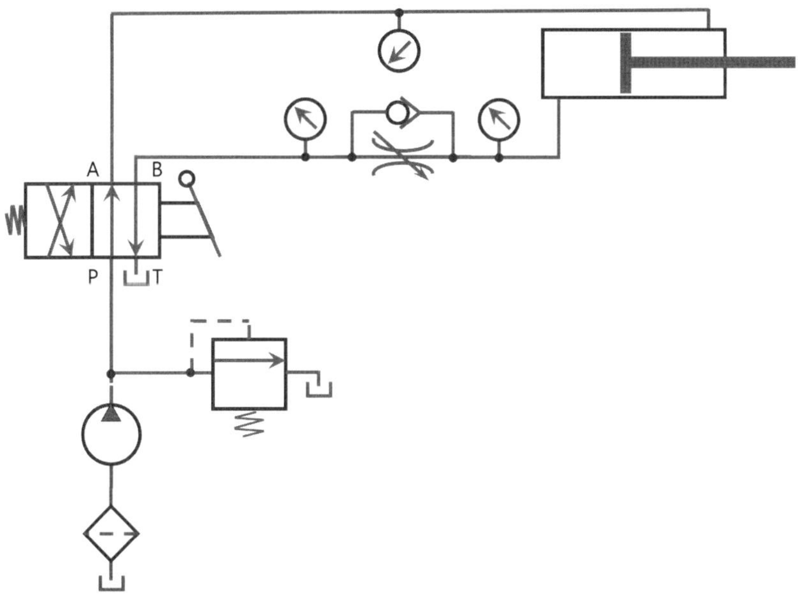

< 복동형 유량조절 실린더 회로 >

□ 회전운동회로

ㅇ 유압모터를 이용한 유압회로이며 대표적으로 사용되는 장비는 Windlass 및 Winch 등이 있다.

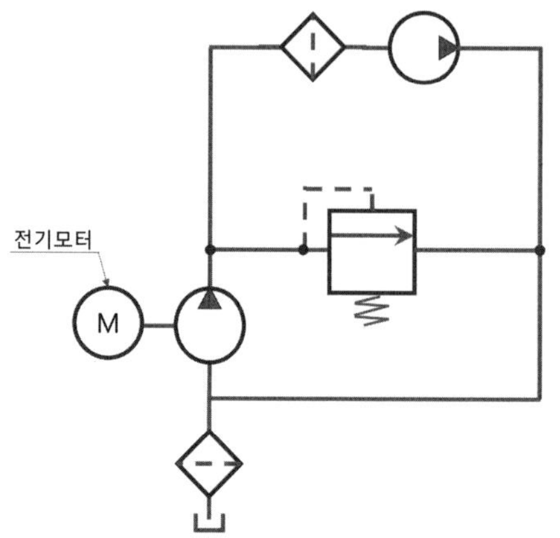

< 단일방향 유압모터 회로 >

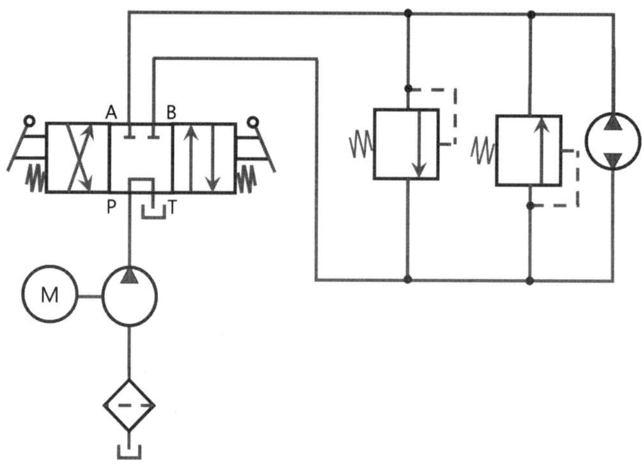

< 양방향 유압모터 회로 >

※ 실제 선박에 사용되는 유압장비의 유압계통도는 더욱 복잡*하다. 그러나 기본적인 유압회로를 토대로 하기 때문에, 위의 기본회로를 이해하고 펌프에서 유압액추에이터까지 흐름을 따라가면 독도가 가능하다.

* Crane 같은 경우는 실린더와 유압모터가 함께 적용되기도 함

2-2-24 전기설계 일반 (적-Ⅱ-5, 이-Ⅲ-4)

□ 개념

ㅇ 선박의 전기설계 흐름과 주요개념 등에 대해서 살펴보고자 한다.

□ 설계프로세스

ㅇ 전기설계의 대략적인 흐름은 선박의 운항조건을 고려한 총 필요전력을 분석하고, 전기장비에 전력공급 및 적절한 제어를 위한 Cable 연결을 구체화하여 최종적으로 설치정보까지 완성하는 과정이다.

① **(Elec. load analysis)** 모든 전력소모품에 대해서 List-up하고, 선박의 운항조건별 전력소모량(전력부하)을 계산하여 최종적인 발전기 용량 및 관련 주요장비의 사양을 확정

② **(Single line diagram)** 발전기로부터 각각의 모든 전력소모품까지 어떻게 연결되는지 연결 상태를 나타내는 도면으로 상세한 정보는 없으나 전기장비의 연결계통을 한눈에 볼 수 있음

* Tip. 연결상태를 중심으로 각 전기장비간 연결을 1개의 Line으로만 표기하여 Single Line Diagram (SLD)라고 함

③ **(Circuit diagram)** SLD를 바탕으로 각 전기장비에 연결되는 Cable 수량 및 사양 등이 나타난 회로도로 상세한 정보를 포함

④ **(Wiring diagram)** Circuit diagram을 바탕으로 각 전기장비의 Terminal에 어떤 Cable을 연결해야 되는지를 표기한 결선도로 Cable 설치시 본 도면을 활용하여 결선하게 됨

⑤ **(배치 및 생산설계)** Diagram을 바탕으로 실제 선박의 설치를 위해 Cable & tray를 배치하고, 설치조건에 맞는 Cable tray의 제작도 및 전체 설치도면을 작성

* Tip. 대부분의 중대형 선박은 3D모델링을 통해 설계를 진행하는데, 이때 전장설계는 타 공종의 전기관련 설계정보 확정 후 진행되기 때문에 타 공종보다 모델링 작업이 늦게 진행됨. 따라서 이후 간섭으로 인해 많은 설계 변경이 발생하여 통상 전장설계에서는 Dummy 모델을 생성하고, 타 공종은 이를 감안하여 배치함

□ 계통구분

ㅇ 실제 조선소에서 전장설계를 수행할 때, 전력, 제어 및 항해·통신으로 계통을 구분하여 업무 수행한다.

① **(Power)** 발전기로부터 각 전기장비까지 전력을 공급하기 위한 설계로 전장설계 중 가장 큰 영역을 차지

- 통상 선박에서는 승압을 통해 전력을 공급함으로써 전력손실을 최소화 하고, 선박 내 다양한 요구전압에 대응하기 위해 High voltage(600V)와 Low voltage(400v)로 구분하여 시스템을 구성

② **(Control)** 선교에 있는 Console을 통해 선박 전체를 Monitoring하고 Control 할 수 있도록 제어계통 설계를 담당

③ **(Lighting & Navigation)** 야간에 선박의 상태를 표출하는 선등에서부터 각 구역특성에 따라 적정조도를 제공하기 위한 Lighting을 배치하고, 해상통신 관련 설비를 담당

□ 전력흐름

ㅇ 선박 내 전력공급의 흐름은 일반적으로 다음과 같다.

① **(Generator)** Engine을 회전하여 발전함으로써 전력을 생산

② **(Switch board)** 배전반은 발전기로부터 전력을 제공받아 전기장비 등 필요개소에 적절히 분배

③ **(Transformer)** 배전반으로부터 이송 받은 전력을 해당 장비에 맞게 변압하여 전력을 제공

④ **(Junction box, JB)** Cable은 기본적으로 끊이지 않고 연속적으로 각 장비의 Terminal에 설치되어야 하나, 선체 Block 분할 및 Cable 손상시 교체 등을 고려하여 안전한 연결수단인 JB를 적용

⑤ **(Motor & panel. etc)** 각 장비의 전기모터 및 Panel 등에 최종적으로 전력을 전달

※ (Earthing, 접지) 감전사고를 예방하기 위한 접지는 필수적이나, 해상에서는 육지로 전하를 방출할 수 없기 때문에 전하의 수용능력이 큰 도체인 선체에 접지한다.

* Tip. FRP 재질의 선박은 선체 바닥에 동판을 설치하고 해당 동판에 접지

2-2-25 제어의 종류 (적-II-5, 이-III-4)

□ 개념

○ 전기기기에 사용되는 제어의 종류 및 특징을 살펴본다.

□ 설계시 적용

○ 자동제어의 종류는 시퀀스 제어(Sequence control)와 피드백 제어(Feedback control)로 구분되며 각각의 특징은 다음과 같다.

① **(시퀀스 제어)** 특정한 순서 또는 일정한 논리에 따라 제어의 각 단계가 순차적으로 진행되는 방식으로, 출력 시 오차가 발생할 수 있으나 교정할 수 없는 한계가 있음

< 시퀀스 제어의 유형 >

<제어장치에 따른 분류>

❶ 유접점제어: 릴레이 등의 접점을 이용한 제어

❷ 무접점제어: 트렌지스터, 다이오드 등의 반도체를 이용한 제어

❸ PLC(Programmable Logic Controller): PLC를 이용한 제어

<제어명령에 따른 분류>

❶ 시간제어: 시간경과에 따라 정해진 공정을 수행하도록 순차적으로 제어

❷ 순서제어: 각 공정의 완료여부를 검출기를 사용하여 확인 후 다음공정으로 넘어가도록 순차적으로 제어하는 방식

❸ 조건제어: 입력조건에 상응하는 여러 조건에 도달한 경우 작동하거나, 위험방지를 고려하여 특정 조건에 작동을 제한하는 방식의 제어

② **(피드백 제어)** 정확한 제어를 위해 출력 값을 목표 값과 비교하여, 불일치 시 오차에 비례하는 동작신호를 제어계에 보내 편차를 수정하도록 하는 제어방식

< 피드백 제어의 개념 >

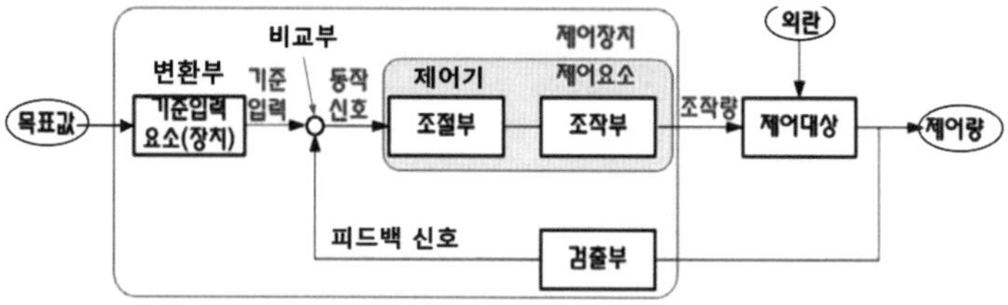

❶ **(목표값)**: 제어량의 목표치를 특정 상태량으로 표기(전압, 온도 등)

❷ **(변환부)**: 목표값을 검출부에서 피드백되는 신호와 같은 단위로 환산하는 기능

❸ **(기준입력)**: 목표값을 제어량과 비교하기 위해 변환부에서 변환된 상태

❹ **(조절부)**: 목표값과 제어량을 비교하여, 오차를 기준으로 조작량을 계산하여 조작부에 동작신호를 보내는 기능(사람의 두뇌기능)

❺ **(조작부)**: 조절부에서 나온 동작신호를 증폭하거나 조작량으로 변환시켜 제어 대상으로 보내는 기능(사람의 손발 기능)

❻ **(제어대상)**: 실제적인 작업을 수행하는 부분으로 기계 또는 시스템에 해당

❼ **(제어량)**: 제어해야 하는 양으로 제어대상의 출력 값임

❽ **(검출부)**: 제어량을 검출하여 목표값과 비교되도록 피드백 신호를 생성(사람의 감각기능)

< 피드백 제어의 유형: 목표값에 의한 분류 >

❶ 정치제어: 목표값이 시간의 변화에 무관하게 일정한 제어

❷ 추지제어: 목표값이 시간의 변화에 따라 변하는 제어

- ► 추종제어: 목표값이 임의로 변하는 경우의 제어(ex: 미사일 추적 등)
- ► 비율제어: 목표값을 다른 상태량에 따라 일정한 비율관계로 변화시키는 제어 (ex: 일정한 연료공급을 위해 공급량에 따라 밸브개폐 조절)
- ► 프로그램제어: 제어 목표값을 프로그램에 의해 변화시키는 제어

< 피드백 제어의 유형: 제어량에 의한 분류 >

❶ 자동조정: 주로 전기적, 기계적인 상태량을 일정한 목표값으로 유지시키는 제어 방식으로 응답속도가 매우 빨라야 함(모터속도·토크 제어, 발전기 전압제어 등)

❷ 프로세스제어: 일정한 공정을 갖는 경우에 외란을 억제하여 공정을 일정하게 유지시키기 위한 제어방식(해양플랜트의 시추 및 정제공정 등)

❸ 서보기구: 대상물체의 변위, 방향, 자세 등의 상태량을 목표값으로 하여 목표값의 변화에 따라 제어하는 방식(미사일 추적장치 등)

< 피드백 제어의 유형: 제어동작에 따른 분류 >

❶ 불연속 동작: On-Off 제어로 동작의 크기에 대한 제어 없이 작동 또는 미작동으로만 제어되는 방식

❷ 연속 동작: 동작의 크기를 제어하는 방식으로 다음과 같이 구분

- ► 비례제어(P, Proportional control): 조작량이 비교부의 편차(목표값과의 차이)에 특정비율로 비례하는 제어방식. 조작량을 목표값과 현재값의 차이에 비례한 크기로 서서히 조절하는 방식으로 제어의 진행에 따라 현재값이 목표값과 아주 가까운 상태가 되어 안정한 상태가 되나 완전히 일치할 수는 없고 이때의 오차를 잔류편차라고 함
- ► 미분제어(D, Derivative control): 편차의 시간변화(미분)에 비례한 제어로 응답속도의 향상에 기여
- ► 적분제어(I, Integral control): 제어량에 편차가 발생하였을 때 편차량의 시간적분에 비례한 량으로 조작을 변화시키는 제어. 잔류편차를 줄이는데 기여
- ► 비례적분제어(PI, Proportion Integral control): 비례제어의 잔류편차를 제거하여 정상특성을 개선하기 위한 제어로서 비례동작에 적분동작을 추가하여 비례제어로 발생한 잔류편차를 제거 할 수 있음. 미소한 잔류편차를 시간적으로 누적하여 일정크기 이상이 되면 조작량을 증가시켜 잔류편차를 제거하는 방식
- ► 비례미분제어(PD, Proportion Derivative control): 비례제어의 응답속도를 개선하여 제어의 안정도를 높이기 위한 제어방식으로 비례동작에 미분동작을 추가하여 응답속도를 개선
- ► 비례적분미분제어(PID, Proportion Integral Derivative control): 비례제어의 잔류편차를 제거하고 응답 속도를 개선하여 제어의 안정도를 높이기 위한 제어방식으로 비례동작에 미분동작 및 적분동작을 추가한 방식임

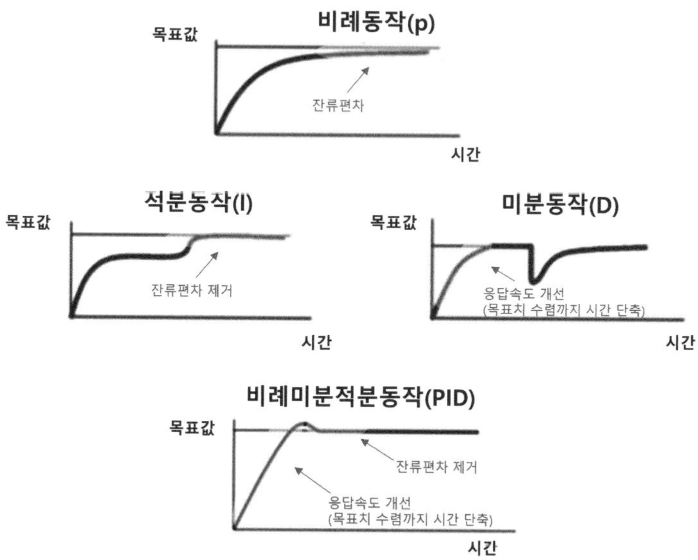

2-2-26 전기기호 및 전기회로 (적-Ⅱ-5, 이-Ⅲ-4)

□ 개념

- ㅇ 선박의 기계장비 제어를 이해하기 위한 기본적인 전기기호와 이와 관련된 전기회로를 소개한다.
- ㅇ 앞서 소개한 유압과 비교하면, 유압은 전력이 되고, 제어의 핵심인 밸브는 스위치에 비유할 수 있으며, 유압액추에이터는 전기모터, Sol V/V 및 전구 등에 해당된다.
- ㅇ 따라서, 큰 흐름은 전력공급에서 최종적인 전력 소모 대상까지의 전력흐름과 스위치 조작에 따른 영향을 이해하는 것이다.

□ 전기기호

- ㅇ 주요한 전기기호를 살펴보고, 스위치에 대한 세부적인 내용 정리하면 다음과 같다.

< 전기기호 일반 >

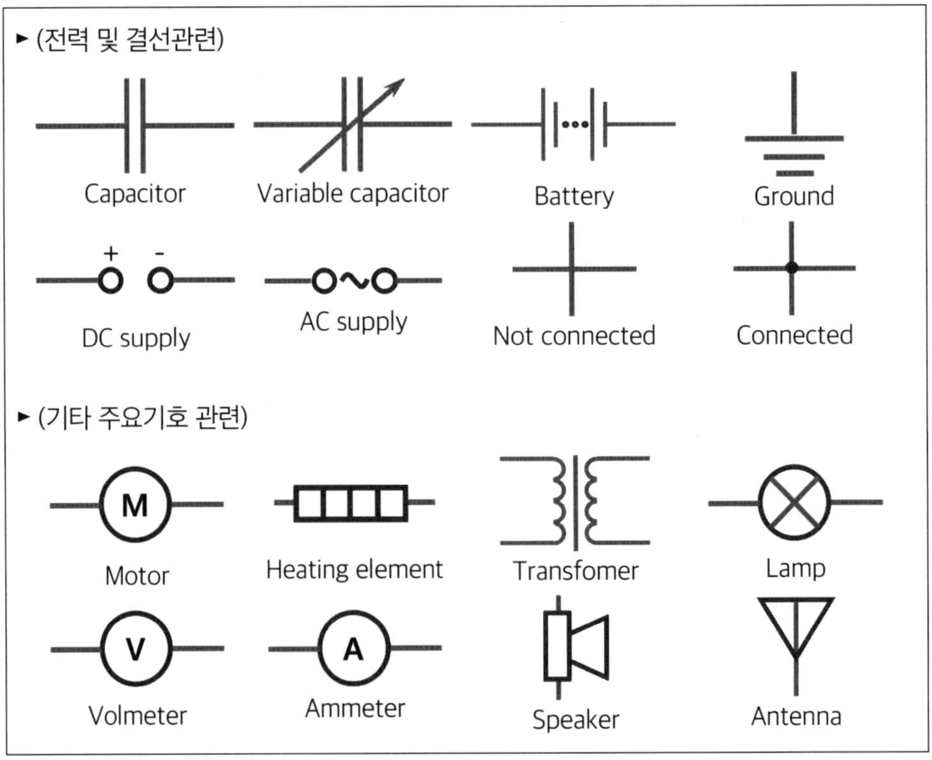

< 주요 스위치 기호 >

► (스위치 관련)

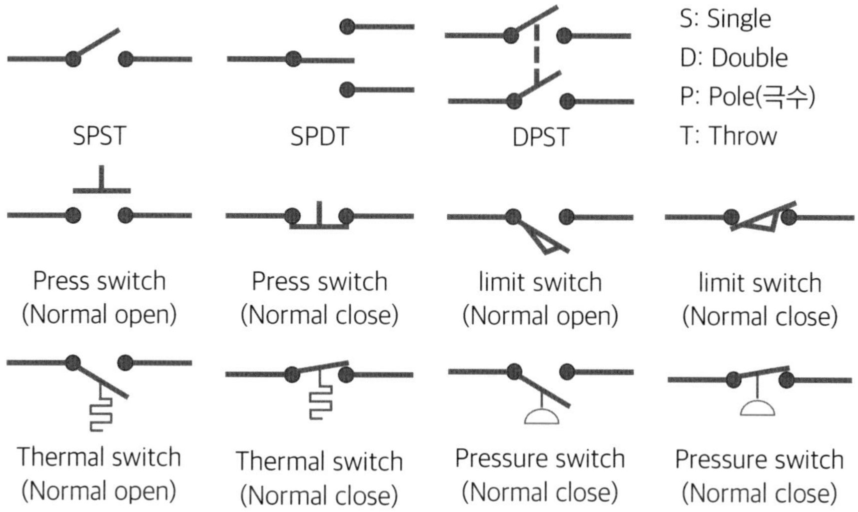

□ 전기회로

○ 기본적인 전기회로는 전력, 전력소비대상(모터, 전구 등) 및 이를 제어하기 위한 스위치로 구분할 수 있으며, 릴레이 등이 추가되면서 다양한 제어가 가능해진다.

○ 복잡한 전기도면은 도면을 일정구간 분할하여 작성하기도 하며, 다음에서는 한 눈에 볼 수 있는 회로를 통해 전기회로를 이해할 수 있도록 소개하고자 한다.

① 전력, 전력소비대상 및 스위치로 구성된 전기회로는 다음과 같음

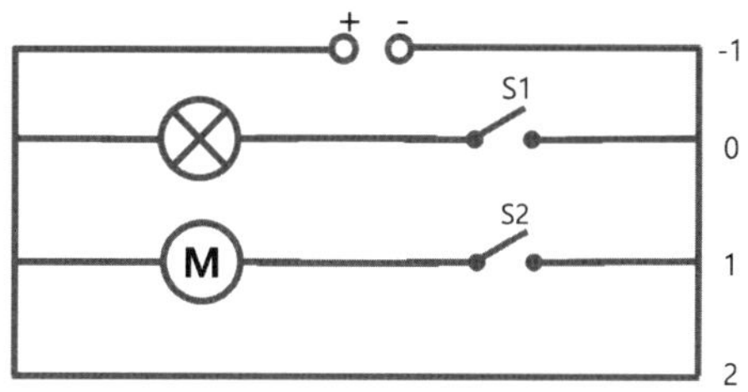

► S1 스위치를 누르면 램프에 불이 들어오고, S2 스위치를 누르면 모터가 작동

► 선박 또는 별도의 전력이 공급되는 경우 등을 감안 0~1번 Line 부분만을 작성해도 전기회로 특성을 설명할 수 있음(이히의 회로에서는 해당 부분만 표시)

② 릴레이 구조 및 릴레이를 활용한 전기회로(자기유지 회로) 구성예시

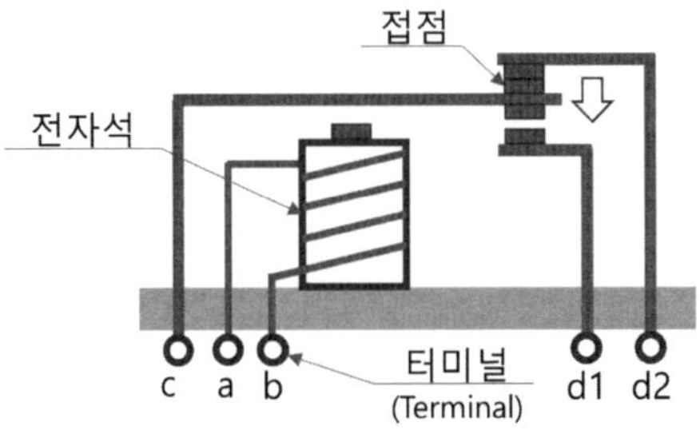

< ❶릴레이 구조 >

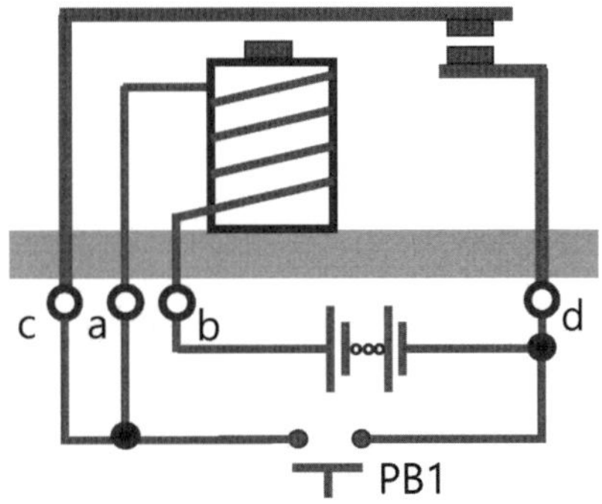

< ❷릴레이를 이용한 자기유지 회로 >

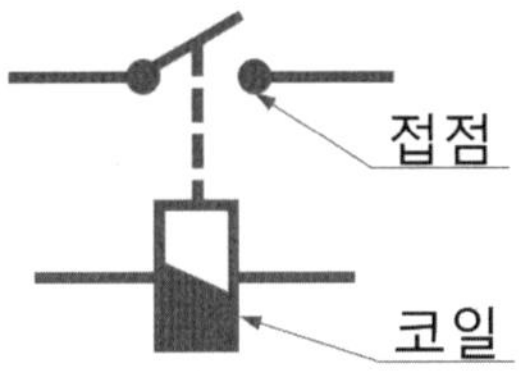

< 코일 및 접점 기호 >

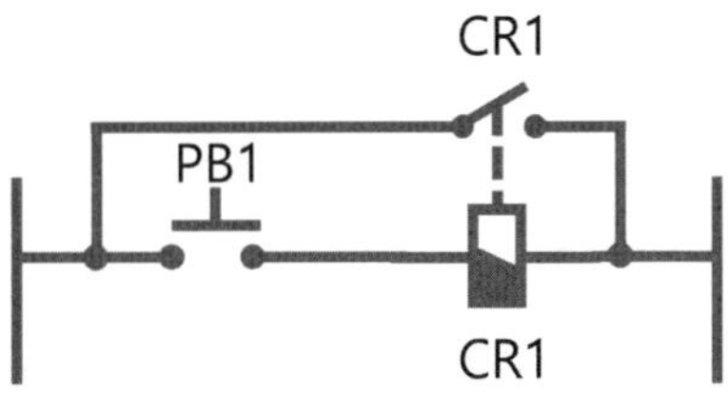

< ❷에 대한 전기회로도 >

<릴레이의 구조>

- 릴레이는 코일(a.b)과 접점(c,d)로 구성되며, 접점은 구성에 따라 Normal open(상시 개, d1), Normal close(상시 폐, d2)로 구성 가능

<릴레이를 이용한 자기유지 회로>

- 코일 CR1과 접점 CR1은 사실상 하나의 릴레이로 볼 수 있음
- Push button(PB1)을 누르기 전에 접점 CR1은 Normal open 되어 전류가 흐르지 않으나, PB1을 누르면 코일 CR1에 의한 전자기력에 의해 접점이 Close되어 접점 CR1에도 전류가 흐름
- 이후 PB1이 작동되지 않아도 하나의 폐회로*가 형성되어 전류가 흐름

* 코일 CR1에 의해 접점 CR1의 Closed 상태가 유지됨

③ 유압회로 제어를 위한 Limit switch 적용 전기회로 예시 1

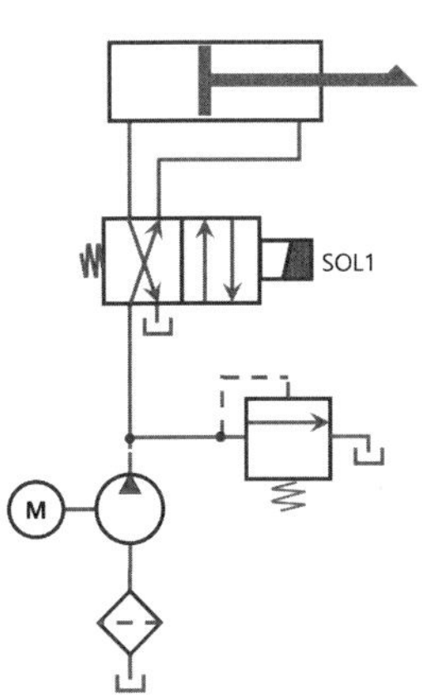

< 유압회로 >

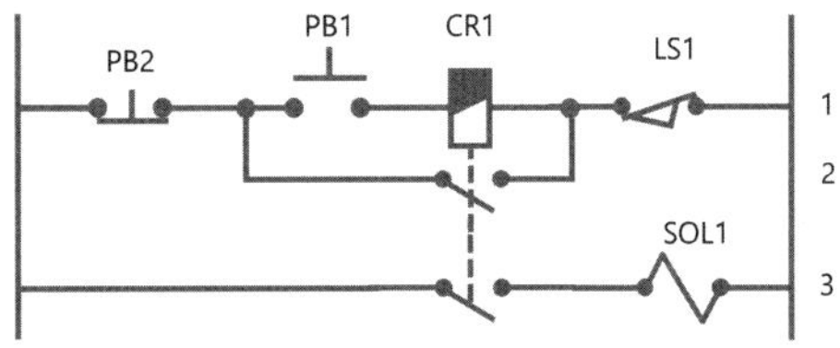

< 전기회로 >

<유압회로>

❶ 전기모터에 의해 유압펌프가 작동하면 유압과 유량이 발생

❷ Sol. v/v는 Solenoid coil SOL1의 작동 전에는 스프링에 의해서 Position이 사진과 같고 실린더가 후진하게 됨

❸ Sol. v/v는 Solenoid coil SOL1 작동시 전자기력에 의해 스프링 힘을 이기고 Position이 좌측으로 변화되어 실린더가 전진하게 됨

❹ Saftety v/v는 Setting된 스프링 압력 이상이 된 경우, 점선으로 된 Pilot 관을 통해 스프링을 압축하여 Valve가 열리게 되고 유압은 탱크로 회귀

❺ Limit switch LS1은 실린더를 후진시키는 역할임을 추측할 수 있으나, 유압회로 만으로는 정확한 기능을 파악할 수 없음

<전기회로>

❶ 전기회로 중 1번 Line의 PB1를 누르면 코일 CR1이 작동하여 2번 Line의 Normal open인 접점 CR1이 Close되어 전류가 흐름 → 회로 중 3번 Line의 Normal open인 접점 CR1이 Close되어 솔레노이드밸브 SOL1이 작동 함(유압회로 ❸번 상태가 되어 실린더가 전진)

❷ 유압회로에서 실린더가 전진하여 Limit switch LS1을 작동함에 따라, 전기회로 중 1번 Line에서 Nomal close인 Limit switch LS1이 Open → 전기회로 중 1번 Line에서 코일 CR1이 작동을 멈춤에 따라, 2번 Line에 Closed 되어 있던 접점 CR1이 Normal Open 상태로 복귀 → 회로 중 3번 Line의 Close되어 있던 접점 CR1이 Normal open 상태로 복귀하여 솔레노이드밸브 SOL1은 작동을 멈춤(유압회로 ❷번 상태가 되어 실린더가 후진)

❸ 전기회로 중 1번 Line의 PB2는 전류를 끊게 되어 Limit switch LS1를 작동한 것과 동일한 기능을 수행하게 됨을 알 수 있음(유압회로를 감안할 때 긴급 후진버튼의 개념임을 알 수 있음)

④ 유압회로 제어를 위한 Limit switch 적용 전기회로 예시 2

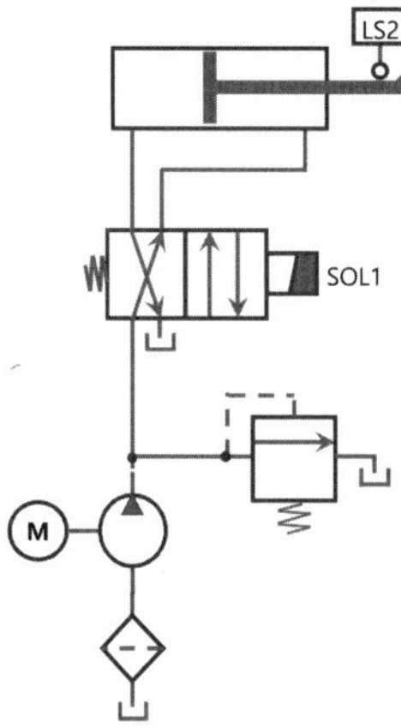

< 유압회로 >

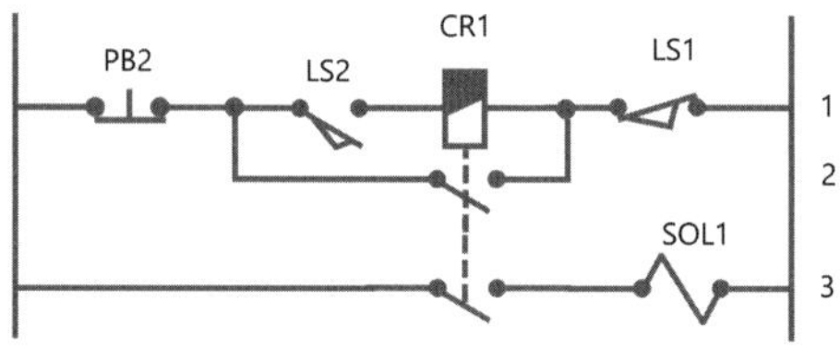

< 전기회로 >

<유압회로>

❶ 전기모터에 의해 유압펌프가 작동하면 유압과 유량이 발생

❷ Sol. v/v는 Solenoid coil SOL1의 작동 전에는 스프링에 의해서 Position이 사진과 같고 실린더가 후진하게 됨

❸ Sol. v/v는 Solenoid coil SOL1 작동시 전자기력에 의해 스프링 힘을 이기고 Position이 좌측으로 변화되어 실린더가 전진하게 됨

❹ Saftety v/v는 Setting된 스프링 압력 이상이 된 경우, 점선으로 된 Pilot 관을 통해 스프링을 압축하여 Valve가 열리게 되고 유압은 탱크로 회귀

❺ Limit switch LS1 및 LS2는 해당 구간내에서 실린더를 전후진 시키는 역할임을 추측할 수 있으나, 유압회로만으로는 정확한 기능을 파악할 수 없음

<전기회로>

❶ 현재 좌측 유압회로에 따라 실린더는 후진하여 Limit switch LS2을 작동하여, 전기회로 중 1번 Line의 Normal open인 Limit switch LS2이 Close되어 전류가 흐름 → 전기회로 중 1번 Line의 코일 CR1이 작동하여 2번 Line의 Normal open인 접점 CR1이 Close 됨으로써 Limit switch LS2가 Normal open 상태 되어도 전류가 흐름 → 회로 중 3번 Line의 Normal open인 접점 CR1이 Close 되어 솔레노이드밸브 SOL1이 작동함 (유압회로 ❸번 상태가 되어 실린더가 전진)

❷ 유압회로에서 실린더가 전진하여 Limit switch LS1을 작동함에 따라, 전기회로 중 1번 Line에서 Nomal close인 Limit switch LS1이 Open → 전기회로 중 1번 Line에서 코일 CR1이 작동을 멈춤에 따라, 2번 Line의 Closed 되어 있던 접점 CR1이 Normal open 상태로 복귀 → 회로 중 3번 Line의 Close되어 있던 접점 CR1이 Normal open 상태로 복귀하여 솔레노이드밸브 SOL1은 작동을 멈춤(유압회로 ❷번 상태가 되어 실린더가 후진. 즉 LS1과 LS2 사이를 왕복하는 운동을 하게 됨)

❸ 전기회로 중 1번 Line의 Normal close인 PB2를 눌러 전류를 끊게되면, 전류가 흐르지 않게 되어 현재 좌측 유압회로에 따라 실린더는 후진(전기회로 ❶번 상태)

⑤ 유압회로 제어를 위한 Limit switch 적용 전기회로 예시 3

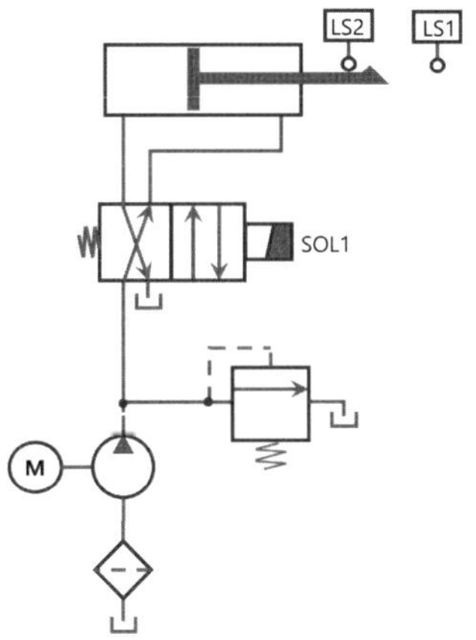

< 유압회로 >

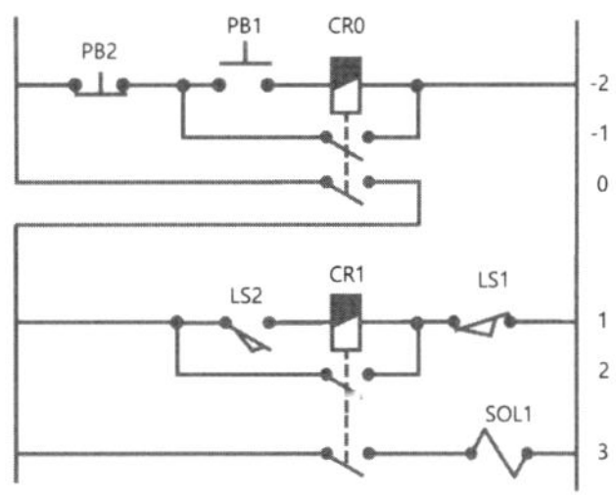

< 전기회로 >

<유압회로>

❶ 전기모터에 의해 유압펌프가 작동하면 유압과 유량이 발생

❷ Sol. v/v는 Solenoid coil SOL1의 작동 전에는 스프링에 의해서 Position이 사진과 같고 실린더가 후진하게 됨

❸ Sol. v/v는 Solenoid coil SOL1 작동시 전자기력에 의해 스프링 힘을 이기고 Position이 좌측으로 변화되어 실린더가 전진하게 됨

❹ Saftety v/v는 Setting된 스프링 압력 이상이 된 경우, 점선으로 된 Pilot 관을 통해 스프링을 압축하여 Valve가 열리게 되고 유압은 탱크로 회귀

❺ Limit switch LS1 및 LS2는 해당 구간내에서 실린더를 전후진 시키는 역할임을 추측할 수 있으나, 유압회로만으로는 정확한 기능을 파악할 수 없음

<전기회로>

❶ 현재 좌측 유압회로에 따라 실린더는 후진하여 Limit switch LS2을 작동하여, 전기 회로 중 1번 Line의 Normal open인 Limit switch LS2이 Close되도 전기회로 중 0번 Line의 Normal open인 접점 CR0에 의해 전류가 흐르지 않아 유압회로의 실린더는 계속 후진함

❷ 전기회로 중 -2번 Line의 PB1을 누르면, -2번 Line의 코일 CR0이 작동하여, -1번 Line의 Noraml open인 접점 CR0과 0번 Line의 Normal open인 접점 CR0이 Close되어 '유압회로 제어를 위한 Limit switch 적용 전기회로 예시 2'의 전기회로 ❶번 상태가 되어 실린더는 왕복운동을 하게 됨)

❸ 전기회로 중 -2번 Line의 Normal close인 PB2를 누르면, 전류가 흐르지 않게 되어 현재 좌측 유압회로에 따라 실린더는 후진

⑥ 유압회로 제어를 위한 Limit switch 및 Motor 적용 전기회로 예시 4

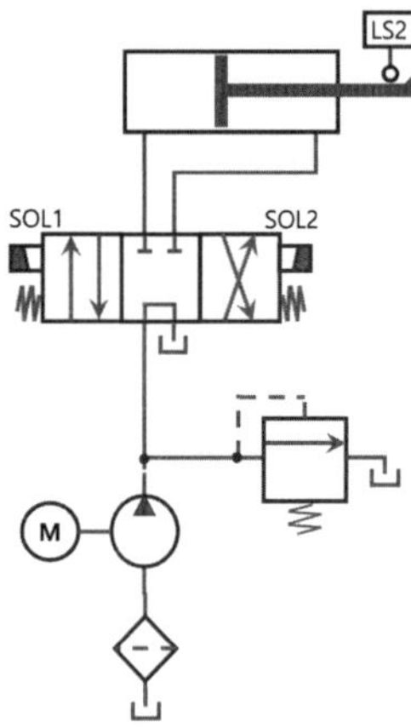

< 유압회로 >

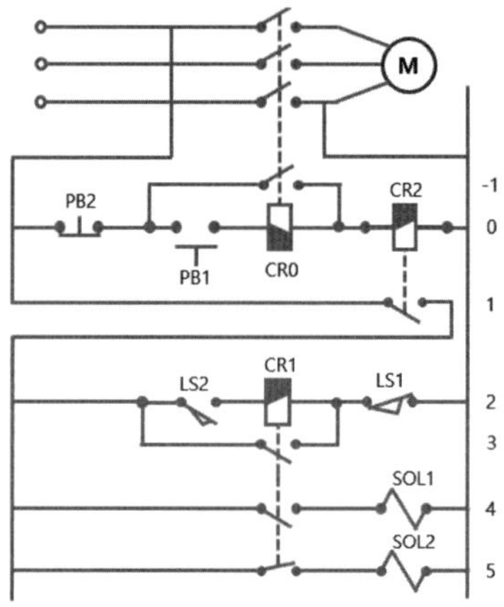

< 전기회로 >

<유압회로>

❶ 전기모터에 의해 유압펌프가 작동하면 유압과 유량이 발생

❷ Sol. v/v는 Solenoid coil SOL1 & SOL2 작동 전의 Position은 사진과 같고 실린더가 해당 위치에서 정지함

❸ Sol. v/v는 Solenoid coil SOL1 작동시 전자기력에 의해 Solenoid coil SOL2측의 스프링 힘을 이기고 Position이 우측으로 변화되어 실린더가 전진

❹ Sol. v/v는 Solenoid coil SOL2 작동시 전자기력에 의해 Solenoid coil SOL1측의 스프링 힘을 이기고 Position이 좌측으로 변화되어 실린더가 후진

❺ Saftety v/v는 Setting된 스프링 압력 이상이 된 경우, 점선으로 된 Pilot관을 통해 스프링을 압축하여 Valve가 열리게 되고 유압은 탱크로 회귀

❻ Limit switch LS1 및 LS2는 해당 구간내에서 실린더를 전후진 시키는 역할임을 추측할 수 있으나, 유압회로만으로는 정확한 기능을 파악할 수 없음

<전기회로>

: 예시 3번은 실린더 스트로크의 하사점이 LS2보다 긴 경우, 실린더 후진시 LS2가 작동 전 PB2를 누르게 되면 LS2에 의한 전진은 이루어지지 않음. 따라서 모터를 통한 유압펌프 작동기능을 추가

❶ 현재 좌측 유압회로에 따라 실린더는 정지상태고, 우측 전기회로 중 -2번 Line의 Normall open인 접점 CR0에 따라 전기가 흐르지 않아 Sol. V/v는 작동하지 않고 실린더는 정치한 상태를 유지

❷ 전기회로 중 0번 Line의 PB1을 누르면, 0번 Line의 코일 CR0이 작동하여, -1번 Line의 및 모터 측 접점 CR0가 작동하며 전류가 흐르게 되어 모터가 회전함으로써, 유압펌프 작동 → 0번 Line의 코일 CR2가 작동하여, 1번 Line의 접점 CR2가 작동하여 5번 Line의 Normal close인 접접 CR1을 거쳐 솔레노이드 밸브 SOL2가 작동 → 유압회로의 Sol. v/v는 왼쪽으로 Position이 변경되어 실린더는 후진

❸ 유압회로 중 실린더가 후진하여 Limit switch LS2을 작동하여, 전기회로 중 2번 Line의 Normal open인 Limit switch LS2가 Close되면 전류가 흐름 → 2번 Line의 코일 CR1이 작동하면, 3번 Line의 Normal open인 접점 CR1이 Close되고, 4번 Line의 Normal open인 접점 CR1이 Close되어 솔레노이드 밸브 SOL1이 작동(5번 Line의 Normal close인 접점 CR1은 동시에 Open되어 솔레노이드 밸브 SOL1이 작동 끊음) → 유압회로의 Sol. v/v는 오른쪽으로 Position이 변경되어 실린더는 전진

❹ 유압회로에서 실린더가 전진하여 Limit switch LS1을 작동함에 따라, 전기회로 중 2번 Line에서 Nomal close인 Limit switch LS1이 Open → 전기회로 중 2번 Line에서 코일 CR1이 작동을 멈춤에 따라, 3번 Line의 Closed되어 있던 접점 CR1이 Normal open 상태로 복귀 → 회로 중 4번 Line의 Close되어 있던 접점 CR1이 Normal open 상태로 복귀하여 솔레노이드밸브 SOL1은 작동을 멈추고 동시에 5번 Line의 Open되어 접점 CR1이 Normal close로 복귀하여 솔레노이드 밸브 SOL2가 작동 → 유압회로의 Sol. v/v는 왼쪽으로 Position이 변경되어 실린더는 후진(LS1과 LS2 사이를 왕복하는 운동을 하게 됨)

❺ 위와 같이 전기모터가 작동 중인 상태에서 전기회로 중 0번 Line의 PB2를 누르게 되면, 0번 Line의 코일 CR0의 작동이 멈추고 -1번 Line 및 모터 측에 Close되어 있던 접점 CR0이 Normal open으로 복귀하여 회로내 전류 차단 → 전기모터가 정치하여 유압펌프가 역시 적동을 멈춤으로써 실린더는 정지하게 됨

2-2-27 IP grade (적-Ⅱ-5, 이-Ⅲ-4)

□ 개념

○ 선박은 기본적으로 해수에 쉽게 노출되며, 일부 구역은 장비운용 또는 기계환기 등에 따라 분진에도 영향을 받을 수 있기 때문에 적절한 보호 조치가 필요하며 이와 관련된 규격이 IP규격이다.

○ IP규격은 방진 및 방수 등급을 나타내는 수치로서 국제규격(IEC)에 따라 통일되어 있다.

□ IP규격 표기 및 세부등급

○ (**표기방법**) IP규격은 "IP + □ + □"로 표기되며, 첫 번째 네모가 분진에 관한 등급이고, 두 번째 네모가 방수에 대한 등급이다.

○ (**세부등급**) 세부등급별 특징은 다음과 같다.

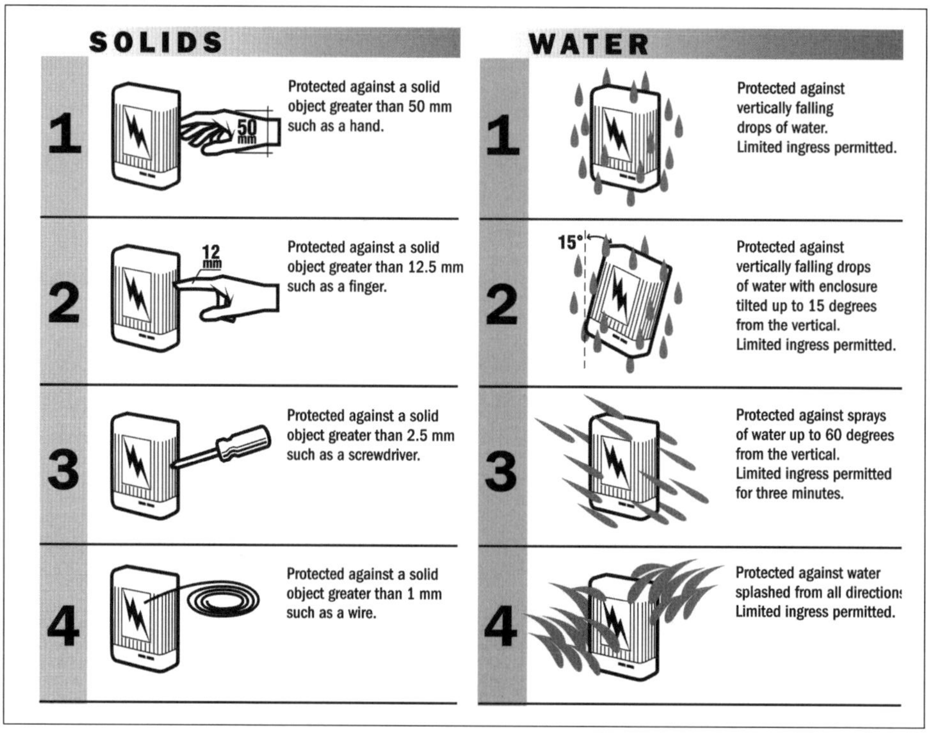

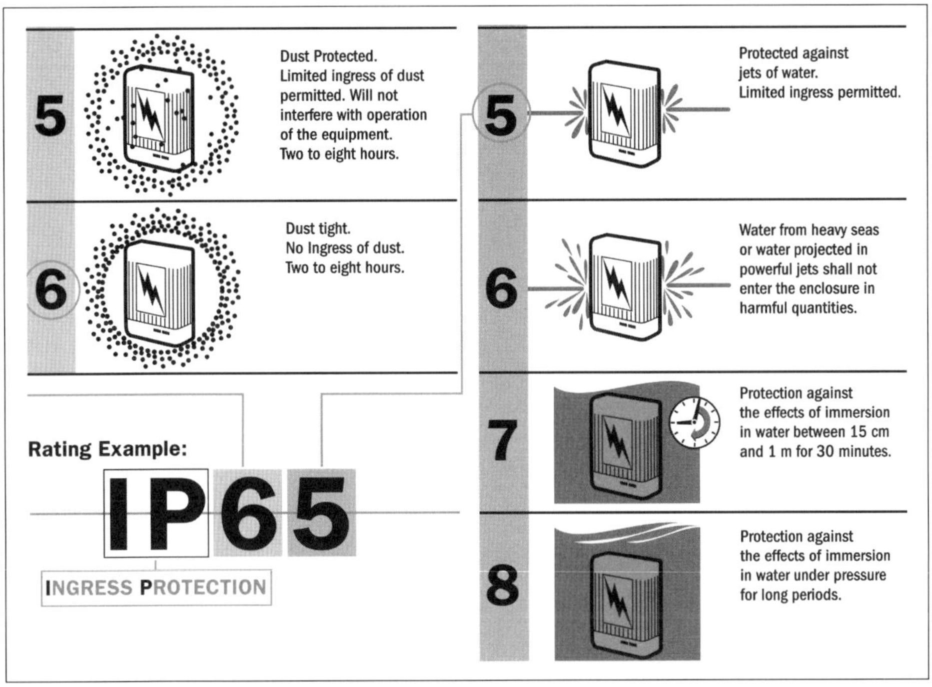

[그림출처] https://www.bluesea.com/support/reference/117/IP_%5BIngress_Protection%5D_Ratings

□ 선박의 적용

○ 해수에 자주노출 되는 Panel 등을 대상으로 엄격하게 관리되며, 통상 상갑판 위에 설치되는 경우 IP56 정도를 적용하고,

○ Bosun store와 같이 직접적으로 해수에 노출되지는 않으나, 상황에 따라 영향을 받을 수 있는 경우에는 IP44 가량이 요구된다.

2-2-28 방폭 (적-II-5, 이-III-4)

□ 개념

○ 선박은 연료 및 화유 등에 의한 가연성 혼합물이 발생할 수 있는 공간이 존재하며, 동시에 발전기, 전동기 및 조명장치 등의 여러 전기장비가 사용됨에 따라 폭발 방지를 위한 방폭 조치가 필요하다.

□ 정의 및 종류

○ **(폭발, Explosion)** 어떤 원인에 의해 압력이 급격히 상승하여 순간적으로 많은 에너지를 방출하는 현상이다.

○ **(방폭, Explosion Proof)** 폭발을 방지하는 조치를 의미하나, 선박에서는 발생시 특정 공간에 한정시키는 조치 등을 포함하여 넓은 의미로 해석하며 유형은 아래와 같다.

< 선박에서의 방폭 조치 유형 >

❶ 폭발성 혼합물의 생성을 방지하는 조치
❷ 점화원의 활성화를 방지하는 조치
❸ 폭발성 혼합물이 생성되어도 특정 장소로 한정하거나, 확산을 방지하는 조치
❹ 폭발이 발생해도 특정 용기 내로 한정시켜 피해를 제한하는 조치

○ **(방폭기기의 종류)** 방폭기기의 종류는 앞서 살펴본 방폭의 개념(인정범위)을 기반으로 다음과 같이 구분한다.

Flame proof enclosures
① **(내압 방폭형, Ex d)** 불꽃, 스파크 및 과열이 생길 우려가 있는 부분을 전폐구조인 용기에 넣어 외부의 폭발성 가스가 내부로 침입하여 폭발하더라도 용기가 파손되지 않고,

- 용기의 접합부 틈으로 고열의 가스가 누출되더라도 그 동안 냉각되어 외부에 폭발성 가스의 점화가 일어나지 않도록 한 구조

② (**안전증가형, Ex e**) (Increased safety) 장비의 정상운전 중 불꽃 또는 과열 등의 발생 억제가 필요한 개소에 방지하기 위한 적절한 조치 및 온도상승에 대해 안전도를 증가시킨 구조

③ (**내압 방폭형 Ex p**) (Pressurized enclosure) 점화원이 될 우려가 있는 부분을 용기 내에 넣고 불연성 가스 등의 보호기체를 용기 내부에 주입(과압)하여 폭발성 가스의 침입을 막는 구조

④ (**본질 안전형 Ex I**) (Intrinsic safety) 각 전기기기에 대한 방폭이 아닌 해당 폐회로 전체에 적용하는 계통적 방폭 방법으로, 위험장소에 있는 전기기기뿐만 아니라 기기와 연결된 위험장소 밖의 전선까지 고려한 개념

- 비정상상태(단락, 단선 등)시 발생할 수 있는 고온 또는 스파크 등에 대해 점화원이 되지 않도록 회로에서 발생에너지를 억제하는 방식

제4절 LNG

29. LNG 일반(적-Ⅱ-4, 이-Ⅲ-2)

: 지구환경변화에 대응하기 위해 환경규제는 강화되고 있고, 선박분야에서도 배출물에 대해 규제수준이 높아지고 있다. 장기적 관점에서 대형선에 수소추진 방식, 중소형 선에 전기추진 방식이 적절할 것으로 판단되지만, 현재 과도기적 관점에서 상용화 수준이 가장 높은 것은 LNG 연료이다. 따라서 LNG의 특성을 살펴보고, LNG의 연료적 특성과 화물로서의 특성을 이해할 필요가 있다. 연료측면에서 보면 이동 성능에 해당되나, LNG에 대한 화물 및 연료로서의 종합적인 특성을 이해하기 위해 적재성능과 묶어서 소개한다.

30. LNG 연료 추진선 일반(이-Ⅲ-2)

: LNG를 연료로 하는 선박은 기본적으로 LNG를 공급받는 벙커링 시스템, 이를 저장하기 위한 저장탱크, 주기관으로 연료를 이송하기 위한 LNG 공급시스템 그리고 LNG를 동력을 전환하는 LNG 추진시스템으로 구성된다. LNG 추진을 위한 핵심요소 외에도 LNG 연료의 폭발 등을 고려하여 IGF Code(가스연료추진선을 위한 안전규정)에 따른 안전설비를 함께 설치하여야 한다.

31. LNG 연료 운반선 일반(적-Ⅱ-4)

: LNG를 운반하는 선박의 핵심기술은 LNG 화물창이다. LNG를 한 번에 많은 양을 이송하기 위해서는 액체상태(액화시 기체 대비 1/600로 부피가 축소됨)로 운송 되어야 하며, 이때 액화된 LNG는 -162℃의 극저온 상태가 된다. 따라서 극저온의 화물을 어떻게 보관할 것인지와 열침입에 따라 발생하는 BOG(Boil Off Gas)를 어떻게 처리할 것인가에 대한 기술이 요구된다. LNG 연료 운반선 역시 LNG 연료의 폭발 등을 고려하여 IGC Code(가스운반선을 위한 안전규정)에 따른 안전요건을 만족시켜야 한다.

32. LNG Loading & Unloading(적-Ⅱ-4)

: LNG 운반선은 적재 및 하역시 취성파괴, 폭발 및 질식사고 등의 위험에 따라 일반 선박과 차별성을 갖는다. 적재는 화물창 내 Inert gas 주입, Gassing up(불활성 가스를 천연가스로 치환), Cooing down(화물창 내 급격한 온도변화를 방지하기 위해

화물창의 온도를 서서히 낮춤) LNG loading(화물창이 적정온도가 되면 LNG를 선적) 순으로 진행된다. 그리고 하역은 선적의 역순으로 LNG discharge(LNG 하역), Warm up(화물창 내 잔여 LNG를 배출하기 위해 온도가 높은 천연가스를 순환시켜 증발), Inert gas 주입 후 공기 치환 주입 순으로 이루어진다, 주요개념은 화물창 내 급격한 온도변화 없도록 하고, 산소와 폭발성가스의 접촉을 피하기 위해 중간에 불활성가스 주입 단계를 갖는다는 것이다.

< 선박의 필수기능에 관한 기능구조분석도 >

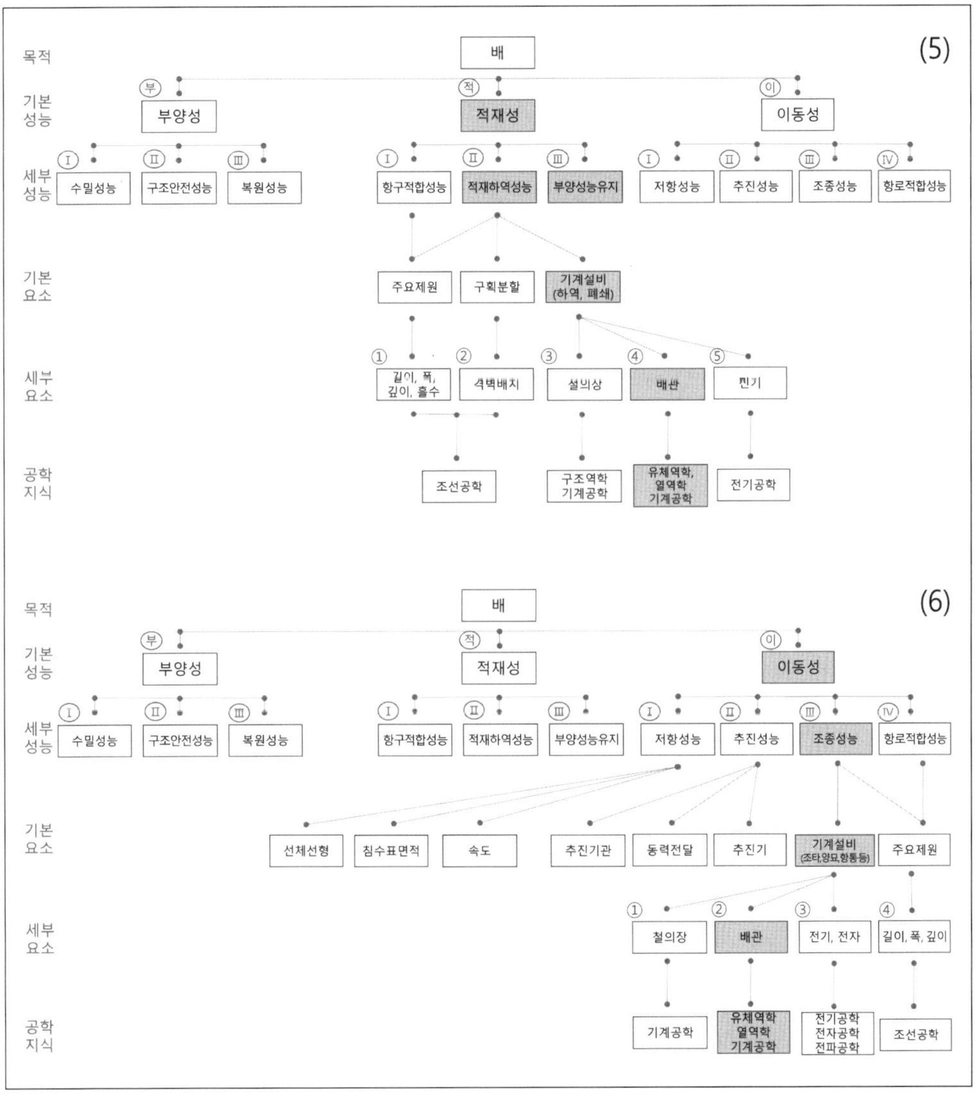

2-2-29 LNG 일반 〔적-Ⅱ-4, 이-Ⅲ-2〕

□ 개념

○ 지구온난화에 따라 선박에서 발생하는 배출물을 규제하게 되었고, 이에 대한 대안 중 하나로 LNG 추진 선박이 도입되고 있다.

○ 수소추진, 암모니아, 메탄, LPG 및 DME 추진 등의 다양한 기술개발이 이루어지고 있으나 현재 주력 대체연료는 LNG라 할 수 있다.

○ LNG는 추진뿐만 아니라, 청정연료로 육상에서 사용되기 때문에 화물의 한 종류로서 조선공학적 관점에서 LNG 특성을 정리한다.

* Tip. 조선공학에서는 LNG 운송선이 먼저 등장했고, BOG(Boil Off Gas)의 효율적인 처리 및 환경규제에 따라 LNG 추진선이 등장하게 됨

□ LNG 특성

○ 현재 화물 및 추진연료로서의 관점에서 상용화 기술수준이 높은 LNG 및 LPG의 비교를 통해 LNG의 특성을 살펴보면 다음과 같다.

* LNG(Liquefied Natural Gas): 석유정제 과정이 필요없어 가격이 저렴 /
LPG(Liquefied Petroleum GAS): 석유정제 과정이 요구되어 가격이 비교적 고가

< LNG 및 LPG 물성치 비교 >

구분	주성분	비중	비점 (℃)	임계온도 (℃)	액화 시 부피 축소비	폭발범위
LNG	메탄 (CH_4)	0.55	-162	-82	1/600	5.3~14%
LPG	프로판계 (C_3H_8)	1.52	-42.07	97	1/250	2.1~9.5%
	부탄계 (C_4H_{10})	2.01	-92.5	152		1.8~8.4%

* 임계온도: 압력을 높여도 더 이상 액화되지 않고 기체 상태로만 존재하는 온도 /
폭발범위: 완전연소를 위해 필요한 공기량의 비율을 의미

< LNG 및 LPG 특성 비교 >

LNG	LPG
► 비중이 0.55로 LPG보다 안전하고 무공해 무독성임 ► 대규모 저장시설이 필요하여, 초기 투자 비용 大 ► 도시가스, 공업용 등으로 사용 ► 누설시 감지를 위해 부취제(악취) 첨가	► 공기보다 무거워 누설시 폭발위험 大 ► 액화 및 기화가 용이하여, 소형용기를 통해 활용가능 ► 가정용, 자동차 연료 등으로 사용 ► 누설시 감지를 위해 부취제(악취) 첨가

○ 석유정제 과정에 따른 연료구분은 다음과 같다.

종류	끓는점(℃)	주 사용처	특징
LPG	30↓	가정난방, 자동차 연료	연소산화물이 비교적 청정
휘발유(가솔린)	40~75	자동차용	안정적 연소
나프타	75~100	화학제품 원료	
등유	100~240	항공기 연료	높은 고도에서 얼지 않음(최고급 유종)
경유(디젤)	220~250	발전용 및 차동차 연료	연비는 좋으나, 불완전 연소 大
윤활유	250~350		열·산화에 안정도 높음
중유(Heavy Oil)	350↑	선박용	가격은 저렴하나, 연소시 환경문제 발생
찌꺼기		아스팔트	

□ 적용방식

○ **(구분)** 기체상태로 천연가스를 보관·사용하는 것은 비효율적으로 저장시 부피를 최소화하여 사용하며, 저장방식은 다음과 같다.

① **(액화천연가스)**(LNG) -162℃로 냉각한 천연가스를 극저온 단열용기에 저장 후 기화기(Vaporizer)로 기화하여 연료로 공급하는 방식

- 부피를 1/600로 줄이기 때문에 저장·운송 효율이 높지만, 고가의 단열용기와 재기화 설비가 요구되어 초기 투자비용이 크며 BOG* 문제에 대한 해결책이 필요

* BOG(Boil Off Gas): 단열용기에 LNG를 보관하여도, 상온과 -162℃ 사이의 온도차이로 인한 열침투로 자연기화 되는 천연가스를 의미하며, 운송관점에서 손실을 뜻함

CNG
② **(압축천연가스)** 천연가스를 200~300bar의 고압으로 압축하고, 연료용기에 저장하여 사용하는 방식

- 액화시키지 않음에 따라 재기화 시스템 등이 필요하지 않지만, 부피가 1/290 가량 축소되기 때문에 대규모 운송시 효율이 감소

< CNG 적용 방식 구분 >

❶ 겸용(Bi-Fuel): CNG와 휘발유 등을 동시에 저장하고 선택적으로 사용하는 방식
❷ 혼소(Duel-Fuel): CNG와 휘발유 등을 동시에 사용하는 방식
❸ 전소(Dedicated): CNG만을 이용하여 사용하는 방식

ANG
③ **(흡착식천연가스)** 활성탄 등의 흡착제에 천연가스를 30~60kg/cm^{2}로 가압하여 저장하는 방식

- 충전시설 비용 등의 절감이 가능하나, 흡착제의 비용이 고가이고 저장효율이 낮아 상용화는 낮은 수준

○ **(적용)** 선박에 있어 천연가스는 운송 또는 추진연료의 대상이 되며, 각 관점에서 적용방식을 살펴보면 다음과 같다.

① **(운송측면)** 천연가스를 화물로서 운송할 때에는 운송효율을 극대화 하기 위해 부피를 최대한 줄일 필요가 있음. 따라서 한 번에 많은 양을 운송하기 위해 액화방식을 적용(이에 따라 LNG선박이라 함)

② **(연료측면)** 천연가스를 추진연료로 사용하는 경우는 LNG 선박과 그 외 선박의 경우로 구분할 수 있음

- **(LNG선박)** 최근에는 화물창에서 발생하는 BOG를 추진연료로 활용하며, 운항상태와 BOG 발생량을 감안하여 기타연료와 혼소 방식을 적용함. 이때, 과잉 BOG는 재액화하여 화물창으로 회수
- **(그 외 선박)** 별도의 LNG연료탱크와 연료를 공급받기 위한 벙커링 설비가 요구되며, 필요시 다른 연료와 함께 사용하는 하이브리드 방식을 적용하기도 함

2-2-30 LNG 연료 추진선 일반 (01-III-2)

□ LNG 연료 추진선 개념

○ LNG 연료 추진을 위한 기본적인 장비구성, 설계시 고려사항 및 주요 Code 등을 중심으로 LNG 연료 추진선의 개념을 살펴본다.

○ LNG 특성에 관련된 부분을 제외하면 가스추진선의 일반적인 특징과 유사함으로 LNG를 중심으로 한 가스추진선 개념이라 할 수 있다.

□ LNG 연료 추진선의 장비 구성

○ LNG 연료 추진 시스템의 구성은 LNG 공급 및 사용 흐름에 따라 다음과 같이 구분 될 수 있다.

① **(LNG 벙커링 시스템)** 본선에 LNG를 공급받기 위한 장치로, 외부에서 LNG를 공급받아 LNG 저장탱크까지 이송하기 위한 시스템

② **(LNG 저장탱크)** 본선의 추진 연료로 사용될 LNG를 보관하기 위한 연료 탱크

③ **(LNG 공급 시스템)** 연료탱크로부터 LNG를 주기관으로 공급하기 위한 시스템으로, 주기관 형식에 따라 LNG를 연료로 사용하기 위해서는 가압이 필요하며 이에 따라 고압 압축기가 적용되기도 함

* 예시: LNG선의 BOG를 추진연료로 사용하고자 할 경우, 2행정 디젤엔진(직접분사식)은 300Bar 정도의 가압이 필요하고, 가압을 위한 압축기가 요구됨

** Tip. 현재 LNG선의 LNG추진 방식은 운항상태에 따른 소요동력과 BOG 발생량을 감안하여 추진 연료로써의 BOG 공급시 밸런스가 중요함. BOG 부족시 FO를 공급하고, 과잉시 재액화하여 LNG화물 탱크로 보내는 방식으로 운영되며 종합적인 효율이 고려되어야 함

④ **(LNG 추진 시스템)** 추진연료로 공급받을 때는 CNG 상태로서 선박의 종류*에 따라 혼소 또는 전소방식을 적용하며, 이에 맞는 주기관을 적용

* 통상 차도선과 같이 비교적 짧고 일정한 항로를 운항하는 경우 전소방식을 채택하나, 상선의 경우에는 안전 등을 고려하여 혼소방식을 많이 적용하고 있음

□ LNG 연료 추진시 주요고려 사항

○ **(필요성 및 운용)** Nox, Sox 등 환경규제에 대해 LNG 외 대안은 없는지, LNG를 연료로 사용한다면 어떻게 정기적으로 공급*받고, 연료가격 변동 등에 대한 대응은 어떻게 할 것인지 고려해야 한다.

* 전 세계적으로 선박에 LNG 공급을 위해 LNG 벙커링 시스템을 갖춘 항이 많지 않기 때문에 운항경로 등을 고려하여 LNG 벙커링에 대한 사전 검토 필요

○ **(안전성)** LNG는 청정연료에 가깝고 비교적 가격이 낮은 연료이나, 운용이 까다롭고 안전성 확보 등을 위해 고가의 설비가 요구되기 때문에 이에 대한 검토가 필요하다.

< LNG 연료 추진시 위험요소 >

► 액화온도가 -162℃로 보관시 저온취성파괴 위험

► 기존 액체연료에서 발생하는 유증기(발화점 60℃↑) 보다 LNG에서 발생하는 BOG 등의 증발가스가 폭발성 구름을 형성하여 폭발위험 大

► LNG 벙커링시 폭발위험

* LNG 벙커링시 벙커링 선박이나 터미널과 배관으로 연결되며, 해당 배관에는 증발가스가 존재하여 폭발위험이 매우 높음 → 통상 질소가스 등을 주입하여 증발가스를 제거하는 방식을 적용 (일련을 작업을 Inerting이라 함)

► LNG 탱크내 증발가스 등으로 과도한 압력이 발생할 경우, 폭발 위험이 증대

* 통상 LNG 탱크 내 과압 발생시 Safety Valve를 통해 분출되도록 함

► LNG 누출 시 저온취성파괴 위험이 증대

* 커플링, 플랜지 등의 연결부에서 LNG가 누출되어 선체 등과 접촉될 경우, 저온파괴를 일으킬 수 있어, Stainless steel로 Drip Tary를 만들고 물을 넣어 두어 취성파괴를 방지

○ **(LNG 적용시 영향)** LNG는 체적당 발열량이 중유(重油) 대비 1/2 수준으로 동일 항속거리를 유지하기 위해서는 약 2배의 연료탱크 용적이 필요하다.

- 상갑판 아래 연료탱크 설치시 화물창이 용적이 감소 될 수 있고, 상갑판 상부 설치시 복원성 저하가 발생 될 수 있음. 또한 각종 안전 설비의 추가로 인해 이러한 영향은 심화 될 수 있음

* Tip. 통상 LNG연료 추진선에서는 상갑판 상부 기관실 전단에 LNG 연료탱크를 설치

□ IGF Code에 따른 설계시 주요고려 사항

○ IGF code*(가스연료추진선을 위한 안전규정)는 SOLAS 제2-1장 56, 57규칙에 따른 세부 Code로써 저인화점 연료 사용선박의 장비·배치기준, 제어·모니터링 관련 내용을 규정하며, 주요기준은 다음과 같다.

* International code of safety for ships using Gases or other low-flashpoint Fuels / 저인화점 연료를 사용하는 선박에 관한 기준으로 상세 Resolution MSC.392(95) 참조

① **(연료탱크 위치)** 충돌 등을 고려하여 폭발방지를 위해 선측 및 선저로부터 연료 탱크의 이격 거리를 규정

❶ 선측이격거리: B/5 또는 11.5m 중 작은 값 → $(B/5 \text{ or } 11.5m)_{Min}$
❷ 선저이격거리: B/15 또는 2m 중 작은 값 → $(B/15 \text{ or } 2m)_{Min}$

- 상갑판 상부에 가스 연료탱크를 설치 할 경우, 추가적인 요건 규정

❶ 손상방지용 탱크커버 필요
❷ 탱크 냉각 및 화재 방지용 워터 스프레이 설치
❸ 연료 누출시 선체 보호(취성파괴 방지)를 위한 Drip Tray(누출시 잔류) 필요
❹ A-60 방화구조 필요

- 상갑판 하부에 가스 연료탱크를 설치 할 경우, 추가적인 요건 규정

❶ Gas tight 구조 필요
❷ 저온 취성을 고려한 재료의 사용
❸ 연료 누출시 압력이 끊어지도록(Isolation) 적용 될 것(Safety v/v 설치)
❹ Room Air Exchange(해당구역 환기 횟수) 30회/h
❺ 해당 구역 덕트 내 Fail Safe Damper 필요
❻ Gas 감지기 필요
❼ 화재 감지기 필요

② **(벙커링 시스템)** 선박 본선에 저인화점 연료 공급시 안전확보를 위해 벙커링 시스템 관련 안전기준 요구

❶ 폭발 및 화재로부터 보호를 위한 워터커튼 필요
❷ 연료 누출시 선체 보호(취성파괴 방지)를 위한 Drip Tray(누출시 잔류) 필요
❸ 긴급상황 발생시 대응을 위한 원격 폐쇄 밸브 필요
❹ 인진한 벙커링을 위한 선육간 통신설비 필요

③ **(가스 배관장치)** 연료탱크로부터 주기관에 연료공급 등을 위한 가스 배관 장치에 대해 기관실과 그 외 공간에 따라 안전기준 요구

- 기관실 외 구역은 누출시 인명사고가 발생 할 수 있음으로 누출을 억제하는 방식이 요구되고, 기관실은 누출시 발화원을 차단(방폭설비)하여 화재 폭발을 방지함

< 기관실 외 구역의 가스 배관장치 안전기준 >

❶ 거주구, 업무구역, 제어장소 등의 안전공간에는 가스 배관장치 설치 불가 ❷ 불가피하게 안전공간을 관통 할 경우, Duct 또는 이중관을 설치하고 이중관 내에는 Inert Gas를 주입 ❸ 불가피하게 안전공간을 관통할 경우, 관통 전에 '가스 연료 조정실'을 구성하며, 조정실에는 Vent, 가스감지기, 전기장비에 대한 방폭기준 적용이 요구

< 기관실의 가스 배관장치 안전기준 >

❶ 기관실 내 가스연료관은 이중관 구조를 면제할 수 있음 ❷ 전기장비에 대한 방폭기준 적용이 요구

2-2-31 LNG 연료 운반선 일반 (적-Ⅱ-4)

□ 개념

○ LNG를 화물로서 운송하고자 하는 경우, 안전과 효율적 측면에서 핵심요소인 LNG 화물탱크를 중심으로 한 개념을 살펴본다.

□ LNG 화물창 선정시 고려사항 (IGC code 등)

○ **(타입선정)** LNG 화물창은 크게 구형(모스타입)과 비구형(멤브레인타입)으로 구분되며, 타입에 따라 특성이 달라 설계 시 초기비용 및 운항효율을 종합적으로 고려하여 화물창 타입을 선정해야 한다.

* Tip. 각 조선소는 주력 LNG 화물창이 달라 선주의 화물창 타입 선택에 따라 조선소 선정이 결정됨

- **(모스 타입)** 구(球)형으로 화물창 내 설계압력을 높게 할 수 있어 BOG를 장기간 보존할 수 있으나, 건조비용이 높고 화물창의 공간 활용성이 낮으며, Loading & Unloading의 효율성이 떨어짐

< 모스타입 화물창 개념도 >

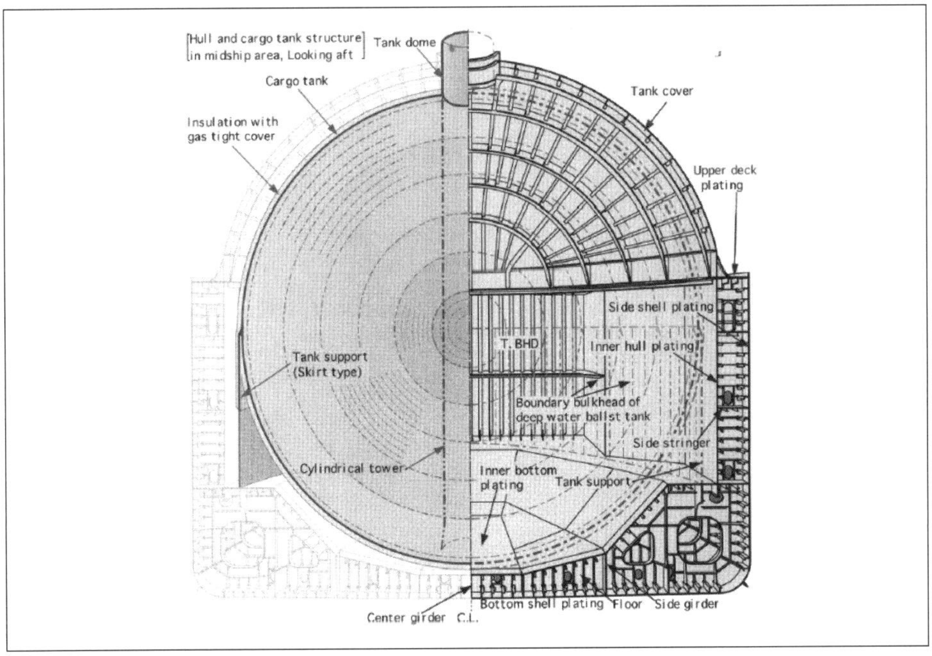

< 모스타입 화물창 개념도 >

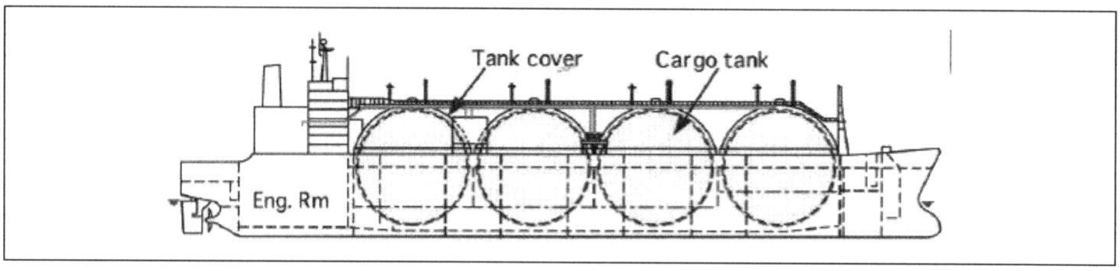

- **(멤브레인 타입)** 선체외형을 최대한 유지한 형태의 화물창으로 구(球)형 대비 화물창의 설계압력이 낮아 BOG 처리*의 검토가 필요하나, 건조비용이 저렴하고, 공간 활용도 및 선적·하역시 효율이 높음

* 과거에는 BOG를 태워서** 배출하는 방식을 채택하였으나, 현재에는 앞서 살펴본 바와 같이 추진 연료로 사용하고, 과잉량을 재액화하여 화물창으로 회수하도록 함

** GCU(Gas Combustion Unit): 가스소각장치를 이용하여 소각 후 안정적인 상태로 배출

< 멤브레인타입 화물창 개념도 >

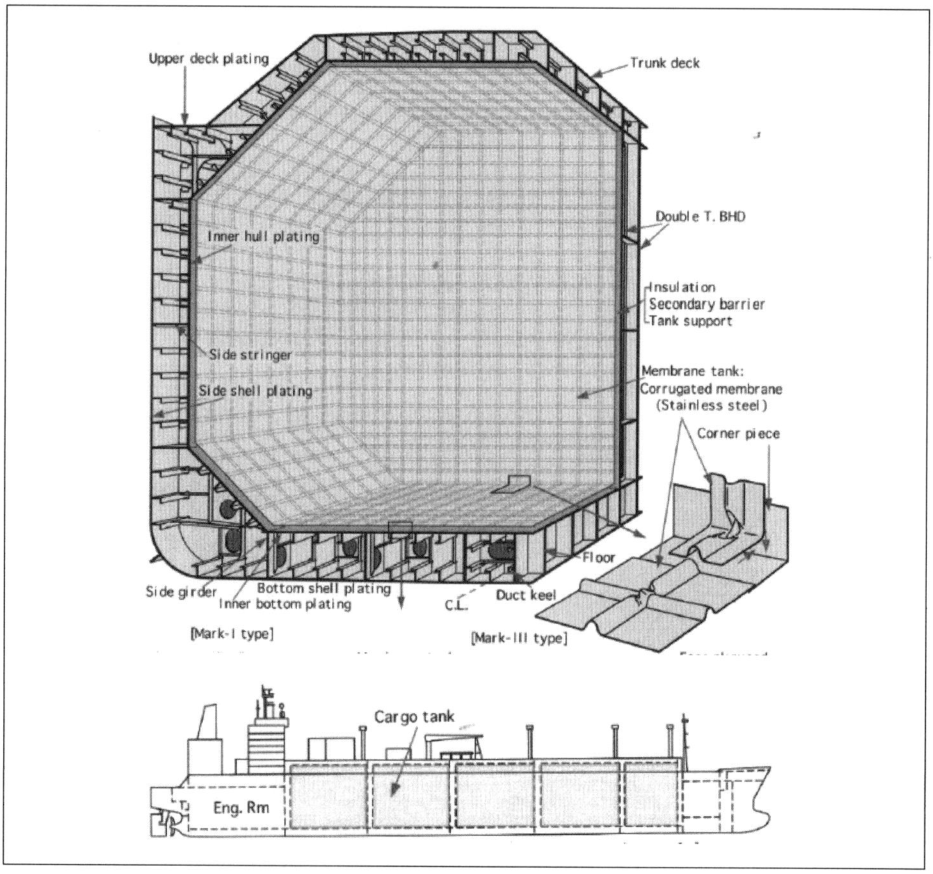

○ **(안전기준)** IGC code*(가스운반선을 위한 안전규정)는 SOLAS 제7장 13규칙에 따른 세부 Code로서 가스운반선의 화물창 요건, 배치, 방화 및 전기와 안전기준 등 가스운반에 따른 전반적인 기준을 규정하고 있다.

* International code for Construction and Equipment of Ships Carrying Liquefied Gases In Bulk / 가스운반선에 관한 기준으로 상세 Resolution MSC.5(48), Resolution MSC.370(93), Resolution MSC.411(97) 참조

□ LNG 화물창 종류 및 특성

○ **(구성 및 종류)** LNG 화물창은 1차방벽(Primary Barrier), 2차방벽(Secondary Barrier), 단열재(Thermal Insulation) 및 지지구조(Support Structure)로 구성된다.

- 독립형(Independent Tanks)과 일체형 탱크(Membrane Tanks)로 구분되며, 독립형 탱크는 화물 선적시 압력을 선체로 전달하지 않음. 이에 반해 일체형 탱크는 압력을 선체로 전달함

* 독립형 탱크는 전후, 좌우, 상하로 움직이지 않게 특별히 설계된 지지구조에 의해 지지되며, 화물창과 화물의 중량만이 선체에 전달되는 구조

** 멤브레인 탱크는 기본적인 종강도를 만족하면서, LNG적재 및 BOG 발생에 따른 압력을 모두를 선체가 견뎌야 함으로 독립형 탱크 대비 화물창의 설계압력이 낮음

① **(독립형 탱크)** A,B,C 3가지 타입이 있으며, A 타입은 구조강도가 가장 약해서 완전 2차방벽을 적용하고, B 타입은 부분 2차방벽을 C 타입은 가장 구조강도가 강하여 2차방벽이 필요 없는 구조임

독립형 탱크 Type A	독립형 탱크 Type B	독립형 탱크 Type C
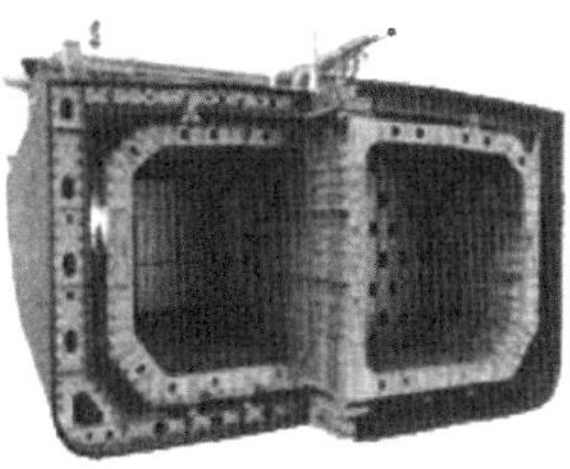	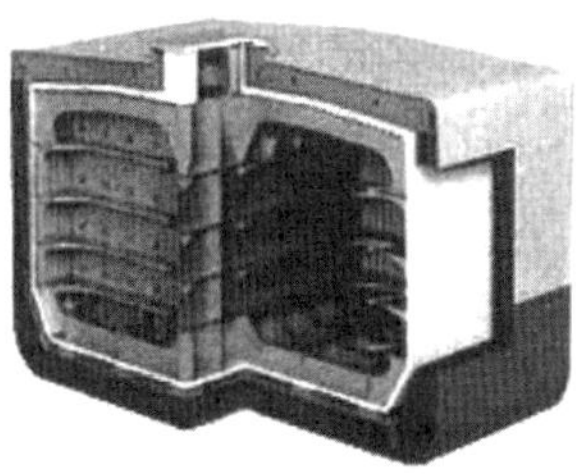	

< 독립형 탱크 유형별 특징 >

독립형 탱크 Type A	독립형 탱크 Type B	독립형 탱크 Type C
► 직사각형 형상(LNT-A 탱크) ► Ni, 고망간, 알루미늄 등 사용 ► 설계증기압 0.07Mpa 이하 ► 탱크는 여러방향으로 수축 팽창 가능	► 직사각형, 구형 형상 (Moss, IHI-SPB 탱크) ► 알루미늄 합금강 사용 ► 설계증기압 0.07Mpa 이하 ► 탱크는 여러방향으로 수축 팽창 가능 → Skirt 구조 위에 지지 ► Polyurethane, Perlite 등을 단열재로 사용 ► 자유표면을 줄이기 위해 종격벽 설치	► 구형, 원통형 형상 ► 7~9% 니켈강, 스테인리스 강 사용 ► 설계증기압 0.3~0.5Mpa 이하 ► Saddle support 구조위 지지 ► Polyurethane, Polystyrene 등을 단열재로 사용 ► 침수시 화물탱크가 뜨는 것을 방지하기 위해 화물탱크 상부에 Anti-floatation key 설치

[참조: 이차수&김종민&한민수.「LNG연료추진선과 LNG벙커링」. 2018, 인터비전, 100~102쪽]

② **(일체형 탱크)** 멤브레인 타입은 상부로 갈수록 좁아지는 트렁크 구조의 화물창으로 기본적으로 2차방벽을 필요로 하는 형식임

<table>
<tr><th>GTT No. 96</th><th>GTT Mark III</th></tr>
<tr><td>
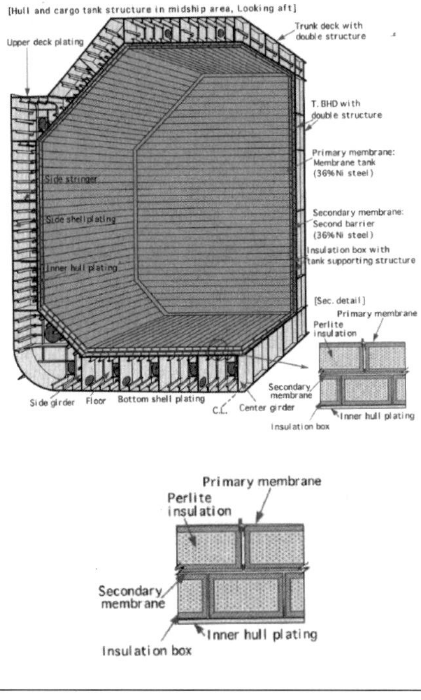

</td><td>
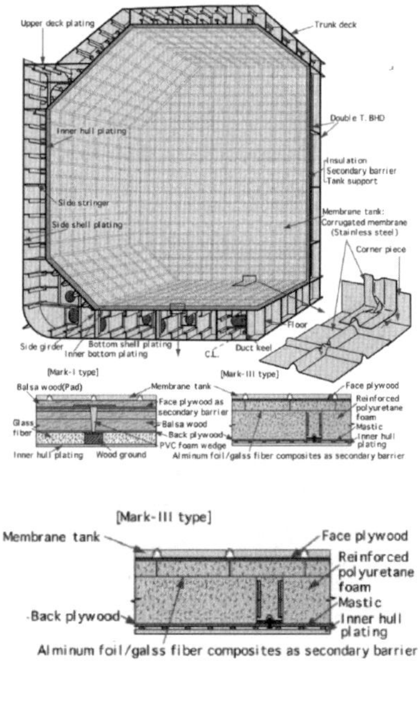

</td></tr>
</table>

< 일체형 탱크 유형별 특징 >

GTT No. 96	GTT Mark III
▶ 상부로 갈수록 좁아지는 트렁크 형상 ▶ Invar강(36% Ni 강), 스테일리스강* 사용 * 열팽창계수가 극히 낮음: 0.5~1.2mm ▶ 설계증기압 0.025Mpa 이하 ▶ 선체와 2차방벽 사이에 단열재를 설치, 나무상자에 Pelite를 넣어 단열재로 사용 * -55℃ 이하의 화물은 2차방벽이 필요하며, 모두 동일한 36% Invar 강을 사용 ** -55℃ 이상의 화물은 선체를 2차방벽으로 사용하기도 함	▶ 상부로 갈수록 좁아지는 트렁크 형상 ▶ 1차방볍(스테인리스강), 2차방벽(Tri-Flex) 사용 * 1차방벽은 열팽창 흡수를 위해 주름진 강판을 사용(1.2mm) ▶ 설계증기압 0.025Mpa 이하 ▶ Polurethane foam panel을 단열재로 사용

○ **(적용)** 실제 LNG 화물창으로 이용되는 것은 독립형 Type B의 Moss type 및 IHI-SPB와 일체형 GTT No.96 및 GTT Mark III 이며, 독립형 Type C는 통상 LNG연료 추진선의 연료탱크로 사용된다.

- LNG화물창 설계기술은 프랑스 GTT사에서 원천기술을 가지고 있어, 로열티 문제를 해결하여 수익성 개선을 위해 다양한 한국형 LNG 화물창 기술이 지속적으로 개발되고 있는 상황임

□ LNG 화물창의 2차방벽

○ LNG 화물창은 손상*시 대형시고로 이이질 수 있기 때문에 추가적인 안전장치로 2차방벽이 요구되며 이러한 관점에 의해서 2차방벽의 적용에 따라 화물창의 종류가 구분된다.

* 1차방벽(연료탱크)의 LNG 누출시 2차방벽은 30도 횡경사에서 최소한 15일 동안 누출된 화물을 담고 있을 수 있어야 함

○ 따라서, 1차방벽의 손상가능성을 감안하여 2차방벽을 적용하게 되며, 화물창 내 설계압력이 0.7barg 이하인 경우 손상가능성을 감안하여 2차방벽을 적용한다.

- 1차방벽(실제 탱크) 주위의 인접선체(Ballast tank, Cofferdam 등)를 2차방벽으로 활용할 수 있으나, -55℃이하인 경우 적용 불가
- 화물창 종류별 2차방벽의 요건은 다음과 같음

< 화물창 종류별 2차방벽 요건 >

구분		2차방벽 요건
독립형	Type A	► 1차방벽의 강도가 작아 균열로 인한 다량의 LNG 누출을 고려 누출된 LNG가 선체에 직접 접촉되어 취성파괴가 발생하지 않도록 2차방벽으로 보호
	Type B	► 1차방벽의 강도를 향상시켜 대량의 LNG 누출이 없으나, 소량의 LNG 누출을 감안한 2차방벽을 설치
	Type C	► 1차방벽의 충분한 강도 확보를 통해 LNG 누출은 없는 것으로 가정하여 2차방벽을 미적용
일체형(멤브레인)		► 독립형 탱크와 달리 선체가 LNG 화물창의 압력까지 견딜 수 있어야 하기 때문에 안전성을 감안하여 완전한 2차방벽을 적용

< 참고: 설계온도별 사용가능 재료 >

► 저온강: -48℃ ► 5% 니켈강: -104℃	► 9% 니켈강: -163℃ ► 36% 니켈강: -163℃ ► 스테인리스강: -196℃

2-2-32 LNG loading & unloading (적-Ⅱ-4)

□ 개념

○ LNG 운반선은 극저온의 화물을 취급하고, 증발가스로 인한 폭발위험성까지 높기 때문에 다른 선박 대비 Loading & unloading 시 절차가 복잡하고, 이와 관련된 특별한 설비가 요구된다.

○ 따라서, LNG 운반선의 Loading & unloading 시 절차와 관련 된 설비를 살펴본다.

* LNG cargo 장치는 Cargo pump, Stripping pump 등을 포함한 Loading & unloading 관련설비 그리고 필요시 BOG를 소각하여 배출하기 위한 Venting system 등으로 구성

** LNG 운반선에서 BOG를 연료로 활용하는 경우에는 엔진형식에 따라 엔진에 LNG를 공급하기 위한 가압용 압축기와 잉여 BOG를 액화하여 화물창으로 회수하기 위한 재액화장치(열교환기) 등이 추가로 설치됨

□ LNG Loading & Unloading 절차

○ **(Loading 절차)** LNG 운반선의 공창상태에서 화물창 내의 공기와 LNG를 안전한 방법으로 치환하는 것이 핵심이다.

① **(Inert gas 주입)** 화물창 내부의 공기*를 불활성가스로 치환

* 공기 중에 포함된 산소로 인하여 폭발의 위험성이 있고, 공기 중의 수분이 결빙될 경우 화물창내 손상의 위험성이 있어 불활성 가스로 치환

② **(Gassing up)** 화물창 내부의 불활성가스*를 천연가스를 치환

* Inert gas 내부에 포함된 CO_2가 극저온의 LNG와 만나게 되면 고체의 드라이아이스로 생성되어 관련 장비(Cargo pump 등) 및 화물창의 손상이 발생되기 때문에 천연가스로 치환

③ **(Cooling down)** 배관 및 화물창 내의 급격한 온도변화를 방지하기 위해 Loading시 서서히 온도를 낮추는 과정

④ **(LNG loading)** 화물창의 온도가 LNG loading을 위한 설계온도가 되면 LNG 상태로 본격적인 Loading을 실시

○ **(Unloading 절차)** LNG선의 하역상태에서 LNG를 Discharge 후, 작업자의 화물창 Access 등을 위해 안전하게 공기로 치환하는 것이 핵심이다.

① **(LNG Discharge)** 화물창 내부의 LNG를 Shore로 공급

② **(Warm up)** LNG Discharge시 화물창 내의 잔여 LNG는 Stripping pump 등을 활용하더라도 완전히 제거하기 힘들기 때문에 온도가 높은 천연가스를 순환시켜 증발시키는 과정

③ **(Inert gas 주입)** 화물창 내부에 Inert gas를 주입하여 천연가스를 완전히 제거하는 과정

* 화물창 내 천연가스가 남아 있는 상태에서 공기를 바로 주입할 경우 공기에 포함된 산소로 인하여 폭발의 위험성이 있음

④ **(공기주입)** 검사 또는 작업을 위해서 작업자가 Access 할 수 있도록 불활성가스를 Fresh air로 치환

□ LNG Loading & Unloading 관련 설비

○ LNG Loading & Unloading 관련 설비와 추가적으로 BOG를 연료로 사용하기 위한 기본설비*는 다음과 같다.

* DF(Duel Fuel) Engine 중 통상 4행정기관은 5~6barg 정도의 저압으로 공급하고, 2행정기관은 300barg 정도의 고압으로 공급하여 2행정기관의 시스템이 더욱 복잡하며, 아래에서는 추진연료를 제외한 보일러 연료로의 사용을 중심으로 소개

HD compressor

① **(High Duty Compressor)** LNG 선적 또는 화물창 Cooling Down시 화물창 내 증발가스를 육상으로 반송시키는데 사용되는 고용량 압축기

LD compressor

② **(Low Duty Compressor)** LNG 운반선의 항해 중 화물창에서 발생하는 BOG(필요시 강제 기화시킨 BOG 포함)를 가압하여 보일러 등의 연료로 공급하기 위한 저용량 압축기

< HD compressor 및 LD compressor 비교 >

► HD compressor 및 LD compressor 비교 : HD compressor는 LNG 하역시 사용되기 때문에 선적시간을 고려하여 고용량이 사용되나 운항시 사용하지 않아 사용 빈도는 낮음 이에 반해, LD compressor는 운항 중 BOG를 보일러 연료 등으로 사용하기 위한 이송설비로 비교적 용량은 작으나, 운항 중 사용되어 사용빈도가 많음

► HD compressor 및 LD compressor 특이사항

: 통상 두 장치의 실제 압축기 부분은 가스노출 위험구역인 Compressor Room에 설치되고, 모터 부분은 방폭적용 회피를 위해 별도의 Electric Room을 만들어 해당 구역에 설치하도록 함

즉, 각각은 하나의 장치임에도 불구하고, 성격이 다른 2개 구역에 걸쳐서 사용됨에 따라 압축기와 모터가 기밀성능을 갖추고 구분되어 설치되어야 함

건조 측면에서 보면 각 장치는 압축기와 모터로 분리됨. 그 사이 Plate이 붙여서 기밀성능을 갖추도록 제작하고, 조선소에서는 해당 Plate를 격벽에 용접

③ **(LNG Vaporizer)** LNG loading 전 Gassing up 작업시 육상으로부터 수급 받은 LNG를 -150℃ 내외의 증기로 기화시켜 본선 Compressor를 통해 화물창으로 보내게 되는데, 이때, 기화를 위해 사용

④ **(Forcing Vaporizer)** LD Compressor를 이용하여 BOG를 보일러 등의 연료로 공급할 때, 자연발생 BOG 공급량이 부족할 경우에 사용되는 강제기화 장치

* LNG Vaporizer은 선적시 Gassing up을 위한 설비이고, Forcing Vaporizer은 운항 중 BOG를 연료로 사용하기 위한 장치로 목적상 차이는 가지고 있으나, 실제 작동 원리 측면에서 보면 열교환기로 동일한 성격을 가짐

④ **(Boil off / Warm up Heater)** 화물창 Warm-up시 Heating 된 가스를 HD Comp. 또는 LD Comp.를 통해 화물창에 주입하여 탱크의 온도를 높이게 되는데 이때, Vapor를 Setting된 온도까지 높이기 위해 사용되는 Heater임

LNG Compressor	LNG Vaporizer
	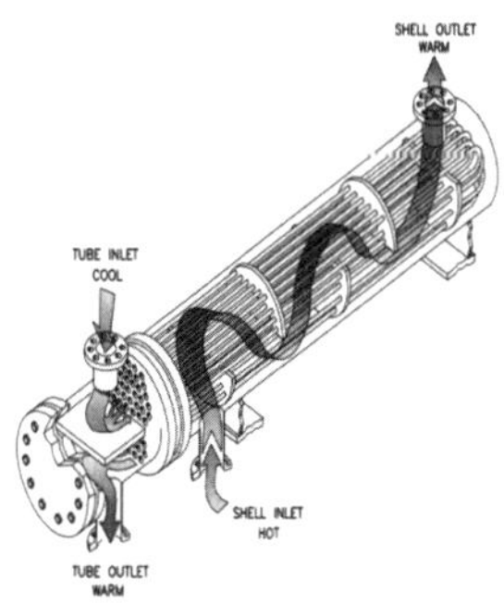

[그림출처] https://cryostar.com/cryogenic-compressors-blowers/
https://www.sciencedirect.com/topics/engineering/shell-and-tube-exchangers

제3장 시운전

1. 시운전 일반

: 지금까지 선박을 어떻게 만드는가에 대해 살펴보았다. 이제는 선박의 안전성과 효율성에 대해 어떻게 검증하는가에 대한 문제가 남는다. 선박의 계획된 성능을 검증하는 것이 시운전이다. 시운전은 전체 공정 중 실시시기에 따라 크게 선상시운전과 해상시운전으로 구분되며, 검사대상에 따라 기관부와 선체부로 구분할 수 있다.

2. 기관부 시운전

: 기관실 내 주기관(Main Engine) 및 보기류(Geneartor, Aux. Boiler 등) 등의 성능을 실제 운항 상태에서 검증하는 과정이다.

3. 선체부 시운전

: 기관부 시운전을 제외한 모든 시스템에 대한 시운전이다. 선박의 조종성능을 시험하는 Maneuvering test 및 각 의장시스템의 성능을 시험하는 것으로 구분 할 수 있다. Maneuvering test에서는 선회성능(Turning ability), 변침성능(Yaw checking ability, Zig-Zag test), 침로안전성능(Spiral tst) 및 정지성능(Stopping test)으로 구성된다.

4. 해양플랜트의 Commissioning

: 선박의 시운전은 특수목적선을 제외하고는 대부분의 요구기능이 비슷하다. 따라서 이를 구현하는 시스템도 유사하며, 검증 수단인 시운전 또한 정형화 되어 있다. 하지만 해양플랜트는 상선에 비해 다양한 목적이 있어, 각 프로젝트 마다 요구기능이 다르다. 상황에 따라 세계 최초로 적용되는 시스템을 검증해야 하기도 한다. 따라서 해양플랜트에서는 비정형화 된 시스템을 검증할 수 있는 체계를 갖추어야 한다.

2-3-1 시운전 일반

□ 개념

○ 시운전은 선박의 성능이 건조사양서 등에서 요구하는 사양을 만족하는지 실선을 통한 검증의 과정이다.

○ 통상 시운전(Sea trial)은 선박건조(안벽의장) 후 실시하는 것이나 성능 검증의 관점에서 선상검사(On Board test)를 포함하여 소개한다.

□ 종류 및 특징

○ 선박의 성능 검증은 실시되는 시기, 검사대상 및 상선-해양플랜트에 따라서 차이를 보이며 종류 및 특징은 다음과 같다.

① **(시기에 따른 구분)** 인도까지의 공기단축과 효율적*인 검사진행을 위해 건조단계에서부터 검사(On board test)를 실시

* 선체의 경우, 용접부 결함 등을 파악하기에는 건조 후 보다는 블록공정(또는 그 이전) 등에서의 검사조건이 더 좋고, 배관수밀검사(Hydro test)의 경우, 블록 단위별 구간 검사 후 종합적인 검사를 수행하면 결함 발생 시 조기에 손쉽게 대응이 가능하여 효율적임

- 건조 후 종합적인 검사로서의 시운전(Sea trial) 수행 후 재검증이 필요한 경우 Confirm trial을 실시하기도 함

* Tip. LNG선 등의 가스선은 LNG Loading & Unloading 관련 test를 위한 Gas trail을 별도로 실시

② **(검사대상에 따른 구분)** 시운전은 크게 기관부와 선체부 시운전으로 구분되며, LNG 등의 가스선은 Gas trial을 별도로 수행

- 다만, 공통적인 특징은 부분적으로 검사를 실시했거나, 항내에서 실시할 수 없는 검사*를 해상에서 수행한다는 것임

* 안전한 시운전을 위해 가능한 한 모든 검사는 On-board test 검증을 거치나, 검사조건 자체가 본선 항주시 실시되는 검사(예: Life boat launching test 등)는 시운전 단계에서만 수행가능

** Tip. 모든 검사가 시운전까지 이어지는 것은 아니며 시운전 시 항내와 검사조건의 차이가 없을 경우 항내에서 완료(예: Acc. ladder는 사용조건이 항내와 시운전이 다르지 않아 시운전시 별도의 검사를 수행하지 않음)

③ **(상선-해양플랜트에 따른 구분)** 앞서 살펴본 방식은 상선에 적용되는 것으로 해양플랜트에서는 정형화 된 상선시스템과 달리 Project 별로 특별한 기능이 존재하여 보다 세분화 된 검사절차가 필요

- MC(Mechanical Completion)를 통해 기계적·물리적 설치상태를 검사하고, Pre-comm(Pre-Commissioning)을 통해 간단한 작동검사를 실시하며, 최종적으로 Commissioning으로 장비별 기능을 검증
- 기본적으로 시스템 단위로 검사가 실시되며, 해당검사를 위한 선행검사* 필요여부와 검사 시 안전성 확보** 등을 고려하여 시운전 일정 및 순서를 수립(실제 시운전에 따라 인도일정에 대한 성패가 좌우되기도 함)

* (예시) 공압으로 작동하는 Acc. ladder의 작동상태를 검사하고자 하나, 본선의 Compressed air system의 검사가 완료되지 않으면, (안벽측 압축공기를 통해 검사가 진행 될 수는 있으나) 최종적인 검사는 종료될 수 없는 구조

** 통상 Inter-lock이라고 하며, 특정검사 수행시 안전성 확보를 위해 선행되어야 할 검사가 존재하는 경우, 선행검사가 완료되지 못하면 해당 검사를 수행할 수 없음(예시: 특정 구역의 전기장비를 검사할 때 해당 구역의 환기가(폭발방지) 필요한 경우라면, Vent system 검사가 완료되기 전에는 해당 전기장비의 검사 진행 불가)

2-3-2 기관부 시운전

□ 개념

○ 기관실 내 주기관(Main Engine) 및 보기류(Geneartor, Aux. Boiler 등) 등의 성능을 실제 운항상태에서 검증하는 과정이다.

* 선박에서 주기관은 추진을 위한 동력을 생산하는 기관을 의미하며, 동일한 Engine이라도 추진용은 주기관이 되고, 발전기용은 보기류로 구분됨

** 참조: SOLAS Chapter II Construction - Structure, subdivision and stability, machinery and electrical installation

□ 종류

○ 대표적인 기관부 시운전의 종류 및 특징은 다음과 같다.

① **(Main Engine starting test)** 저장된 압축공기에 의해 Main Engine을 Starting 하는 시험으로 Air compressor를 작동하지 않고, 압축공기로 최소 몇 회 이상 시동 가능한지 확인하는 검사

* 통상 압축공기 탱크(Compressed air reservoir)가 2개 이상 요구되며, 자기역전식은 12회, 역전클러치(비역전식)은 6회 이상 압축공기로 시동될 수 있어야 함

< 시험방법 >

❶ 엔진조정실(ECR) 및 선교(Bridge)에서 제어 실행
❷ Test 시작 전 모든 Main air comp.를 정지하고, ECR에서 공기압력 표시계를 확인
❸ Engine 사양에 맞추어 압축공기 저장탱크의 압축공기를 Engine으로 보내고 시동이 불가능할 때까지 반복한 후 횟수와 시작 전후의 압력을 기록
❹ 압축공기를 통한 가동가능 여부를 저압경보(Low pressure alarm)로 확인하고, Test 종료 후 압축공기 저장탱크 내 압력, 용량 및 온도 등을 기록

② **(ME minimum revolution test)** ME가 꺼지지 않는 최소회전수를 확인하기 위한 검사로 FAT시 실시 하지만 본선 설치 후 추진시스템 전체에 대한 성능검증을 위해 최저회전수 확인

* 저속운항시 주기관이 얼마나 낮은 회전수로 운항 가능한지 알고 있어야 함에 따라 수행

< 시험방법 >

❶ ME RPM 계기판을 주시하면서 회전속도를 서서히 내려서 최저회전수를 찾고, 적절히 조타하여 엔진의 정지여부를 함께 확인
❷ 해당시험을 Ballast condition과 Loaded condition에서 각각 수행하여, 각각의 상태에서 조종할 수 있는 RPM을 확인

< FAT의 개념 >

- ► FAT(Factory Acceptance Test) 선박 설치 전 각 장비에 대한 예비검사로써, 정형화되지 않은 비형식승인품으로 중요도가 높고 각 호선에 따라 제작되는 설비에 대해 실시하는 검사로 제작사(Vendor)로부터 조선소 입고 전 성능 검증 실시
- ► Vendor 선정시 선주의 의견이 반영되나, 실제 계약은 조선소와 Vendor 사이에서 이루어져 조선소 입장에서는 해당 장비에 대한 시운전이라 할 수 있고 선박 설치 후 문제 발생시 책임소재를 명확히 하기 위해 세심한 주의 요구
- ► 대부분 조선소에서 기자재를 발주하지만 해양플랜트 등에서는 선주가 직접 발주 후 제공하기도 하며, 이에 각각 BFE(Builder Furnished Equipment)와 OFE(Owner Furnished Equipment)로 구분하기도 함

③ **(Endurance Test)** 항해 중 기관실 내 ME 및 각 기관의 운전상태와 Heat balance, Elec. load, 연료소모량 및 진동 소음 등을 파악하기 위해 일정시간 운전 후 해당 상태를 확인하는 검사

* Tip 1. IACS에서 100% power at rated engine speed에서 실시하도록 되어 있어, 조선소에서는 통상 Building Spec.에 NCR로 표기하나, 선주는 MCR로 실시함을 선호

** Tip 2. 통상 Aux. Boiler accumulation test, Fire & General alarm test 등과 같이 동시에 실시할 수 있는 검사를 함께 수행하여 시운전 공정을 줄임

< 주요계측 항목 >

► Heat balance(motor, heater 및 cooler 등)	► F.W generator capacity
► F.O, Steam 및 Air consumption	► Battery capacity
► Economizer evaporation	► F.O 및 L.O 누유여부
► F.W generator capacity	► 오작동 및 각종 진동·소음 상태

④ **(Fuel oil consumption measurement)** 연료소비량을 확인하는 검사로 시운전 중 Endurance test 또는 Speed test시 유량계를 이용하여 측정(주기관 FAT시 측정결과를 비교하여 활용)

* Tip. 시운전 중 Speed test와 함께 Fuel oil consumption measurement는 주요 Guarantee 사항임

< 시험방법 >

❶ 연속항해 중 상용출력(혹은 연속 최대출력의 3/4)으로 1시간 간격으로 2시간(혹은 4시간) 동안 실시 ❷ 정확한 검사를 위해 주기관의 운전과 관계없는 보기류는 사용 금지

⑤ **(Aux. Boiler accumulation test)** 보일러를 최대부하로 운전할 때, 관련 시스템 전체의 안전상태를 확인하기 위한 검사

- 보일러 운전에 필요한 관련 시스템의 증기공급을 제외하고 모든 시스템을 차단*한 상태에서 보일러 설계 압력이 110%를 초과하지 않고, 안전밸브(Pressure relief v/v)가 정상작동 하는지 확인

* 보일러의 최대부하를 확인하기 위해 보일러 운전과 무관하게 증기를 요구하는 시스템에 연결된 모든 증기배관의 Gate V/V를 차단

< 시험방법 >

▸ 보일러의 모든 Gate v/v를 차단한 상태에서 Safety v/v(Pressure relief v/v)가 분출된 후 일시적으로 증기의 압력이 저하되었다가 다시 증가하여 Safety v/v가 작동될 때 (Steam이 분출되는 시점이 보일러의 최대부하가 발생되었을 때임) 압력과 소요시간을 측정

2-3-3 선체부 시운전

□ 개념

○ 선박의 기본성능을 포함하여 기관부를 제외한 구역의 시스템 및 장비 등에 대한 시운전으로 주요 시운전 항목에 대해 살펴본다.

* 참조: SOLAS Chapter II Construction - Structure, subdivision and stability, machinery and electrical installation & SOLAS Chapter III Life-saving appliance and arrangement & IMO RESOLUTION A.751(18)

□ 종류

○ 선박의 기본성능과 관련된 시운전 항목과 선체부 주요시스템에 대한 시운전 항목은 다음과 같다.

Main steering gear test

① **(주 조타시험)** 조타기 성능시험으로 만재흘수 상태에서 Design speed로 운항 중 한 현의 타각 35°에서 다른 현의 타각 30°가 되기까지 28초 이내 완료 가능 여부를 확인하는 시험

Emergency steering gear test

② **(비상 조타시험)** 비상시를 가정한 조타기 성능시험으로 만재흘수 상태에서 Design speed × 1/2(주기관의 50% 부하상태) 또는 7knots 중 큰 값의 속도로 운항 중 한 현의 타각 15°에서 다른 현의 타각 15°가 되기까지 28초 이내 완료 가능 여부를 확인하는 시험

< 시험시 점검항목 >

- ► Steering gear의 유압계통 누유 여부
- ► Steering gear의 전기계통(유압펌프용 모터, panel 등) 정상작동 여부(과열, 전류 상태 등)
- ► 조타시 Steering gear의 Limit switch에 의한 조타정지 여부
- ► 선교와 조타실간 통신상태 확인(조타기는 선교 및 조타기실에서 조작가능 하여야 하고, 필요시 선교에서 통산장치로 명령하고 조타실에서 조정할 수 있는 체계를 검증하기 위해 통신 설비 점검)
- ► 타각 지시기의 정확도 점검

③ (Maneuvering test) 선박의 조종성능을 확인하기 위한 시험*으로 선회성능, 변침성능, 침로안전성능 및 정지성능을 시험(IMO 규정)

* 시험조건: Deep water & Clam Sea, Full load test speed condition에서 수행

- (Turing ability) 선박의 선회성능을 확인하는 시험으로 일정 타각의 조작에 따른 회전반경으로 평가

< Turing ability test 종류 - 통상 Design speed로 실시 >

❶ 초기 선회성능 시험(Initial turing ability test)

: 좌우현으로 각각 10도의 타각을 조작하고, 초기 침로에서 선수방위가 10도 변할 때까지 선박의 전진거리가 선박길이의 2.5배 이하가 될 것

❷ 정상 선회성능 시험(Normal turning ability test)

: 좌우현으로 35도(전타)의 타각을 조작하고, 초기 침로에서 선수방위가 90도 변할 때까지 선박의 전진거리가 선박길이의 4.5배 이하이고, 선수방위가 180도 변할 때까지 선박이 전진한 거리*가 선박길이의 5배 이하일 것

* 과거 군함성능의 주요 평가기준 중 하나로 전술직경(Tactical diameter)라 부름

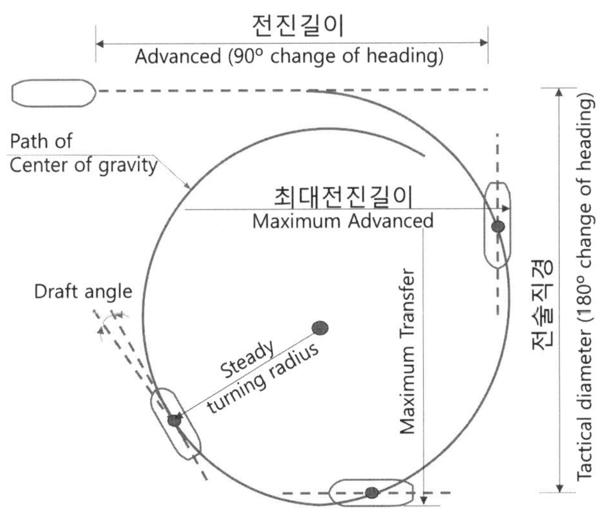

- (Yaw checking ablility) 변침성능을 확인하는 시험으로 타를 좌현(또는 우현)으로 조타 후 선수방위가 일정각 도달 시 우현(또는 좌현)으로 조타하여 선박이 얼마나 많이 Over-shooting* 하는지를 평가

(Zig-Zeg test)

* 선박은 자동차 등과 달리 조향(조타)를 하여도 바로 회두하지 않고 얼마간 더 기존 진행방향으로 움직인 후 조타된 방향으로 변침하며, 이를 Over-shooting 각도라 하고, Over-shooting 각도가 작을수록 변침성능이 우수함

< Zig Zeg test 종류 >

❶ 10도-10도 Zig Zeg test

: 좌현(또는 우현)으로 10도의 타각을 조작하고, 초기 침로에서 선수방위가 10도를 향할 때 우현(또는 좌현)으로 10도를 조타하여 이때 Over-shooting 각을 평가

❷ 20도-20도 Zig Zeg test

: 10도-10도 Zig Zeg test와 평가 방법은 동일하나, 타각을 20도로 조작하는 것이 다르며 평가 기준은 아래와 같음

<table>
<tr><th colspan="2">Overshoot Angle Criterion of Zigzag Maneuvers</th></tr>
<tr><td rowspan="3">1</td><td>Zigzag 10°/10° Test</td></tr>
<tr><td>ⓐ The value of the first overshoot angle in the zig-zag 10°/10° test should not exceed:
10° for Value of Length to Speed Ratio (L/V) < 10 seconds;
(5 + $\frac{1}{2}$(L/V))° for 10 < L/V < 30 seconds;
20° for 30 seconds or more < L/V. *[L(m)/V(m/s)=L/V(seconds)]</td></tr>
<tr><td>ⓑ The value of the second overshoot angle in the zig-zag 10°/10° should not exceed the above criterion values for the first overshoot angles by more than 15°</td></tr>
<tr><td rowspan="2">2</td><td>Zigzag 20°/20° Test</td></tr>
<tr><td>ⓐ The value of the first overshoot angle in the zig-zag 20°/20° test should not exceed 25°</td></tr>
</table>

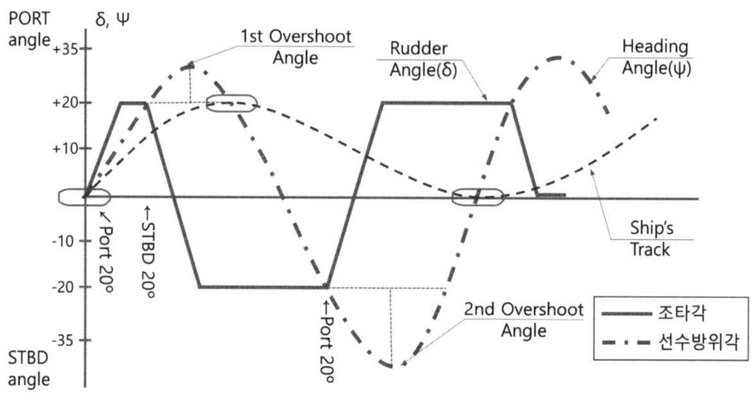

- (Spiral test) 침로안정성(보침성)을 확인하는 시험으로 좌우현의 점진적 타각 조작 시 침로가 불안정한 구간이 있는지를 평가

< Spiral test 개념 - 통상 Design speed로 실시 >

► 우현으로 20도, 15도, 10도 등으로 타각을 줄여가고, 이후 좌현으로 10도, 15도, 20도 등으로 타각을 점진적으로 키워가면서 선회시험을 실시

► 이때, 선박의 타각-선회각속도 그래프(나선형, Spiral형)를 그리고 그래프의 각도가 음의 구간을 갖는지 여부(이차함수 곡선을 갖는지 여부)를 확인함

► 해당 음의 구간(아래 우측 그래프의 나선 루프 폭 구간)에서는 어느 방향으로 회두할지 불안정하기 때문에 침로가 불안정한 상황으로 해당 구간이 없거나 작을수록 침로가 안정된 것이라 할 수 있음

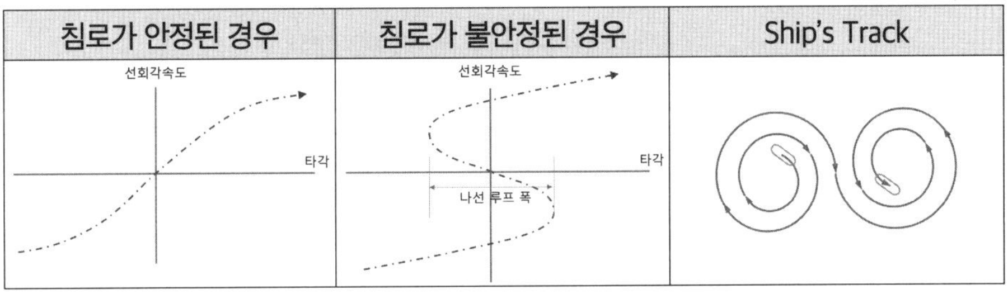

Crash astern ability
- (Stopping ability) 정지성능을 확인하는 시험으로 최대속력으로 전진하다가 역추진을 통해 선박이 완전히 정지할 때까지 거리를 측정하여 평가

< Stopping test 개념 >

► 최대 속도로 전진하다가 프로펠러를 가능한 최대 회전수로 역전시켜 선박이 완전히 정지할 때까지의 거리를 측정

► 정지시험 중에 타는 작동하지 않으며, 대부분의 선박은 시험 중 직진성이 저하되어 작은 외란에도 침로에서 벗어나게 되며, 해당 조건에서 전체적인 정지거리(Track Reach)가 선박 길이의 15배 이내일 것

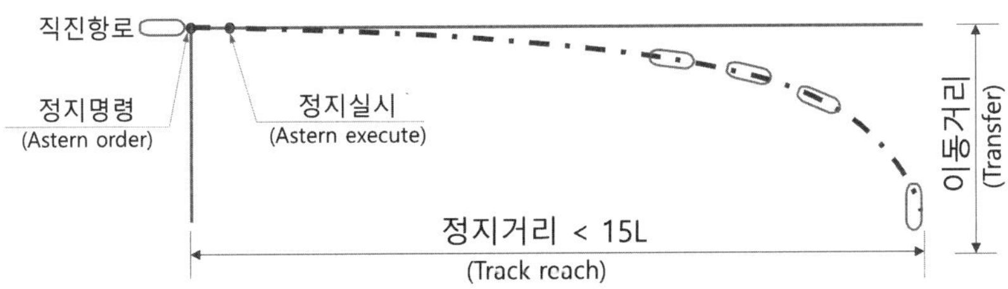

④ (선속시험 Speed test) 선박이 계약된 선속을 만족하는지를 확인하는 검사

* Tip 1. 예전에는 선속시험 구간의 시점과 종점에 부표를 띄우고 선박이 시점에서 종점을 통과하는 시간을 측정하는 방식으로 속력을 구했으나, 현재는 DGPS를 통해 속력을 구함

** Tip 2. 사실상 선속시험은 시운전 항목 중 안전과의 밀접도는 낮으나 Guarantee 사항으로 선주의 운항시 운송능력(화주와의 계약사항)과 직결되어 가장 민감함 사안임. 불만족시 선체 도장을 다시 실시하여 조도를 낮추거나, 프로펠러 등을 수정하여 선속을 맞춤(필요시 Confirm trial을 실시)

⑤ (Dead ship recovery test) 선박의 Dead ship 상태를 가정하고, 운항가능 상태로 복귀 할 수 있는 성능 검증을 위한 검사

* Dead ship 상태: 전체 기계장치(주기관, 보일러, 보기)가 작동하지 않는 상태로 이를 구동하기 위한 전원(배터리) 및 압축공기 역시 없는 상태. 다만 시동을 위한 비상발전기(Em'cy DG)는 가동되는 상태

< Dead ship recovery process >

► Dead ship 상태에서 주기관을 작동시켜 정상 운항상태가 되는 과정	
❶ Em'cy DG 기동 ❷ 비상전원 공급 ❸ Em'cy air comp 기동 ❹ Em'cy air reservoir 충전 ❺ 주발전기 기동	❻ 주전원 공급 ❼ Main air comp 기동 ❽ Main air reservoir 충전 ❾ 주기관(ME) 기동

⑥ (Black out test) 정전 시 발전기가 순차적으로 대체운영 되는지 여부와 비상발전기까지 일정시간 내에 작동하는지 확인하는 검사

* No.1 발전기 고장 → Stand-by No.2 발전기 → Stand-by No.3 발전기 → · · · → 비상발전기 순으로 작동하는지 여부와 45초 이내에 비상발전기가 작동하는지를 검사

⑦ (Fire fighting test) 소화능력을 확인하기 위해 소화펌프를 이용하여 해수를 펌핑하고, 기관실 등 선박전반에 충분한 압력 및 유량으로 공급되는지 확인

⑧ (IGS function test) 유조선 등의 화물창 내 안전성 검사로 화물유 탱크의 화재·폭발 방지를 위해 화물창 내 화유 상부에 산소농도가 8% 이하로 되도록 불활성 가스의 주입과 관련된 성능을 확인

⑨ **(Cargo operation test)** 유조선 등에 대해 해수*를 이용하여 선적·하역 능력을 확인하는 검사로 Cargo pump 및 Cargo stripping pump의 용량을 검증하고 선적·하역시 소요시간에 관한 계약사항 만족여부 확인

* 화물유 탱크에 적재 및 하역을 실제 기름으로 실시할 수 없기 때문에 해수를 이용하여 시운전 수행

** Tip. 컨테이너선은 안벽공정 등에서 각 Hold마다 컨테이너를 실제 선적하여 봄으로써 Cargo operation test를 수행

⑩ **(Cargo monitoring system test)** Cargo의 선적 및 하역 시 Tank내 모니터링 성능에 대한 검사로 Remote sounding 기능 등을 확인

⑪ **(Ballast system test)** 평형수 시스템의 능력을 확인하는 검사로 Ballasting & De-ballasting을 통해 Ballast pump 및 Stripping pump의 용량을 검증하고 Ballasting & De-ballasting 소요시간에 대한 계약사항 만족여부 확인

⑫ **(Anchoring test)** 해상에서 Windlass를 통한 투묘 시 제어능력, 회수 시 양승능력 및 Bellmouth(또는 Pocket) 격납상태를 확인하는 검사

* Tip. 투묘시 Let go down, 회수 시 Hosting이란 표현을 사용

< 시험방법 >

- ▶ 82.5m 이상의 수심에서 Anchor와 Anchor chain 3-shots(1shot - 27.5m × 3)의 양승 속도가 9m/min을 만족하는지 여부와 이때, Windlass 동력(유압 또는 전기장치)의 이상 유무 등을 확인
- ▶ 선주 요구(통상 계약사항으로 Building spec에 반영)에 따라 Deep sea anchoring을 하는 경우가 있고, 이 경우 82.5m가 아닌 120m의 수심을 적용하게 됨(→ 시운전을 위한 적정 수심을 찾는 것이 중요)

⑬ **(Life/Rescue boat launching test)** 비상시 구명보트를 통한 본선 탈출과 구조정의 사용성능 확인을 위해 보트의 Launching & Recovery 성능을 확인하는 검사

- SOLAS 등에서는 본선이 5knots 이내의 속도로 운항 중일 때, Life boat를 Launching 하여 본선으로부터 이탈 할 수 있도록 요구

⑭ **(Thruster test)** Thruster 성능 검사로 Thruster를 설치한 경우에 한정된 검사임

< 시험방법 >

► 선박정지 → Thruster 최대 추력 → 좌현(우현)방향 90°회전 → 선수미 방향 90°회전 → 반대로 작동 → 우현(좌현)방향 90°회전

► 시운전시 풍향, 풍속 및 0, 15, 30, 60, 90, 60, 30, 15, 0° 각도 마다 소요시간, 유압펌프용 모터 전력과 유압계통의 압력 등을 계측

⑮ (Echo sounder check test) 측심기의 성능을 확인하는 검사로 음파의 반사속도를 이용하여 해저의 깊이를 측정하는 Echo sounder의 성능을 확인

* 선저에 설치되어 선체의 수직방향으로 음파를 발사하고, 음파가 해저 지표면에서 반사되어 돌아오는 시간을 계산하여 수심을 측정하는 방식

⑯ (Speed log test) 선속계의 성능을 확인하는 검사로 선박 운항 시 발사한 음파가 해저로부터 반사되어 오는 시간 차이를 통해 선박의 속도를 계측하는 방식

* 선박의 운항 중 선속을 나타내는 장비가 Speed log로써, 선저에 설치되어 있는 '소나'로 음파를 발사하여 해저면에서 반사되어 돌아오는 시간이 선속에 따라 변화하는 원리를 이용하여 계산

< Echo sounder 및 Speed log test 개념도 >

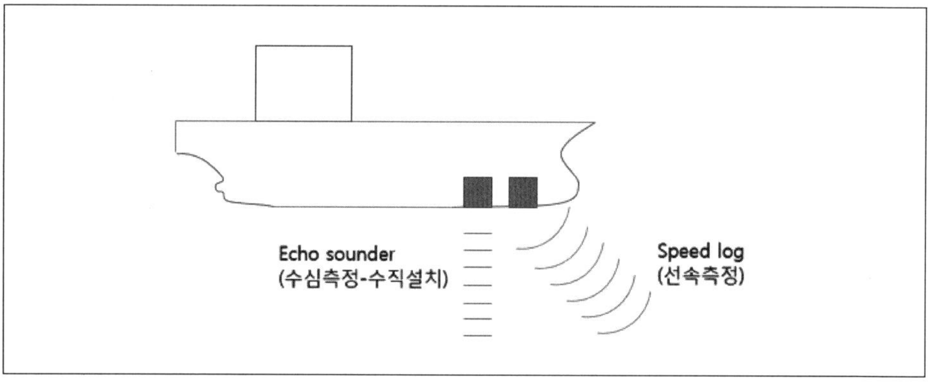

2-3-4 해양플랜트의 Commissioning

□ 개념

ㅇ 상선에서의 시운전은 해양플랜트에서 Commissioning의 개념으로 적용되며, 가장 큰 차이는 상선에서는 공정의 흐름에 맞추어 선상시운전(On-board test)과 해상시운전(Sea Trail)으로 구분된다.

ㅇ 해양플랜트에서는 각 프로젝트 마다 특수하고 복잡한 System이 적용됨에 따라, 각 System을 중심으로 장비설치에서 운영까지 보다 세분화하여 검사를 수행한다.

□ Commissioning의 구분

ㅇ 해양플랜트에서 Commissioning은 MC(Mechanical Completion), Pre-comm(Pre-Commissioning) 및 최종검사인 Commissioning으로 구분되며, 각 공정의 내용은 다음과 같다.

① (MC) 기계적 또는 물리적 설치상태를 검사하는 것으로 해당설비의 간단한 외형 검사와 설치 위치가 적정한지 등을 파악하고,

- 용접부나 Bolting의 체결상태 등 장비의 설치상태를 검사하며, 배관의 후행 연결 부위* 등도 함께 검사

* 배관 내 이물질 유입 시 향후 장비 운용 시 장비손상을 야기할 수 있기 때문에 건조 시 배관 끝단의 플랜지는 항상 막아 두어야 함

** Tip 1. Preservation procedure: 위와 같은 배관 문제를 비롯하여 공사기간이 긴 해양플랜트 공사에서는 FAT 이후 본선 설치 시까지 장비의 특성에 따라 보관관리 절차가 마련되어야 하며, 해당 절차에 따라 엄격한 관리가 요구됨

*** Tip 2. Preservation procedure의 핵심은 통상 물리적 손상방지(이물질, 물 유입 등)와 화학적 손상방지(온습도 조절을 통한 방청)로 보호커버 적용, 보관장소의 내습방지, 주기적인 환기 및 배관연결부 관리 등이며, 전장 Panel 등은 손상위험을 최소화하기 위해 공정에 맞추어 FAT 이후 본선에 바로 설치하기도 함

② (Pre-comm) 기계장비 또는 각 System의 운용을 위한 사전점검이며, 배관 및 Cable 등의 연결상태 확인을 시작으로

- 정상적인 동력공급 등이 되는지를 확인한 후에 작동검사*를 실시하는 단계이며, 사실상 대부분의 설치가 완료된 상태에서 해당 System이 계약사항 등을 만족할 수 있는지를 확인하기 바로 전 단계임

* (예시) Crane의 경우에는 부하(load) 없이 Hoisting, Slowing 및 Luffing 등의 작동상태를 확인하고, Load test를 통해 해당 Crane의 SWL(Safety Working Load) 만족여부 등을 검사한 후 최종 Commissioning을 수행하는 방식으로 진행

③ (Commissioning) 실제 장비 또는 시스템의 성능이 계약사항 또는 Rule & Reg. 등을 만족하는지 확인하는 최종단계

- Performance 위주의 검사로 각 시스템의 성능을 점검함과 동시에 누유, 과열, 진동 및 소음 등의 이상여부를 함께 확인

* (예시) Crane의 경우에는 부하상태에서 Hoisting, Slowing 및 Luffing 등을 작동하여 계약사항을 만족하는지와 이때 누유, 과열 등의 이상작동 여부를 확인

□ Commissioning의 적용

○ **(이행흐름)** 실제 조선소에서 Commissioning을 수행하는 절차를 개념화 해보면 역(逆)트리구조를 갖는다고 할 수 있다.

- MC단계에서 보면, 기계, 전기 및 배관 등으로 세분화 될 수 있고, 보다 상위 묶음의 기계, 전기 및 배관 등에 대한 Pre-comm 검사를 거쳐 최종적으로 Commissioning 성능검사로 귀결되는 구조
- 중요한 점은 역(逆)트리구조에 따라 하위 단계의 검사가 완료되지 않으면 다음 단계의 검사로 진행 될 수 없다는 것임
- 해양플랜트 공사에서 최적화된 Commissioning 일정을 수립하고 이행하는 것은 공사의 성패를 좌우하기도 하는 매우 중요한 단계임

○ **(오류처리)** 실제 건조과정에서는 많은 설치 오류*가 발생함에 따라 이에 대한 처리 방식을 이해할 필요가 있다.

* Tip. 실제 조선소에서는 오류를 오작이라 부름

- 이 부분은 상선과 대동소이한 것으로 통상 심각한 오류를 NCR(Non-Confirmartive Report)라 하고, 비교적 간단한 오류를 Punch로 구분하여, 해당 오류는 별도의 안건으로 관리임
- 각 오류는 수정작업 후 다시 검사하여 종결 처리되지 않으면 다음 단계의 검사를 진행할 수 없음
- 통상, 각 조선소에서는 오류 발생 시 일정기간 내에 원인을 분석하여 RCA(Root Cause Analysis)를 실시하고, NCR 또는 Punch를 종결하도록 하고 있음

제3편
선박법규 및 선박검사

제1장 선박법규

제2장 선박검사

제1장 선박법규

1. 국제협약

: 제2편에서 기능구조분석을 기반으로 선박을 살펴보았다. 요구기능을 모두 만족한다고 할 때, 선박의 가치는 얼마나 더 안전하고 효율적인가에 따라 달라진다. 효율은 선주가 운임비 등을 고려한 경영측면에서 요구되는 것이 많다. 하지만 안전은 사고 시 보상을 고려하여 선주 역시 관심을 갖지만 사회적 파장을 고려하여 국제협약 또는 각국의 법령에서 규정하고 있다. 그러므로 선박건조에 영향을 주는 국제협약을 이해해야 한다. 선박관련 국제협약은 UN산하 IMO(국제해사기구)에서 담당하며 크게 해사안전, 해양오염방지 및 기타분야(톤수측정 등)로 구분할 수 있다.

2. 국내법령

: 국내에서는 제도적으로 선박, 어선 및 레저선으로 구분하여, 건조, 검사, 등록 및 운항측면에서 관리한다. 관련 법령은 「선박법」, 「선박안전법」, 「어선법」, 「수상레저법」, 「낚시관리 및 육성법」, 「유선 및 도선 사업법」, 「선원법」, 「선박직원법」, 「해사안전법」 및 「어선안전조업법」 등이 있으며, 각 법령의 목적, 적용대상 및 상세내용 등은 국가법령정보센터(www.law.go.kr)을 통해 손쉽게 찾아 볼 수 있다.

3. 법령체계 및 기본개념

: 국제협약에 가입하면, 국내법으로 수용하게 되며 국내법은 직접적으로 우리생활과 연관된다. 각 법률의 세부사항은 헌법에 따라 대통령령(시행령), 총리령 및 행정부의 부령(시행규칙)으로 이관되고, 보다 세부적인 사항은 다시 행정규칙(고시, 예규, 훈령

및 공고)으로 이관되는 구조를 가진다. 통상 법률에서는 국민의 권리 및 의무에 관한 사항 및 헌법으로부터 위임한 사항을 다룬다. 시행령에서는 각 행정부처의 공통적인 사항, 권한의 위임 및 위탁에 관한 사항과 법률에서 하위법령으로 이관한 사항을 포함한다. 시행규칙은 각 행정부처별 소관사항, 기술적이고 세부적인 사항 그리고 각종 서류의 서식에 관한 사항을 규정한다. 「선박안전법」, 「어선법」 및 「수상레저법」 등과 같이 건조 및 검사에 관한 기준을 다루고 있는 법률에서는 대부분의 기술적인 사항은 행정규칙에서 다루고 있다. 각 법률은 본칙과 부칙으로 구성되며, 본칙은 다시 총칙, 실제규칙, 보칙 및 벌칙으로 구성된다. 총칙은 법률의 목적, 정의 및 적용대상 등을 다루고, 실제규칙은 법률의 목적을 달성하기 위한 세부적인 내용을 규정한다. 보칙은 위임·위탁을, 벌칙은 실제규칙을 이행하지 않거나, 적합하지 않은 경우 처벌과 행정처분 등에 관한 내용을 나타낸다. 끝으로 부칙은 법률의 시행에 관한 시행일, 적용례 및 경과조치를 규정한다.

4. 법령검색 및 활용

: 국내법령은 국가법령정보센터(www.law.go.kr)을 통해 현행법, 예고법, 연혁법 및 법령체계도 등을 손쉽게 확인할 수 있다.

3-1-1 국제협약

□ 개념

ㅇ 선박건조와 관련한 법규는 크게 국제협약에 기반한 국제기준과 국제기준을 각국이 수용하거나, 국제협약을 적용받지 않는 선박에 대한 관리기준인 국내기준으로 구분할 수 있다.

□ 국제기구 및 주요협약

ㅇ **(국제기구)** 국제기준은 사실상 UN 산하 국제해사기구(IMO)의 각 위원회에서 임무에 따른 국제협약을 제·개정하고, 협약 대상선박은 협약의 발효여부 및 각국의 가입여부 등*에 따라 적용된다.

* 협약은 조건에 따라 각국의 가입여부와 관계없이 적용을 받을 수 있으며, 대표적인 예가 비차별적 조항인 항만국 통제라 할 수 있음

** 항만국 통제(PSC: Port State Control): 각국의 가입여부와 관계없이 SOLAS 협약에 가입한 당사국의 Port에 입항하는 모든 선박은 협약 가입당사국에서 SOLAS협약의 만족여부에 대해 검사하고, 항만국 입항 등을 통제할 수 있는 개념임

- UN 조직 내에서 IMO의 위치와 IMO 구성 및 운영현황 등은 다음과 같으며, 선박건조 관련 IMO 산하 주요 위원회는 크게 MSC, MEPC로 각각 해상안전과 해상오염방지에 관한 국제협약을 담당

* 어선의 경우에는 IMO 외에도, 국제기구인 ILO 및 FAO의 협약에도 영향을 받음

< UN 산하 주요기관 현황 >

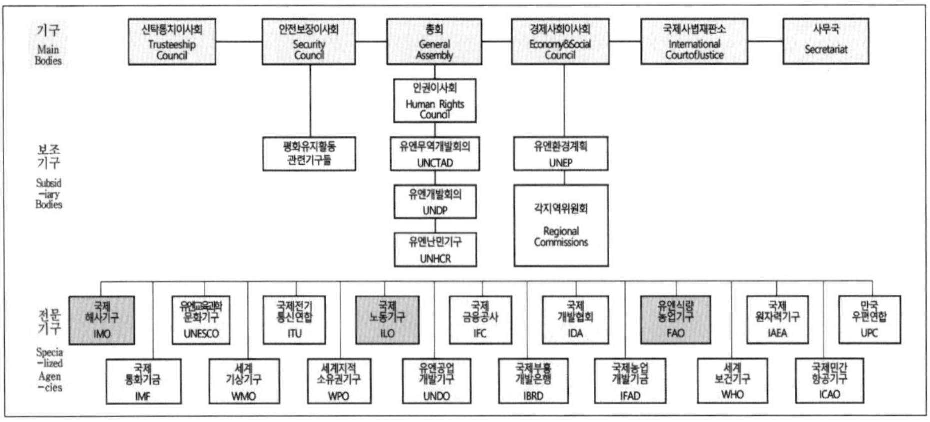

< IMO 관련 주요내용 >

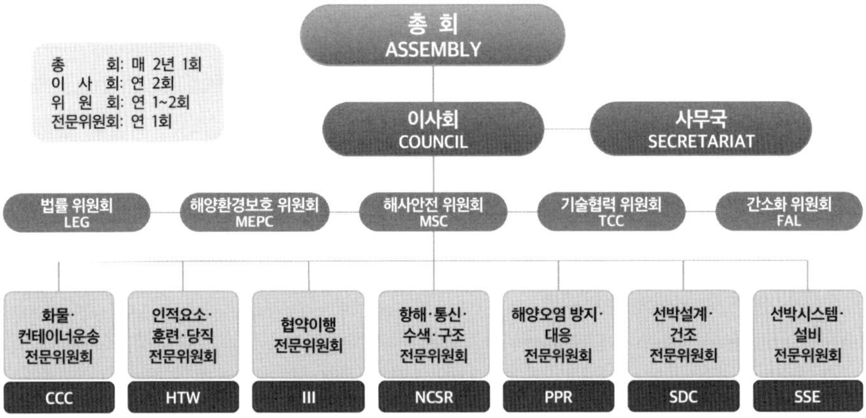

[그림출처] https://www.imokorea.org/imo/imo_summary.asp

► **(설립목적)** 해상에서의 인명, 선박, 화물의 안전 및 해양환경 보호 등을 관장하는 UN산하 전문국제기구로써, 조선·해운분야 국제규범의 제·개정 수행

► **(조직구성)** 총회, 이사회 및 5개의 위원회를 중심으로 구성되며, 각각의 역할은 다음과 같음

- **(총회)** 모든 회원국으로 구성되며, 기구 사업계획 승인, 예산 의결, 이사회 보고서 심의·의결 및 이사국 선출 등을 수행하는 최고 의결기구(2년마다 1회 개최)
  * 임시총회는 회원국 1/3 이상 요구시 통보 후 60일 이내 개최
- **(이사회)** 이사국*으로 구성되며, 사업계획, 예산안 및 전문위원회 상정안 검토 등을 수행하여 총회에 제출하는 기능을 수행(연 2회 개최)
  * 이사국은 주요 해운국(A 카테고리 10개), 주요 화주국(B 카테고리 10개) 및 지역 대표국(C 카테고리 20개)으로 총 40개국으로 구성되며 이사국 임기는 2년임
- **(위원회)** 실제 IMO 운영을 위한 기능별 조직으로 5개 위원회로 구성(연 1~2 개최)

구분	역할
법륭위원회(LEG) Legal Committee	IMO와 관련된 법률문제 심의 * 해상사고로 인한 피해보상 등의 문제를 다룸
해양환경보호위원회(MEPC) Marine Environment Protection Commttee	선박에 의한 해양오염방지 및 규제에 관한 문제 심의
해사안전위원회(MSC) Maritime Safety Commttee	선박의 구조 및 설비 등 해사안전에 관한 사항 심의
기술협력위원회(TC) Technical Cooperation Committee	IMO의 기술협력 활동과 관련된 모든 문제 심의 * 개도국 등에 대한 원활한 협약 이행을 위한 기술지원 등
간소화위원회(FAL) Facilitation Committee	선박의 입출항 수속, 서류 및 절차 등 운송간소화 관련심의

- **(전문위원회)** MSC 및 MEPC 아래 Technical 한 전문적인 사항에 대해 7개의 전문위원회를 구성하여 운영(연 1회 개최)

구분	역할
화물·컨테이너운송 전문위원회 (Sub-Committee on Carriage of Cargoes and Containers, CCC)	포장 또는 산적고체형태로 운송되는 위험물, 컨테이너를 포함한 각종 화물의 제작, 적재, 고박 및 운송의 안전 관련 사항 담당 * 안전한 컨테이너에 관한 국제협약(CSC) 등 관련 코드 등
인적요소, 훈련 및 당직 전문위원회 (Sub-Committee on Human Element, Training and Watchkeeping, HTW)	선원의 훈련, 각종증명 및 당직기준에 관한 국제협약(STCW) 및 선원의 훈련·당직 및 증서발급 등 담당
IMO 협약준수 전문위원회 (Sub-Committee on Implementation of IMO Instruments, III)	해상안전과 해양환경 보호를 위해 각국이 동등수준으로 IMO협약과 관련법규를 준수할 수 있도록 선박의 안전운항 관리, 항만국통제(PSC), 기국의 협약준수사항 및 해난의 조사업무 등을 담당
항해·통신·수색·구조 전문위원회 (Sub-Committee on Navigation, Communications and Search and Rescue, NCSR)	항해안전과 관련하여 국제해상충돌예방규칙(COLREG), 해상인명안전협약(SOLAS)에 따른 항해안전에 관한 선박통신, 조난 시 수색·구조에 관련된 전세계 해상조난 및 안전제도(GMDSS), 수색·구조에 관한 국제협약(SAR) 관련 규정 등을 담당
오염예방·대응 전문위원회 (Sub-Committee on Pollution Protection and Response, PPR)	해양오염방지협약(MARPOL 73/78) 및 대기오염방지를 위한 새로운 부속서, 평형수 관리협약, IBC, IGC, BCH 코드 등의 관련 규정 등을 담당
선박설계 및 건조 전문위원회 (Sub-Committee on Ship Design and Construction, SDC)	선박 및 해양구조물의 구조, 강도, 등에 관한 사항을 담당하며, 국제만재흘수선 협약(1966 LL), 1969년 선박톤수측정에 관한 국제협약(1969 TONNAGE), 해상인명안전협약(SOLAS)의 구조 및 복원성 관련 규정 등을 담당 * 어선의 SOLAS에 해당하는 토레몰리노스협약을 담당
선박시스템 및 설비 전문위원회 (Sub-Committee on Ship System and Equipment, SSE)	선박 및 해양구조물의 각종 설비에 관한 사항을 담당하며 해상인명안전협약(SOLAS)의 기관 및 전기설비와 구명설비 등의 관련 규정 등을 담당

▸ **(회의절차)** IMO 회의 절차는 개회식, 의제채택, 의제토의 및 보고서 작성 순으로 진행되며 각 과정의 주요내용은 다음과 같음
- **(개회식)** 의장 및 부의장 선출
- **(의제채택)** 의제문서 채택 및 세부 논의를 위한 기술작업반 등 구성
- **(의제토의)** 의제 제안국의 제안배경 설명, 토의 및 동의여부에 대한 투표
- **(보고서 작성)** 의제결정 사항에 대한 회의 보고서 작성

※ IMO 외에 ILO의 선원노동협약 및 어선원노동협약에서는 선원의 노동인권과 관련하여 거주구의 면적 등을 규정함에 따라 IMO 외의 국제협약에서도 일부 선박건조에 영향을 주기도 한다.

○ **(주요협약)** 국제협약에 관한 주요개념 등을 살펴보고, 선박건조와 관련된 해사안전, 해상오염방지 및 운항에 관한 국제협약의 종류를 구분하여 정리해 보면 다음과 같다.

< 국제협약의 주요개념 >

▸ **(협약종류)** 협약은 세부적으로 협약, 협정, 의정서, 규약, 결의서 및 회람문서 등으로 세분화 할 수 있으며 각각의 개념은 다음과 같음

❶ **(협약, Convention)** 통상 국가간의 권리와 의무에 관한 합의라고 할 수 있음
  * 조약(Treaty)은 협약, 협정 및 의정서 등을 포괄하는 개념임

❷ **(협정, Agreement)** 통상 기존의 협약에 대해 조속한 발효 등을 목적으로 발효 또는 가입 조건 등을 완화하는 형태

❸ **(의정서, Protocol)** 통상 기존의 협약에 대해 세부적이고 기술적인 사항에 대해 상당한 개정이 이루어진 것

❹ **(규약, Code)** 전문적이고 기술적인 사항을 중심으로 세부적인 내용을 다룸

❺ **(결의서, Resolution)** 협약개정 사항을 중심으로 주요결정 사항을 결의서 형태로 채택
  * IMO 결의서 문서 체계: Res. + 담당부서 + 일련번호 + 회의 회차 / 예: Res. A. 998(24) / 부서코드: A - Assembly(총회), C - Council(이사회), MSC, MEPC 등 위원회는 동일표기

❻ **(회람문서, Circular)** 협약 관련 주요 공지사항(주요협약 개정사항, 기술기준 적용시점 등)을 당사국 등에 알릴 때 사용하는 형태
  * IMO 회람문서 체계: 회의별 or 협약별 약어 + "/" + Circ. + 문서번호
  예(회의별): MSC.1/Circ.1330, 예(협약별): STCW.7/Circ.14

► **(협약 체결절차)** 협약의 체결은 통상 협약의 실제 내용에 대한 작성 및 채택, 국가별 협약 비준, 협약의 효력 발생, 협약의 등록 및 공고 순으로 이루어짐

- **(협약 작성 및 채택)** 협약내용 작성 및 당사국간 교섭 → 협약 채택 및 회람
- **(협약비준)** 협약에서 해당 협약의 비준 방법(서명, 수락, 가입 등의 의사를 밝혀 해당 국제기구에 제출)을 규정하고 있고, 이에 따라 각국에서 비준
- **(효력발생)** 협약의 내용에 따라 즉시, 발효 전 또는 경과규정을 두어 효력발생
- **(협약 등록 및 공고)** UN사무국에 협약을 등록

► **(협약의 구성)** 협약은 크게 실제 조항(Articles)와 부속서(Annex or Appendix)로 구성되며, 목적 및 의무, 정의, 적용대상, 주요내용, 불가항력, 비준방법, 발효조건, 개정방법, 폐기방법, 수탁기관 및 언어와 기술적인 내용 등을 담음

- 실제 협약의 구성은 다양한 형태로 이루어지며, 그 예로 동일한 선박안전에 관한 협약이나 상선 등에 대한 SOLAS협약은 조항에 대부분의 내용을 담고, 부족서에 증서서식 등을 담고 있으나, 어선에 관한 Cape Town Agreement는 본문에 세부적인 기술기준을 담고 부속서에 실제 협약에 관한 내용을 표기

► **(IMO 협약의 적용기준)** 선박건조와 관련한 IMO협약의 적용기준은 통상 다음의 원칙에 따라 적용

- 선박구조와 관련된 내용: 발효일 이후 건조된 선박에 적용(용골거치일 기준)
- 현존선 소급적용 시: SOLAS-용골거치일 기준 / MARPOL-건조계약일, 건조일 또는 인도일 등을 적용
- 협약발효 기준일: 1월 1일 또는 7월 1일을 기준으로 적용
- 참고로, 미발효 된 협약은 개정안을 제출하지 않는 것이 원칙

< IMO 주요 국제협약 >

► 해사안전관련 협약

협약명칭	주요내용
해상인명안전협약(SOLAS 1974) International Convention for the Safety of Life at Sea, 1974	o 선박 구조, 설비 및 화물운송에 관한 기준 o 선박의 검사 및 증서의 발급에 관한 사항

협약명칭	주요내용
해상인명안전협약 1978 의정서 (SOLAS Protocol 1978) Protocol of 1978 relating to the International Convention for the Safety of Life at Sea, 1974	ㅇ 유조선의 안전 및 해양오염방지를 위해 '74 SOLAS를 개정 * 유조선 레이다 및 조타장치 이중설치 의무화
해상인명안전협약 1988 의정서 (SOLAS Protocol 1988) Protocol of 1988 relating to the International Convention for the Safety of Life at Sea, 1974	ㅇ 선박검사 및 증서발급기간의 통일을 위해 '74 SOLAS를 개정 * 협약증서 유효기간을 5년으로 통일
스톡홀름 협정 1996(SA 1996) (Stockholm Agreement 1996)	ㅇ 북서유럽 및 발틱해 항구 간 정기 운항하는 RORO 여객선의 복원성에 관한 특별요건에 관한 1997년 지역 협정
국제만재흘수선협약(LL 1966) International Convention on Load Lines, 1966	ㅇ 안전 항해 확보를 위한 만재흘수선 지정
국제만재흘수선협약 1988 의정서 (LL Protocol 1988) Protocol of 1988 relating to the International Convention on Load Lines, 1966	ㅇ 선박검사 및 증서발급기간 통일을 위해 '66 LL*을 개정 * International Convention on Load Lines
해상충돌예방규칙(COLREG 1972) Convention on the International Regulations for Preventing Collisions at Sea, 1972	ㅇ '60 COLREG 대체 ㅇ 항법 및 선박의 등화와 형상물 규정 ㅇ 통항분리제도(Traffic Separate Scheme) 설정
안전한 컨테이너에 관한 국제협약(CSC 1972) International Convention for Safe Containers, 1972	ㅇ 컨테이너의 안전을 위한 구조·강도요건 규정
안전한 컨테이너에 관한 국제협약 1993 개정 (CSC 1993 amendments) International Convention for Safe Containers, 1993 amendments	ㅇ CSC의 조문, 부속서 개정
토레몰리노스협약 1977 Torremolinos International Convention for the Safety of Fishing Vessels, 1977	ㅇ 어선안전에 관한 국제협약으로, SOLAS 협약과 매우 비슷하나, 어선을 대상으로 하는 것이 차이

협약명칭	주요내용
어선의 안전에 관한 토레몰리노스협약 1993 의정서(SFV Protocol 1993) Torremolinos Protocol of 1993 Relating to the Torremolinos International Convention for the Safety of Fishing Vessels, 1977	ㅇ 77년 어선의 안전에 관한 토레몰리노스 협약(SFV협약)의 조속한 발효를 위해 발효조건 및 설비규정 등의 기술기준을 완화
2012 케이프타운 협정 (Cape Town Agreement 2012) Cape Town Agreement of 2012 on the Impementation of the Provisions of the Torremolinos Protocol of 1993 Relating to the Torremolinos International Convention for the SAfety of Fishing Vessels, 1977	ㅇ 1993년 토레몰리노스 의정서에도 불구, 각국의 협약이 발효되지 않음에 따라 발효조건을 완화

► 해양오염방지 관련 협약

협약명칭	주요내용
해양오염방지협약 부속서 Ⅰ/Ⅱ(기름/산적유해액체) (MARPOL 73/78 Annex Ⅰ/Ⅱ) Annex Ⅰ/Ⅱ of Protocol of 1978 relating to the International Convention for the Prevention of Pollution from Ships, 1973	ㅇ 선박으로부터 기름 및 유해액체물질에 의한 해양오염의 방지를 위한 요건 규정
해양오염방지협약 부속서 Ⅲ (포장유해) (MARPOL 73/78 Annex Ⅲ) Annex Ⅲ of Protocol of 1978 relating to the International Convention for the Prevention of Pollution from Ships, 1973(Regulations for the Prevention of Pollution by Harmful Substances Carried by Sea in Packaged Form)	ㅇ 선박으로부터 포장형태의 유해액체 물질에 의한 해양오염의 방지를 위한 요건 규정
해양오염방지협약 부속서 Ⅳ(하수) (MARPOL 73/78 Annex Ⅳ) Annex Ⅳ of Protocol of 1978 relating to the International Convention for the Prevention of Pollution from Ships, 1973(Regulations for the Prevention of Pollution by Sewage from Ships)	ㅇ 선박으로부터 하수에 의한 해양오염의 방지를 위한 요건 규정

협약명칭	주요내용
해양오염방지협약 부속서 V (폐기물) (MARPOL 73/78 Annex V) Annex V of Protocol of 1978 relating to the International Convention for the Prevention of Pollution from Ships, 1973(Regulations for the Prevention of Pollution by Garbage from Ships)	ㅇ 선박으로부터 폐기물에 의한 해양오염의 방지를 위한 요건 규정
해양오염방지협약 1997 의정서 부속서 VI (대기오염) (MARPOL Protocol 1997 Annex VI) Annex VI of Protocol of 1978 relating to the International Convention for the Prevention of Pollution from Ships, 1973	ㅇ 선박으로부터 대기오염 방지를 위한 요건 규정
폐기물투기에 의한 해양오염방지협약(LC 1972) Convention on the Prevention of Marine Pollution by Dumping of Wastes and Other Matter, 1972	ㅇ 폐기물 해양투기시의 처리방법에 관한 규정
폐기물투기에 의한 해양오염방지협약에 대한 1978년 개정(LC 1978 amendments) 1978 amendment to the Convention on the Prevention of Marine Pollution by Dumping Wastes and Other Matters, 1972	ㅇ '72 LC의 분쟁 해결 절차 관련 보완
폐기물투기에 의한 해양오염방지협약 1996 의정서 (LC Protocol 1996) Protocol of 1996 to Amend the Convention on the Prevention of Marine Pollution by Dumping of Wastes and Other Matter, 1972	ㅇ '72 LC의 해양투기 폐기물의 종류와 투기 기준 관련 보완
선박의 유해방오도료 시스템 사용 규제 국제협약 (AFS Convention 2001) International Convention on the Control of Harmful Anti-fouling Systems on Ships, 2001	ㅇ 선박방오도료(Anti-fouling paints)내 유해 유기주석(Organotins)의 사용을 금지하고, 향후 방오시스템 내에서 다른 유해한 물질의 사용 금지에 관한 협약

협약명칭	주요내용
선박평형수관리협약(BWM Convention 2004) International Convention for the Control and Management of Ships' Ballast Water and Sediments, 2004	ㅇ 밸러스트수 교환에 따른 유해 미생물 등에 의한 연안 해양환경 피해 예방을 위해 발라스트수 교환 관련 요건을 규정한 협약
선박재활용협약(SRC 2009) Hongkong International Convention for the Safe and Environmentally Sound Recycling of Ships. 2009	ㅇ 선박 해체시 유해물질에 의한 건강 보호, 환경오염예방을 위해 채택 - 유해물질 사용금지 또는 제한, 유해물질 목록작성, 선박해체시설 정부승인 의무 등 무분별한 선박해체 방지를 목적으로 총톤수 500톤 이상의 국제항해선박, 선박재활용(해체)시설에 적용

► IMO 운영 및 톤수측정 등 기타 협약

협약명칭	주요내용
국제해사기구 협약 (IMO Convention) Convention on the International Maritime Organization	ㅇ 총회, 이사회, 해사안전위원회, 법률위원회 및 해양환경보호위원회의 절차에 관한 규정
선박톤수측정협약(TONNAGE 1969) International Convention on Tonnage Measurement of Ships, 1969	ㅇ 선박톤수측정의 통일된 국제기준 - 총톤수, 순톤수, 재화중량톤수
국제해사위성기구에 관한 협약(IMSO C 1976) Convention on the International Mobile Satellite Organization(INMARSAT), 1976	ㅇ 해사통신을 목적으로 한 통신위성기구(국제해사통신기구) 설립에 관한 규정
국제해사위성기구에 관한 협약 2006 개정 (IMSO C 1976, 2006 amendments) Convention on the International Mobile Satellite Organization(INMARSAT), 1976, 2006 amendments	ㅇ IMSO의 감독범위 확대 ㅇ 2006년 개정안은 2008년 개정안으로 대체됨

협약명칭	주요내용
국제해사위성기구에 관한 협약 2008 개정 (IMSO C 1976, 2008 amendments) Convention on the International Mobile Satellite Organization(INMARSAT), 1976, 2008 amendments	ㅇ GMDSS (Global Maritime Distress and Safety System)에 대한 감독 및 LRIT (Long-Range Identification & Tracking) 조정자 기능과 임무 규정
국제해상교통간소화협약(FAL 1965) Convention on Facilitation of International Maritime Traffic, 1965	ㅇ 국제항해 취항선의 입·출항에 관한 서류 및 수속절차에 관한 국제적 통일기준 규정

► 항해상의 의무관련 협약

협약명칭	주요내용
선원훈련·자격증명 및 당직유지의 기준에 관한 국제협약(STCW 1978) International Convention on Standards of Training, Certification and Watchkeeping for Seafarers, 1978	ㅇ 선원의 훈련·자격증명 및 당직근무에 관한 최저기준 규정 ㅇ 선장, 항해사, 기관사에 대한 재교육규정
어선원 훈련·자격증명 및 당직유지의 기준에 관한 국제협약(STCW-F 1995) International Convention on Standards of Training, Certification and Watchkeeping for Fishing Vessel Personnel, 1995	ㅇ 어선원의 훈련·자격증명 및 당직유지 기준
해상수색 및 구조에 관한 협약(SAR 1979) International Convention on Maritime Search and Rescue, 1979	ㅇ 조난자에 대한 연안국의 수색 및 구조 의무화 ㅇ 구조조정본부 및 지부의 설치 등 수색·구조 체제의 확립 ㅇ 인접국가와 공동 수색·구조구역설정, 장비의 상호이용, 요원의 훈련에 관한 협정

► 책임 및 보상관련 협약(협약 명칭만 정리)

1	1969 유류오염손해에 대한 민사책임에 관한 협약(CLC 1969)	10	승객 및 수하물의 해상운송에 관한 아테네 협약 1976 의정서(PAL Protocol 1976)
2	유류오염손해에 대한 민사책임에 관한 협약의 1976 의정서(CLC Protocol 1976)	11	승객 및 수하물의 해상운송에 관한 아테네 협약 1990 의정서(PAL Protocol 1990)
3	유류오염손해에 대한 민사책임에 관한 협약의 1992 의정서(CLC Protocol 1992)	12	승객 및 수하물의 해상운송에 관한 아테네 협약 2002 의정서(PAL Protocol 2002)
4	유류오염손해보상을 위한 국제기금 설치에 관한 협약의 1976 의정서 (FUND Protocol 1976)	13	해사채권 책임제한협약(LLMC 1976)
5	유류오염손해보상을 위한 국제기금 설치에 관한 협약의 1992 의정서 (FUND Protocol 1992)	14	해사채권 책임제한협약 1996 의정서 (LLMC Protocol 1996)
6	유류오염손해배상을 위한 국제기금 설치에 관한 협약의 2000 의정서 (FUND Protocol 2000)	15	유독 유해 물질의 해상운송에 따른 손해배상책임에 대한 국제협약 (HNS Convention 1996)
7	유류오염손해보상을 위한 국제기금 설치에 관한 협약의 2003 의정서 (Fund Protocol 2003)	16	유독 유해 물질의 해상운송에 따른 손해배상책임에 대한 국제협약 2010 의정서 (HNS Protocol 2010)
8	핵물질의 해상운송에서의 민사책임에 관한 협약(NUCLEAR 1971)	17	2001 연료유 협약 (Bunkers Convention 2001)
9	승객 및 수하물의 해상운송에 관한 아테네 협약(PAL 1974)	18	난파물제거협약 (Nairobi WR convention 2007)

3-1-2 국내법령

□ 개념

○ 국제기준인 국제협약을 국내에 수용하거나, 국제협약 비적용 선박에 대해 자국의 안전관리 기준을 마련한 개념이다.

□ 주요법령

○ 선박관련 국내기준을 기능상으로 구분해보면 등록, 검사 및 운항에 관한 것으로 분류할 수 있고, 각각은 대상선박*, 법률 소관 부처** 등 여러 이유로 다양한 형태의 법률에 따라 관리된다.

* 국내법에 따른 분류는 크게 선박, 어선 및 수상레저기구 3가지로 분류됨

** 각 법률의 소관부처는 크게 해양수산부, 해양경찰청 및 행정안전부로 구분되며, 아래 소개되는 각 법률은 국가법령정보센터(www.law.go.kr)을 통해 확인 가능

① **(선박법)** 선박등록(말소 포함)에 관한 법률로써 등록을 위한 톤수측정과 등록에 따른 선박국적에 관한 사항을 규정하고 있음

* 법률은 세부사항을 법령체계에 따라 선박법 시행령(대통령령) 선박법 시행규칙(해양수산부령)으로 위임하고 있으며, '선박톤수의 측정에 관한 규칙'(해양수산부령)을 동 법률의 하위법령으로 함께 관리하고 있음. 보다 상세한 기준은 행정규칙(고시, 예규 및 훈령)으로 위임하며, 이하 법률도 동일한 구성임

② **(선박안전법)** 선박의 감항성 확보와 안전운항을 위해 건조 및 검사기준을 규정하고 있는 법률로 적용대상에서 어선과 수상레저기구를 제외함

* 법률은 세부사항을 법령 체계에 따라 선박안전법 시행령(대통령령) 선박안전법 시행규칙(해양수산부령)으로 위임하고 있으며, '선박의 검사 등에 관한 수수료 규칙', '위험물 선박우송 및 저장규칙' 및 '특수화물 선박운송 규칙'(해양수산부령)을 동 법률의 하위법령으로 함께 관리하고 있음

③ **(어선법)** 어선의 등록(말소 포함), 건조, 검사, 거래 및 연구에 관한 기준을 규정하는 법률로 일부 기준을 선박법 및 선박안전법으로 부터 준용하고 있으나, 어선만을 위한 독립적인 구조를 갖춤

* 법률은 세부사항을 법령 체계에 따라 어선법 시행령(대통령령), 어선법 시행규칙(해양수산부령)으로 위임하고 있음

④ **(수상레저법)** 수상레저기구의 등록 및 검사, 조종자격 및 운항시 안전요건 등을 규정하는 법률로 특이한 점은 일부 경우 소유자 선택에 따라 선박법(레저선) 또는 동법(수상레저기구)로 등록 가능

* 법률은 세부사항을 법령체계에 따라 수상레저안전법 시행령(대통령령), 수상레저안전법 시행규칙(해양수산부령, 실제 해양경찰청 담당)으로 위임하고 있음

⑤ **(낚시관리 및 육성법)** 선박 측면에서 법률을 살펴보면, 어선 중 일정기준을 만족하는 경우, 낚시승객을 태워 낚시어선업을 할 수 있도록 하되, 어선법 외의 일정 안전기준을 추가로 요구함

* 법률은 세부사항을 법령 체계에 따라 낚시관리 및 육성법 시행령(대통령령), 낚시관리 및 육성법 시행규칙(해양수산부령)으로 위임하고 있음. 특이사항으로 20년의 선령 제한기준을 마련하고 있음

⑥ **(유선 및 도선 사업법)** 선박 측면에서 법률을 살펴보면, 유선 및 도선에 대해 안전기준(선박안전법 기준준용 및 일부 안전요건 추가 요구), 선원자격 및 안전교육 등에 대한 기준을 규정

* 법률은 세부사항을 법령 체계에 따라 유선 및 도선사업법 시행령(대통령령), 유선 및 도선 사업법 시행규칙(행정안전부령)으로 위임하고 있음. 특이사항으로 선박안전법 적용유무 및 선질에 따른 선령 제한기준을 마련하고 있음

** Tip. 유선과 도선의 기능적 차이는 유선은 유락을 목적으로 특정 항로를 갖지 않고 운항하며, 도선은 도서간의 운송 등을 목적으로 특정 항로(출항지-목적지를 가짐)를 가지고 그 사이를 운항하는 것임

⑦ **(선원법)** 선장의 직무와 권한, 선원의 근로여건(계약, 임금, 근로시간, 휴가, 보건 및 복지), 이행사항 감독 등을 규정하고 있으며, 운항 측면에서는 선장의 직무(항해당직 등) 내용이 주요 조항임

* 법률은 세부사항을 법령체계에 따라 선원법 시행령(대통령령) 선원법 시행규칙(해양수산부령)으로 위임하고 있음. '선원근로감독관규정'(대통령령), '선원근로감독관직무규칙'(해양수산부령)과 '선원노동위원회규정'(대통령령) 및 '선원의 안전 및 위생에 관한 규칙'(해양수산부령)을 동 법률의 하위법령으로 함께 관리하고 있음

⑧ **(선박직원법)** 선박직원(선원)의 직무자격을 규정하는 법으로 선박 규모별 운항 시 항해사, 기관사, 통신사 및 운항사 등의 요구등급과 각 자격 취득을 위한 조건 등을 규정하고 있음

* 법률은 세부사항을 법령 체계에 따라 선박직원법 시행령(대통령령), 선박직원법 시행규칙(해양수산부령)으로 위임하고 있음

⑨ **(해사안전법)** 선박의 운항시 항로제한, 해상교통 안전관리, 선박 및 사업장의 안전관리와 선박의 항법 등에 대해 규정한 법률로 해상에서의 교통법규에 비유 할 수 있음

* 법률은 세부사항을 법령 체계에 따라 해사안전법 시행령(대통령령), 해사안전법 시행규칙(해양수산부령)으로 위임하고 있음

⑩ **(어선안전조업법)** 어선의 조업(해양작업)을 감안하여, 출입항신고, 조업·항행 제한 및 조업시 안전확보를 위한 조치 등을 규정한 법률로 어선에 대한 해사안전법에 비유 할 수 있음

* 법률은 세부사항을 법령 체계에 따라 어선안전조업법 시행령(대통령령), 어선안전조업법 시행규칙(해양수산부령)으로 위임하고 있음

3-1-3 법령체계 및 기본개념

□ 개념

○ 선박건조시 물리적 제약조건 외에도 법령, 협약 및 계약사항 등이 존재하며, 계약사항은 선주와의 계약관계에서 발생하는 것으로 필요시 협의를 통해 조정할 수 있다.

○ 하지만, 법령과 협약은 사회적 파급효과를 고려하여 요구되는 강제적인 안전 기준으로 반드시 만족해야 하며 이에 따라 법령의 체계 등에 대한 기본적인 이해를 갖는 것은 중요한 부분이다.

□ 법령체계

○ **(법령간 체계)** 우리나라의 법령은 헌법을 정점으로 하여 세부적인 내용을 하위법령 이관하는 계층적인 구조를 가진다.

< 법령 상호간 계층체계 >

○ **(법령근거)** 각 법률의 세부사항은 헌법에 의해 대통령령, 총리령 및 각 행정부의 부령으로 규정할 수 있다.

* 「헌법」제75조: 대통령은 법률에서 구체적으로 범위를 정하여 위임받은 사항과 법률을 집행하기 위하여 필요한 사항에 관하여 대통령령을 발할 수 있다.

** 「헌법」제95조: 국무총리 또는 각 행정부의 장은 소관 사무에 관하여 법률이나 대통령령의 위임 또는 직권으로 총리령 또는 부령을 발할 수 있다.

*** 「헌법」제117조: 지방자치단체는 주민의 복리에 관한 사무를 처리하고 재산을 관리하며, 법령의 범위 안에서 자치에 관한 규정을 제정할 수 있다.

○ **(법률 등 범위)** 법률, 시행령(대통령령) 및 시행규칙(총리령, 부령)은 각각 적용범위(소관사항)을 달리한다.

< 법률 등의 적용범위 >

❶ 법률: 국민의 권리 및 의무에 관한 사항 / 헌법에서 법률로 위임한 사항
→ 국민의 권리를 제약하거나, 의무를 부여하는 경우 반드시 법률에서 명시되어야 함 (특히, 벌칙 등의 사항은 법률에서 규정되어야 함)

❷ 시행령(대통령령): 각 부처의 공통적인 사항 / 권한의 위임 및 위탁에 관한 사항 / 법률에서 하위법령으로 이관하는 사항 중 중요한 사항 등

❸ 시행규칙(총리령, 부령): 각 부처가 단독으로 수행하는 사항 / 일반적이지 않고 전문적, 기술적인 사항으로 부처간 논의가 필요 없는 사항 / 각종 서류의 서식 등에 관한 사항

○ **(법률구조)** 법률의 구조는 본칙*과 부칙**으로 구분되며, 본칙은 총칙, 실체규칙, 보칙 및 벌칙으로 구성된다.

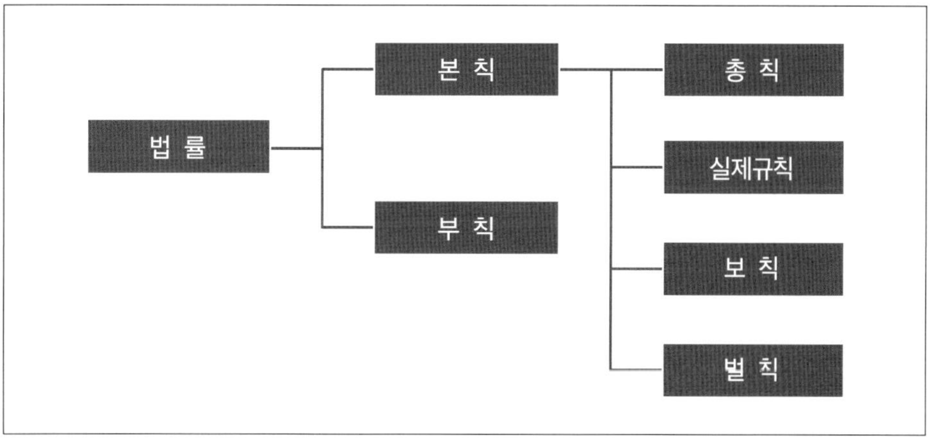

* (본칙구성) 법률의 크기에 따라 '편-장-절-관'으로 구성하며, 실제 내용은 '조' 단위로 작성하고, '조' 아래 세부내용은 '항(①②③···)' → '호(1,2,3···)' → '목(가,나,다···)'로 구분함

** (부칙구성) 부칙은 본칙의 '조' 단위로 구성함

< 법률구조 >

1. **민법**
[시행 2021. 1. 26.] [법률 제17905호, 2021. 1. 26., 일부개정]

⊟ 본문
- ⊞ 제1편 총칙
- ⊞ 제2편 물권
- ⊟ 제3편 채권
  - ⊞ ▸ 제1장 총칙
  - ⊟ ▸ 제2장 계약
    - ⊟ ▸ 제1절 총칙
      - ⊟ ▸ 제1관 계약의 성립
        - ▸ 제527조 계약의 청약의 구속력
        - ▸ 제528조 승낙기간을 정한 계약의 청약
        - ▸ 제529조 승낙기간을 정하지 아니한 계약의 청약
        - ▸ 제530조 연착된 승낙의 효력
        - ▸ 제531조 격지자간의 계약성립시기
        - ▸ 제532조 의사실현에 의한 계약성립
        - ▸ 제533조 교차청약
        - ▸ 제534조 변경을 가한 승낙
        - ▸ 제535조 계약체결상의 과실

어선법

[시행 2020. 8. 28.] [법률 제16568호, 2019. 8. 27., 타법개정]

□ **제41조(검사업무 등의 대행)** ① 해양수산부장관은 공단 또는 「선박안전법」 제60조제2항에 따른 선급법인(이하 "선급법인"이라 한다)으로 하여금 다음 각 호의 업무를 대행하게 할 수 있다. 다만, 선급법인의 경우 제5호 및 제5호의2의 업무는 제외한다. <개정 2009. 5. 27., 2013. 3. 23., 2013. 4. 5., 2016. 12. 27., 2017. 10. 31., 2020. 2. 18.>

1. 제3조의2제1항에 따른 어선의 복원성 승인

1의2. 제14조에 따른 어선의 총톤수 측정·재측정

2. 제21조에 따른 어선의 검사

3. 제22조에 따른 어선의 건조검사, 어선용품의 예비검사 및 별도건조검사

4. 제24조제1항에 따른 어선 또는 어선용품의 검정

5. 제25조제1항에 따른 지정사업장의 지정을 위한 조사

5의2. 제25조제3항 또는 제4항에 따른 어선, 어선의 설비 또는 어선용품의 확인

5의3. 제26조의2에 따른 제한하중등의 확인 및 하역설비검사기록부의 작성

6. 제28조제3항에 따른 어선검사증서 유효기간 연장의 승인

7. 제37조제2항에 따라 준용되는 다음 각 목의 업무

가. 「선박안전법」 제12조제1항에 따른 국제협약검사

나. 「선박안전법」 제13조제1항에 따른 도면승인

다. 「선박안전법」 제41조제2항에 따른 위험물의 적재·운송·저장 등에 관한 검사·승인

⊟□ 부　칙 <법률 제11754호, 2013. 4. 5.> [부칙 접기]

제1조(시행일) 이 법은 공포 후 6개월이 경과한 날부터 시행한다.

제2조(임시검사 생략에 관한 적용례) 제25조제4항의 개정규정에 따른 확인된 부분에 대한 임시검사의 생략은 이 법 시행 후 임시검사를 하는 경우부터 적용한다.

- **(총칙)** 해당 법률의 목적 및 정의 등 총괄적인 내용을 규정
- **(실제규칙)** 해당 법률의 목적을 달성하기 위해 세부적이고 상세한 내용을 규정
- **(보칙)** 해당 법률의 이행을 위해 필요한 위임·위탁 등의 내용을 규정
- **(벌칙)** 실체규칙에서 규정한 내용을 이행하지 않거나, 적합하지 않는 경우 등에 대한 처벌 또는 행정처분(과태료 등) 내용을 규정
- **(부칙)** 해당 법률 시행에 관한 내용인 시행일, 유효기간, 적용례*, 경과조치** 및 다른 법률과의 관계 등을 규정

* 적용기준이 모호하거나 복합한 경우, 적용례를 통해 명확하게 설명

** 특정한 기준이 신설되었을 때, 기존의 대상에 대해 적용여부를 설명하며, 통상 기존대상을 소급 적용하지 않을 때에는 '이 기준 시행 이전에 대상은 이 기준을 만족한 것으로 본다'는 등의 표현을 통해 적용여부를 명시

○ **(제정 및 폐지)** 규율하고자 하는 입법사항이 기존 법률의 개정으로 규정하기 곤란한 경우 제정을 하며, 법령의 효용이 다하거나 다른 법률과 통합되는 경우 폐지*한다.

* 폐지된 법률이라 할지라도 연혁법률로써 관리될 필요가 있기 때문에 폐지시 부칙 제1조(시행일), 제2조(법률의 폐지) 내용을 명시하여야 함

○ **(개정원칙)** 법률에서 행정규칙까지의 법규의 통상적인 개정방식으로 본칙은 흡수식, 부칙은 증보식으로 적용한다.

- **(본칙-흡수식)** 개정전 조문과의 충돌을 피하기 위하여 개정문은 남기고, 종전의 조문은 삭제하는 방식
- **(부칙-증보식)** 부칙은 시행일, 적용예 등 본칙의 상세한 적용기준을 규정함에 따라 History 관리를 위해 누적하여 기입하는 증보식 적용

* 통상 법률의 개정시 기존의 대상은 '부진정소급 적용원칙'에 따라 개정내용을 적용하지 않지만, 일부 경우 소급하여 적용하기도 함(세법 등은 소급적용의 대표 사례)

○ **(개정방식)** 개정방식은 전부개정, 일부개정 및 일괄개정 등이 있고 세부내용은 다음과 같다.

- **(전부개정)** 개정 조문수가 전체조문의 2/3 이상인 경우로, 내용이나 형식의 전반적인 개정이 요구되거나 법률의 핵심 내용이 변경되는 경우 적용하는 방식

* 주의사항: 전부개정시 기존 부칙은 모두 삭제(소멸)되고 실효됨에 따라, 효력을 유지해야 하는 부칙인 경우, 다시 전부개정법률안의 부칙에서 규정해야 함

** Tip. 전부개정과 폐지·제정의 차이: 전부개정은 개정전후 법률의 동질성을 강조하는 경우에 적용하고, 폐지·제정은 신구법간의 본질적인 내용의 변경시 적용

- **(일부개정)** 특정 1개 법률에 대해 전부개정이 아닌 경우에 해당
- **(일괄개정)** 관련성 있는 다수의 법률을 한 번에 개정하는 경우 적용

< 일괄개정 주요원칙 >

❶ **(법률 제명)** A법률의 제개정 또는 폐지에 따라 B,C 등의 다수 법률에 인과관계가 존재할 때와 인과관계 없이 병렬적 관계일 때 제명을 달리 적용

► (인과관계) 'A법 시행(제정 또는 개정)에 따른 B 법 등의 정비에 관한 법률안'

► (병렬관계) '~~를 위한 A법 등 일부개정법률안' 또는 'A법 및 B법 일부개정법률안' (예시: 우리말 순화, 기관명칭 변경 등 용어변경 등은 병렬관계)

❷ (개정 방법) 일괄개정은 같은 발령 형식별로 실시

► 대통령령은 대통령별로, 부령은 각 부처 소관부령별로, 행정규칙은 행정규칙 별로 일괄 개정 가능

❸ (조문 형식) 각 개정 대상 법령별로 조를 두고 개정지시문을 붙임 ► 각 조마다 '(OO법의 개정)'과 같이 제목을 붙인 후 개정문 작성(아래 예시 참조) 제OO조 (「A법」의 개정) A법의 일부를 다음과 같이 개정한다. 제OO조 중 '□□공단'을 '△△공단'으로 한다.

○ **(개정관리)** 동일한 법규라도 개정으로 내용이 달라지기 때문에, 각 개정 법규마다 구분할 수 있는 관리체계 필요하며, 다음의 방식으로 관리된다.

- **(표기방식)** 법규명, 시행시점, 종류 및 연번 개정시점과 개정방식의 정보를 조합하여 표기함

법규명 + [시행 년월일] + [법규종류, 연번, 개정 연월일, 개정방식] 예) 선박안전법 [시행 2020. 8. 19.] [법률 제17028호, 2020.2.18., 일부개정]

- **(부칙표기 방식)** 부칙은 본칙과 달리 증보식이기 때문에 각 부칙마다 연번과 개정연월일을 표기함

부칙 + <법규종류, 연번, 개정 연월일> 예) 부칙 <법률 제17028호, 2020. 2. 18.>

3-1-4 법령검색 및 활용

□ 국내기준 검색 및 활용법(국가법령정보센터 활용방법)

○ 국내 모든 법규(법률, 법령 및 시행규칙)와 행정규칙(고시, 예규 및 훈령) 그리고 조약에 관한 내용(현행 및 연혁법령) 등을 확인 할 수 있는 곳이 법제처가 관리하는 국가법령정보센터(www.law.go.kr, 어플 有)이다.

* 실제 서비스 되는 기능은 자치법규, 판례·해석례, 법령용어 검색 등도 가능하고, 일부법령은 영문으로도 지원

- **(현행법령 검색방법)** 사이트 접속 후 법령, 행정규칙 등을 선택하고, 원하는 법률 등을 키워드*로 검색하여 최신 규정을 확인

* 법령명, 법령본문, 조문내용, 조문제목 등을 선택하고 검색시 법령제목을 알지 못하더도 해당 키워드가 포함된 모든 법률을 검색 가능

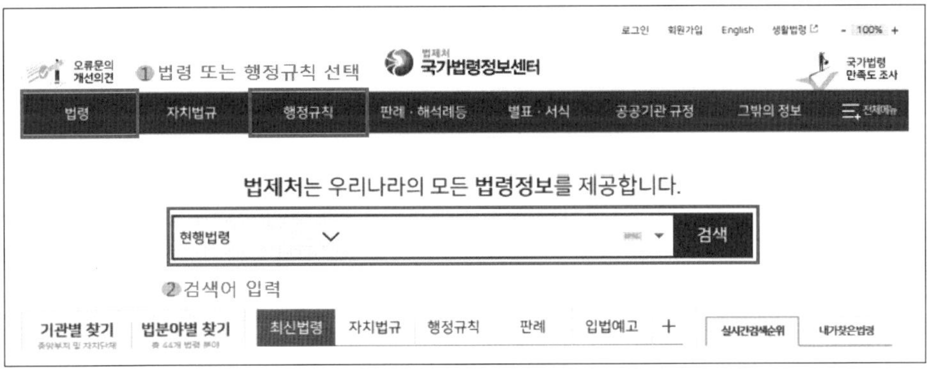

- **(연혁법령 등 검색방법)** 현행법령 검색 후 연혁법령, 외국어번역 등을 선택하여 연혁법령 및 외국어번역본 등을 확인 가능

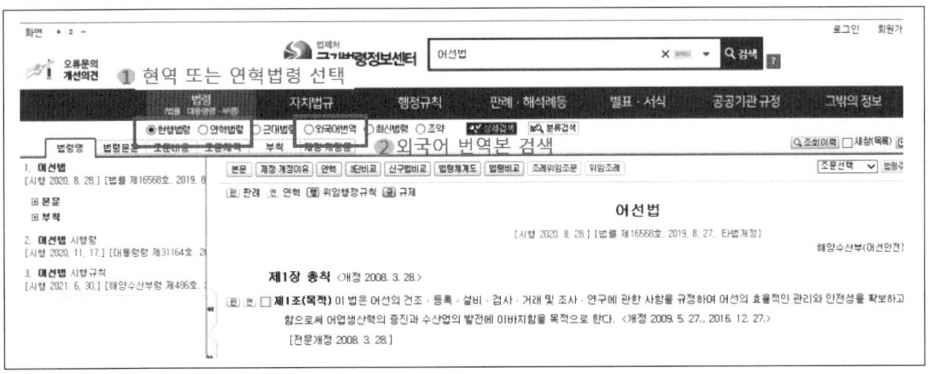

- **(제·개정 이유 확인)** 현행법령 및 각 연혁법령을 선택하고, 제정·개정 이유를 선택하여 제·개정 취지를 확인 할 수 있음

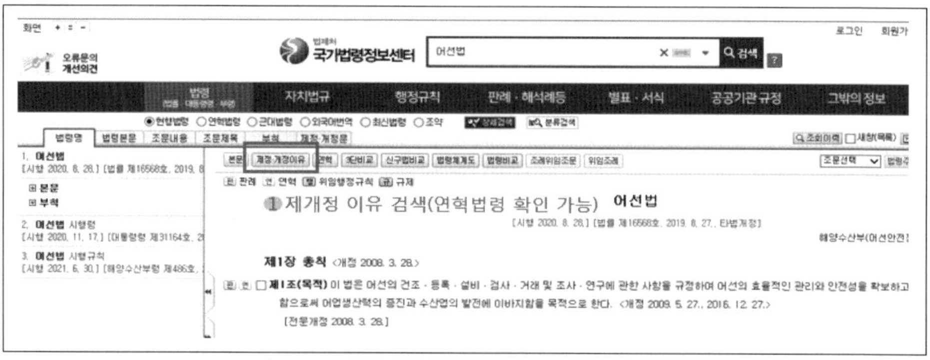

- **(법령체계 확인)** 모든 법률은 기본적인 사항을 법률에 담고 상세한 사항은 시행령, 시행규칙 및 행정규칙으로 위임하는 구조를 갖게 되는데, 법령체계도 선택 시 해당 법률의 전체 구조 확인 가능

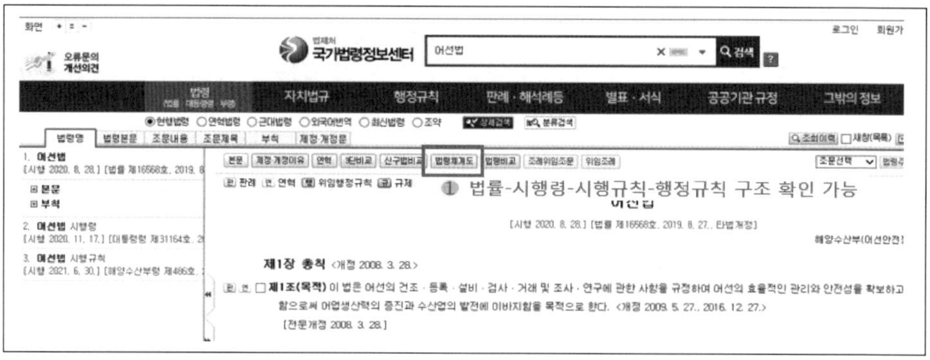

- **(법령비교)** 법률에서 시행규칙까지 위임구조를 한눈에 볼 수 있는 3단비교 기능과, 유사법률을 비교하여 볼 수 있는 법령비교 기능 有

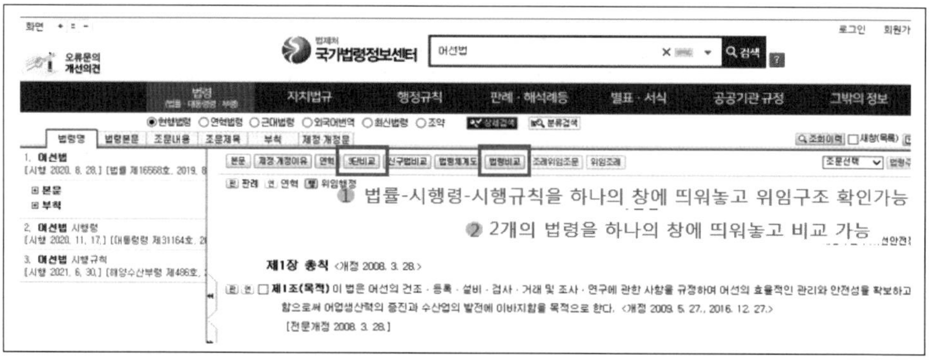

- **(조문검색)** 국가법령정보센터에서 법률 검색 후 좌측의 해당법률 선택 시 각 조문이 트리구조로 생성되어 조문명을 통해 손쉽게 법률의 주요내용과 조문을 검색가능

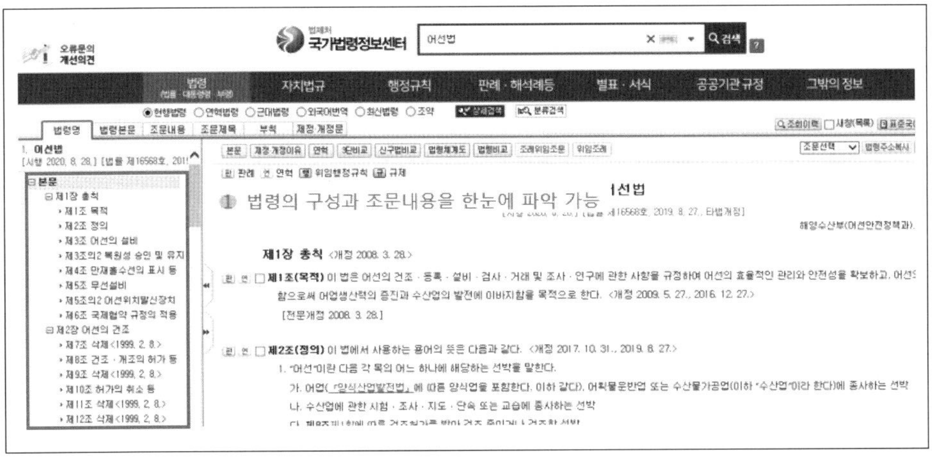

- **(기관별 검색)** 법률의 소관 기관별 검색 가능

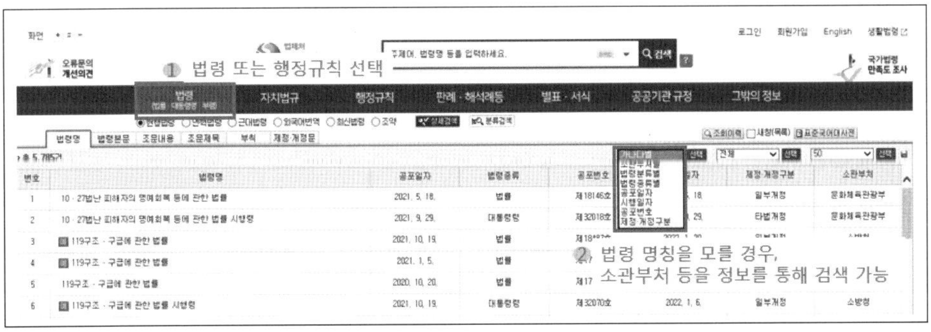

- **(다운로드)** 법률 검색 후 다운로드를 희망하는 조항을 클릭하고, 디스켓 아이콘 클릭 시 해당 내용을 파일로 다운로드 가능

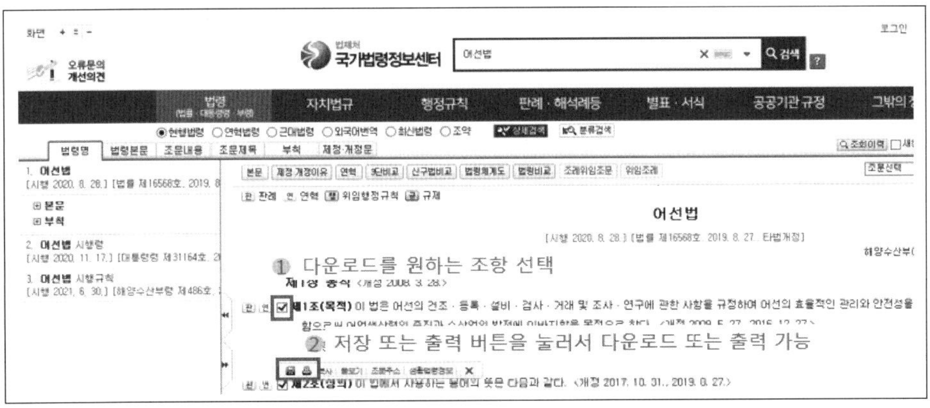

제2장 선박검사

1. 선박검사

: 국제협약과 국내법령에서 선박의 안전을 담보하기 위한 수단으로 선박검사를 규정하고 있다. 선박 자체에 대한 검사는 크게 기국검사 및 협약검사로 나눌 수 있다. 기국검사 및 협약검사는 관련 법률(또는 협약)에 따라 건조 시부터 정기적으로 검사를 받도록 하고 있으며(건조검사, 정기검사, 중간검사), 개조, 해양사고 또는 목적변경 등 특정 이벤트가 발생했을 때도 검사(임시검사, 특별검사)를 받도록 하고 있다.

2. 선박용품검사

: 선박에 탑재되는 설비 중 안전과 관련 된 설비는 그 안전성을 사전에 확인하여 설치하도록 하고 있다. 통상, 엔진과 같이 규모가 크고 각 선박에 따라 제작되는 품목은 예비검사를 통해서 제품별로 검사를 하고, 구명조끼와 같이 규모가 작고 같은 형식으로 한 번에 대량의 제품을 생산하는 경우는 형식승인 및 검정을 받는다. 또한 국내에서는 일정 자격을 갖춘 경우 최초검사를 면제해주는 지정사업장 제도를 함께 운영하고 있다.

3. 항만국검사

: 외국선박이 각 국의 항(Port)에 입항하는 경우, 선박안전과 관련하여 규정된 국제협약을 만족하는지 여부에 대해서 주관청의 담당 공무원이 실시하는 검사이다. 선박검사와 내용이 일부 중복될 수 있으나, 시행주최와 시기가 다른 것이 특징이다.

3-2-1 선박검사

□ 개념

ㅇ 선박검사는 선박의 안전성을 담보하기 위해 법규 및 협약에 따라 실시하는 것으로 강제성이 있는 것이 특징이며, 강제성은 검사합격 여부에 의해 항구 또는 해역의 출입항 통제 등으로 관리된다.

ㅇ 선박검사는 근거, 적용대상 및 목적 등에 따라 기국검사, 협약검사 및 항만국검사로 구분할 수 있고, 기국검사와 협약검사는 다시 본선검사와 선박용품에 대한 검사로 구분할 수 있다.

□ 기국검사 및 협약검사

ㅇ **(개념)** 기국(旗國)검사는 선박의 등록관청에서 자국 선박에 대한 안전관리를 위한 안전기준의 만족여부를 확인하는 검사라 할 수 있다.

ㅇ **(적용범위)** 선체부터 각종 설비에 이르기까지 선박 전반에 대해 검사를 수행하며, 통상 권리 및 의무에 관한사항을 법령*에서 규정하고, 세부적인 기술기준은 행정규칙(고시)로 규정하고 있다.

* 우리나라는 크게, 선박안전법, 어선법 및 수상레저안전법으로 구분 할 수 있음

** Tip. 법규는 법, 시행령, 시행규칙 및 행정규칙을 포괄하여 의미하고, 법령은 법, 시행령 및 시행규칙까지만 의미함

ㅇ **(검사종류)** 선박검사는 건조 시 건조검사를 시작으로 등록 후 정기적인 검사와 개조나 수리 등에 따른 비정기적 검사로 구분된다.

① **(건조검사)** 선박 건조시 안전기준 만족여부를 확인하는 검사로, 수입선 또는 법령에 따른 선박의 종류(선박, 어선 및 레저선)를 변경하여 등록하고자 할 경우*에도 건조검사를 수행

* 별도건조검사: 건조검사에 준하는 검사로, 이미 건조된 선박이 수입되는 등의 경우에 건조 시 만족하여야 하는 안전기준의 충족여부를 검사

② **(정기적 검사)** 선박건조 이후 유지상태에 대해 안전기준 만족여부를 확인하는 것으로 5년 주기 정기검사와 정기검사 사이의 중간검사로 구분

- 중간검사는 다시 제1종 중간검사 및 제2종 중간검사로 구분되며, 제1종 중간검사는 사실상 선체 및 모든 설비를 검사함에 따라 상가검사(Dock 등 육지로 선박을 올려서 검사 수행)가 필요한 것이 특징
- 제2종 중간검사는 제1종에 비해 완화된 검사로 검사항목이 작기도 하며, 상가검사가 수반되지 않는 것이 가장 큰 차이 점임
- 검사의 주기는 정기검사 5년을 주기로 그 사이 3번의 중간검사를 수행하며, 제1종 중간검사를 2번, 제2종 중간검사를 1번 실시하고, (통상 기준일 전후 3개월 내 허용) 그 시기는 법령을 따름*

* 기본적으로 「선박안전법」에서는 제2종 중간검사를 정기검사 다음으로 규정하고 있고, 「어선법」에서는 2번째 또는 3번째 중간검사 시기 중 선택할 수 있도록 하고 있음. 또한, 각각의 법률에서 규모 및 선종 등에 따라 검사시기를 달리하고 있음

<「선박안전법」에 따른 중간검사시기 >

구분	종류	검사시기
가. 여객선, 원자력선, 잠수선, 고속선, 수면비행 선박(여객용만 해당한다) 및 선령 30년 이상 선박으로서 선박길이 24미터 이상인 선박	제1종 중간 검사	검사기준일 전후 3개월 이내
나. 다음의 어느 하나에 해당하는 선박 1) 평수구역만을 항해하는 선박길이가 24미터 미만인 선박(가목의 선박은 제외 한다) 2) 삭제 3) 준설토 운반부선 및 부유식 해상구조물 4) 선박길이가 12미터 미망인 범선	제1종 중간 검사	정기검사 후 두번째 검사기준일 전 3개월부터 세 번째 검사기준일 후 3개월까지
다. 가목 및 나목에 해당하지 아니하는 선박	제1종 중간 검사	정기검사 후 두번째 또는 세번째 검사기준일 전후 3개월 이내. 다만, 선저검사는 지난번 선저검사일부터 3년을 초과하여서는 아니된다.
	제2종 중간 검사	검사기준일 전후 3개월 이내(정기검사 또는 제1종 중간검사를 받아야 하는 연도의 검사기준일은 제외한다)

비고
1. "고속선"이란 「해상에서의 인명안전을 위한 국제협약」에 따른 고속선을 말한다.
2. "선저검사"란 선박의 밑 부분에 대한 검사를 말한다.

* 검사기준일이란, 선박검사증서의 유효기간 시작일부터 해마다 1년이 되는 날을 의미하며, 사실상 최초 정기검사로부터 매 1년 되는 날을 의미함

< 「어선법」에 따른 톤급별 정기적 검사주기 >

구분	2톤 미만	2~5톤	5톤 이상	
			24m 미만	24m 이상
정기검사	5년			
중간검사	없음	2.5년	2.5년	매년

* 「어선법」에 따른 어선은 「선박안전법」에 따른 선박 대비 작은 규모이며, 규모에 따라 중간검사 시기를 차등 적용하고 있어 표로 요약하면 위와 같음(참고로, 「선박안전법」에서도 2톤 미만 선박은 중간검사를 면제하고 있음)

③ **(비정기적 검사)** 개조·수리, 해양사고 등의 사유가 발생한 경우, 수행하는 검사로 크게 임시검사, 임시항행검사 및 특별검사로 구분할 수 있으나, 법령에 따라 각각의 의미가 다소 차이를 가짐

- **(임시검사)** 통상 개조·수리 등 검사상태의 변경이 있거나, 해양사고로 중대한 변경이 발생한 경우 등에 실시하며, 안전기준이 강화되어 현존선에 소급적용* 되는 경우에 수행하기도 함

  * 안전관리 정책에 따라 안전기준이 강화되고 시행일 이전 건조된 선박에도 소급적용하는 경우, 개정된 기준의 발효일로부터 지정된 특정날짜 이내에 임시검사 수행

- **(임시항행검사)** 수리 등을 목적으로 조선소까지 이동하거나, 건조 시 시운전 등을 위한 검사로 해당 선박이 항해목적 등을 고려하여 최소한의 항해능력이 확보되어 있는지를 검사

- **(특별검사)** 법령에 따라 가장 큰 차이를 보이는 검사로, 해당 법령의 특징에 따라 다르며 기본적으로 상기 검사 이외의 검사라 할 수 있음(「선박안전법」은 해양사고 발생시, 「어선법」은 목적 외 사용 시 실시)

  * 「선박안전법」: 해양사고 발생 또는 유사사고가 지속적으로 발생하는 경우 실시

  ** 「어선법」: 어업 목적 이외로 사용되는 경우 실시하며, 어선은 규모가 작고 척수가 많아 해역조사, 유도선이 들어갈 수 없는 지역의 유도선 대체 등 사용범위가 넓어, 특별검사로 어선외의 공익목적으로의 사용을 허용(단, 해당기간동안 어선으로 사용 불가)

○ **(검사기관)** 법령에 따라 검사업무의 대행기관이 지정되며, 우리나라는 선급법인*(한국선급 및 프랑스선급)과 한국해양교통안전공단에 검사업무를 위임하고 있다.

* 선박보험 가입을 위한 선급의 선택은 선박 소유주의 선택이나, 의무화 된 기국검사는 위임된 검사기관만이 수행할 수 있음(주요선급은 상호검사를 인정하고 있음)

** Tip. 선급의 시작은 선박사고로 인해 빈번한 보험료 지급 문제가 발생하자, 보험가입을 위해 선박검사 전문기관인 선급의 검사를 받도록 한 것에서 시작

※ **(협약검사)** 협약검사는 국제협약에 따라 협약적용을 받은 선박에 동일수준의 안전관리를 위해서 실시하는 검사로 큰 개념에서는 기국검사와 크게 다르지는 않으나, 용어 등 미묘한 차이를 갖는다.

< 협약검사 종류 >

❶ 최초검사: 최초로 국제항해에 사용하는 경우 받는 검사(협약 적용시 받는 최초의 검사)
❷ 정기검사: 국제협약검사증서의 유효기간이 끝난 경우 받는 검사
❸ 중간검사: 국제협약검사증서의 두 번째 검사기준일 또는 세 번째 검사기준일 전후의 3개월 이내에 받는 검사(제1종 중간검사와 유사)
❹ 연차검사: 국제협약검사증서의 매 검사기준일 전후의 3개월 이내(❸의 중간검사를 받는 연도의 검사기준일은 제외)에 받는 검사(제2종 중간검사와 유사)
❺ 임시검사: 국제항해에 취항하는 선박으로서 기국검사의 임시검사와 동일한 사유 발생시 수행

3-2-2 선박용품검사

□ 개념

○ 선박(어선)용품* 검사는 기국검사(협약검사 포함)에 포함된 내용으로 선박에 설치되는 각종 장비에 대해 본선 설치 전 장비 자체에 대해 안전성을 검사하는 과정이라 할 수 있다.

* 법령에 따라 선박용품과 어선용품은 구분되어 관리되며, 선박용품의 품목이 더 많고 어선용품은 선박용품과 거의 유사하나, 어선의 특수성 등을 고려하여 어선용품으로만 지정된 품목이 일부 있음

□ 적용범위 및 검사종류

○ **(적용범위)** 국내법규 또는 국제협약에서 규정하고 있는 설비(법정설비) 일체를 대상으로 본선 설치 전 안전기준 만족여부를 검사한다.

○ **(검사종류)** 검사종류는 설비의 유형과 생산방식 등에 따라 '예비검사'와 '형식승인 및 검정'으로 구분*된다.

* 기국검사의 경우, 지정사업장 제도를 추가로 운영하고 있으며, 인력, 설비 및 자체 품질규정 등 법규에서 요구하는 사항을 만족하고 주관청으로 부터 승인 받은 경우, 최초검사를 면제 할 수 있는 제도로 본선 및 선박용품에 적용될 수 있음

① **(예비검사)** 각 선박에 설치되는 법정설비에 대해 개별적으로 안전기준 만족여부를 검사하는 것으로, 통상 주기관과 같이 규모가 크고 복잡하며, 각 호선에 맞게 제작하여 한 번에 대량으로 생산하지 않는 경우 적용

② **(형식승인 및 검정)** 통상 구명조끼, 구명뗏목 등과 같이 규모가 작고 간단하여, 같은 제품을 한 번에 대량생산하는 경우 적용

- **(형식승인)** 해당 법정설비의 모든 요구기준에 대해 지정된 형식승인시험기관의 시험을 통해, 만족하는 경우 그 형식에 대해 승인

- **(검정)** 형식승인을 받은 경우, 제품의 수량을 기준으로 전수 또는 표본을 추출하여 형식승인 기준 중 일부 기준의 만족여부를 확인하는 단계

* 형식승인 및 검정 절차: 제작자 → 형식승인시험기관 시험의뢰 → (합격시) → 형식승인 신청(선박용품-지방청, 어선용품-해수부) → 형식승인 → 검사대행기관 검정신청 → (합격시) → 검정필 확인 후 탑재가능

○ **(검사기관)** 기국검사와 동일하게 법령에 따라 검사기관이 지정되고 있다.

3-2-3 항만국검사

□ 항만국검사(항만국 통제, Port State Control(PSC))의 개념과 기준

○ **(개념)** 외국선박이 각 국의 항(Port)에 입항하는 경우, 선박안전과 관련하여 규정된 국제협약을 만족하는지 여부에 대해서 주관청의 담당 공무원으로 하여금 검사하도록 하는 것이다.

- 선박의 협약 만족여부 및 국제관계 등을 종합적으로 고려하여, 수리 등의 시정조치 요구에서 최대 출항통제*까지 가능

* 출항통제 측면에서 기국검사와 차이를 보이며, 기국검사는 검사를 합격하지 못하는 경우 검사증서의 유효성이 만료되어 출항통제 기관에 의해 출항이 정지됨

○ **(기준)** 항만국 검사 시 적용기준은 국제협약이 되며, 「선박안전법*」에서 규정하는 항만국 통제에 적용되는 국제협약은 다음과 같다.

* 어선은 어선안전에 관한 국제협약인 「케이프타운협정(Cape town agreement)」이 발효되지 않아 실제 항만국 통제에 있어 어선에 관한 기준은 없는 실정임

< 항만국 통제시 적용되는 국제협약 종류: 「선박안전법」 기준 >

❶「해상에서의 인명안전을 위한 국제협약」
❷「만재흘수선에 관한 국제협약」
❸「국제 해상충돌 예방규칙 협약」
❹「선박톤수 측정에 관한 국제협약」
❺「상선의 최저기준에 관한 국제협약」
❻「선박으로부터의 오염방지를 위한 국제협약」
❼「선원의 훈련·자격증명 및 당직근무에 관한 국제협약」

부 록

부록 1. 필수 기초수학 항목

1. 삼각함수

주기함수는 어떤 주기를 가지고 함수값이 반복되는 함수이며, 삼각함수는 가장 기본적인 주기함수이다. 따라서 공학문제를 풀기 위해 일반적으로 규칙성을 찾고, 그 규칙성을 통해 문제를 해결하는데 활용 될 수 있다.

2. 미분방정식

미분방정식은 종속변수를 독립변수에 대해 미분한 도함수를 포함하는 방정식이다. 따라서 다양한 변수들을 식으로 표현하여 실제 현상에 대한 모델링을 수학적으로 표현할 수 있다. 공학문제에도 유용하게 사용되며, 많은 공학문제는 2계 편미분 방정식이 된다. 하지만 대부분의 2계 편미분 방정식은 해석적으로 풀 수 없다. 따라서 수치해석적 접근을 통해 연립방정식으로 쪼개서 풀이하게 되며, 이때 최종적인 해를 구하는 것은 역행렬을 사용한다. 미분방정식의 해는 일반적으로 독립변수를 시간으로 함으로서 시간에 대한 상태 또는 거동을 의미하게 된다.

3. 선형대수학

선형대수학의 범주 중 공학문제에 많이 활용되는 부분은 선형성, 행렬식 및 역행렬이다. 선형성은 입력과 출력 사이에 직선의 비례관계를 갖는 것이고, 수학적으로는 Additivity($f(x+y)=f(x)+f(y)$)와 Homogeneity($f(ax)=af(x)$)가 성립함을 의미하고 이는 각 식의 중첩이 가능함을 뜻한다. 미분방정식이 선형성을 갖는 경우 여러 개의 연립방정식으로 쪼개서 풀이를 하고, 효율적인 계산을 위해서는 여러 개의 방정식을 행렬 형태로 표현하여, 역행렬을 구함으로써 한 번에 모든 방정식을 풀 수 있다. 이에 따라 역행렬 계산 중심의 선형대수학의 학습이 필요하다.

4. 테일러 급수

공학은 알고 있는 정보를 활용하여 알지 못하는 정보를 예측 하는데 목적이 있다. 테일러 급수는 알고 있는 범위 내의 정보를 활용하여 해당 범위 밖의 정보를 추정할 수 있도록 하는 유용한 수단으로 학습이 필요하다.

5. 푸리에 급수 및 푸리에 적분

푸리에 급수는 모든 주기 함수(현상)에 대해 삼각함수를 이용하여 주기함수로 표현할 수 있다는 것에서 중요한 의미를 갖고, 푸리에 적분은 비주기 함수(현상)을 주기함수로 표현할 수 있는 수단임을 기억한다.

6. 수치해석

앞서 언급한 미분방정식을 풀 수 있는 범위는 제한적이다. 하지만 공학문제의 해결을 위해서는 대안이 필요하며 이러한 대안이 수치해석이다. 핵심개념은 정확한 해를 구할 수 없으나, 유의미한 범위 내의 오차를 허용하면 근사 해를 구할 수 있으며, 그러한 해를 구하는 방법이 수치해석이라 할 수 있다.

부록 2. 필수 기초과학 항목

제1장 물리

1. 스칼라와 벡터

어떠한 상태를 표현할 때 절대적인 크기만을 나타내는 것이 스칼라이고, 크기와 방향을 갖는 것이 벡터이다.

2. 단위

단위는 상태의 종류와 크기를 나타내는 상호간의 약속이며, 완전히 독립적인 기본단위가 있고 기본단위를 조합한 단위가 있다. 그리고 국가 또는 지역간 달리 규정하기도 하나, SI단위로 적용하는 추세이다.

< 기본단위: SI단위 기준 >

차원	기호	명칭	차원	기호	명칭
길이	m	미터	온도	K	캘빈
질량	kg	킬로그램	물질량	mol	몰
시간	s	초	광도	cd	칸데라
전류	A	암페어			

3. 단위환산법

사용하는 단위가 다른 경우 등 필요시 단위를 바꾸어야 하며, 기본적인 내용이나 단위환산 오류로 치명적인 결함이 발생하기도 한다. 단위환산의 중요성을 고려하여 알기 쉽게 풀어쓴 단위환산 방법을 참고자료로 붙인다.

4. 운동의 법칙

운동법칙은 물리적 현상의 원리 또는 패턴을 설명하는 것으로 공학문제의 해결을 위한 단초가 되며, 뉴턴의 1~3법칙을 학습해야 한다.

- ► **(제1법칙 관성의 법칙)** 물체가 정지 또는 같은 속도로 운동하고 있다면 그 상태를 계속 유지하고자 한다.
- ► **(제2법칙 힘의 법칙)** 힘은 질량과 가속도에 비례한다. (F=ma)
- ► **(제3법칙 작용반작용의 법칙)** 물체에 힘을 가하면 반대방향으로 같은 크기의 힘을 작용한다.

5. 일과 에너지

공학에서는 대상의 위치나 운동상태 등이 유의미한 값이고, 이러한 상태를 바꿀 수 있는 원동력이 에너지며, 상태를 바꾸는 행위를 일이라고 한다. 따라서 일과 에너지는 같은 의미이다.

< 기본개념 >

기호 단위
- ► **(질량, m, kg, 스칼라)** 물체의 고유값

  * (주의) 무게는 중력가속도가 고려된 값으로 지구나, 달 혹은 그 밖의 우주공간에 따라 값이 다르지만 질량은 항상 같다(참고: kgf로 표기 된 경우, f는 중력가속도 g라고 볼 수 있음)

기호 단위
- ► **(속도, v, m/s, 스칼라)** 물체의 이동거리를 소요된 시간으로 나눈 값

기호 단위
- ► **(가속도, a, m/s^2, 벡터)** 속도의 시간당 변화량

기호 단위
- ► **(힘, F, kg*m/s^2, 벡터)** 질량과 가속도의 곱

기호 단위
- ► **(일, J, (kg*m/s^2)*m, 벡터)** 힘과 힘의 방향으로 이동한 양을 곱한 값

기호 단위
- ► **(일량, W, [(kg*m/s^2)*m]/s, 벡터)** 시간당 일의 양

< 일과 에너지전환 >

❶ 위치에너지 = mgh (m: 질량, g: 중력가속도, h: 기준점으로 부터의 높이)

❷ 탄성에너지 = $\frac{1}{2}kx^2$ (k: 스프링상수[N/m], x: 기준점으로 부터의 거리)

* 탄성에너지 = $\int_0^x (kx)dx = \frac{1}{2}kx^2$

❸ 운동에너지 = $\frac{1}{2}mv^2$ (m: 질량, v: 속도)

* 운동에너지 = Fxd = (ma)xd = $m[\frac{v_{나중} - v_{처음}}{t}][\frac{1}{2}(v_{처음} + v_{나중})t] = \frac{1}{2}mv^2$

F: 힘[N], d: 이동거리[m], t: 시간

► 각 에너지는 다른 형태의 에너지 또는 일로 전환 가능

6. 질량보존, 운동량보존, 에너지보존 법칙

보존법칙은 자연현상의 원리를 과학적으로 표현한 것이다. 보존된다는 것은 변화하기 전후의 총량이 유지된다는 의미이다. 따라서 공학에서 문제해결을 위한 수단으로 사용되며, 실제 공학 문제에서는 수학적인 등식으로 표현하여 알고 있는 상태의 정보로 특정 상태를 예측할 수 있도록 한다. 보존법칙은 질량보존, 에너지보존, 운동량보존, 각운동량보존이 있다.

참고 단위환산

□ 목적

ㅇ 앞서 '단위'에 대한 주제에서 살펴본 바와 같이 같은 차원의 단위라 할지라도 국가별로 달리 사용될 수 있다.

ㅇ 또한, 기본단위가 조합된 단위를 활용하거나 과학 또는 공학문제의 풀이과정에서 단위 간의 곱샘이 발생하는 등 단위환산의 이해가 필요하다.

□ 단위환산 방법

ㅇ 등식 또는 부등식의 양변에 같은 값을 더하거나(혹은 빼거나) 아니면 곱하거나(혹은 나누거나) 하여도 결과는 동일하다.

ㅇ 단위환산도 동일한 원리를 적용할 수 있으며, 단위자체를 하나의 '항'으로 보고 같은 값을 곱하거나 나누어 줌으로써 단위환산이 가능하다.

□ 단위환산 예시

ㅇ 대기압을 예시로 하여, 단위환산과 단위의 곱셈 및 나눗셈을 설명한다.

* 대기압 = 0atg = 1atm = 1.0332ata = 1.0332kg/cm^2 = 10.332mAq
= 1.013bar = $1.013 \times 10^5 N/m^2$(Pa) = 0.1013Mpa = 760 mmHg

- 예로 bar를 파스칼(Pa) 단위로 환산한다. 단위환산의 핵심은 단위를 무차원화하여 1로 만드는 것이고, 단위의 곱셈과 나눗셈은 각 단위를 하나의 항으로 볼 수 있다는 것이 원리임

① 1.013bar = $1.013 \times 10^5 N/m^2$(Pa) ------- (1 / 1.013bar)를 양변에 곱함
② 1 = (1.013×10^5 Pa / 1.013bar) ------- 무차원화 되었고, 1은 등식 또는 부등식 양변에 곱하여도 결과가 동일
③ bar를 Pa 단위로 환산시 (1.013×10^5 Pa / 1.013bar)를 곱함
(예시) 10bar = ?Pa
→ 10bar × (1.013×10^5 Pa / 1.013bar) = ?Pa × (1.013×10^5 Pa/1.013bar)
→ 10bar × (1.013×10^5 Pa / 1.013bar) = ?Pa × 1
→ 10bar × (1.013×10^5 Pa / 1.013bar) = ?Pa
→ 10 × (1.013×10^5 Pa / 1.013) = ?Pa
→ 10 × (1.013×10^5 / 1.013)Pa = ?Pa

제2장 화학

1. 물질의 상태

물질은 구성하고 있는 기본단위(분자, 원자)의 활동정도에 따라 고체, 액체 및 기체로 구분된다. 물리에서 대상물질이 외부환경에서 어떻게 거동하는가에 대해 분석한다면, 화학은 대상물질의 내부적 변화에 대해 분석한다. 조선공학에서 화학 관련 내용이 사용되는 것은 공조냉동설비 등에 제한적으로 사용되어 왔으나, 최근 환경규제 관련으로 LNG와 같이 친환경 추진연료에 대한 중요성이 부각되고, 해양플랜트의 정유 프로세스 등에 사용되는 점을 감안 할 때 학습이 필요하다.

2. 순수물질과 혼합물

순수물질은 전체가 같은 입자 종류를 갖는 화합물을 말하며, 화합물은 두 가지 이상의 원소(더이상 분해되지 않는 물질)가 일정한 비율로 결합한 것을 말한다. 혼합물은 2가지 이상의 화합물이 섞여 있는 것으로서, 1가지 상으로 존재하면 균일혼합물, 2가지 이상으로 상을 갖는다면 불균일혼합물이다.

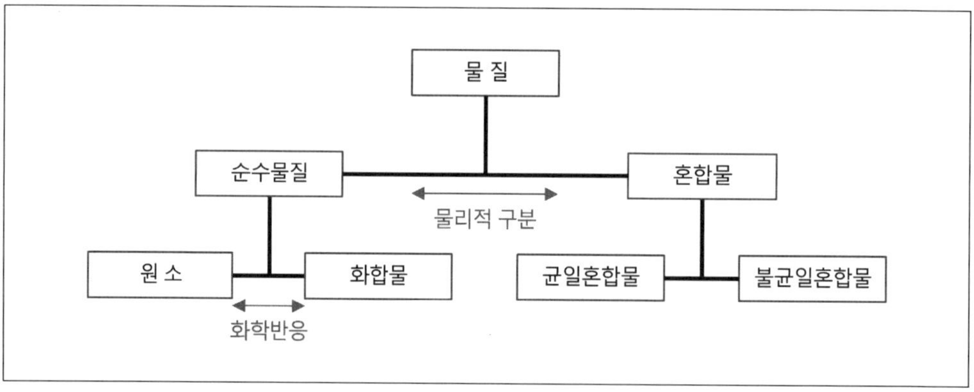

3. 원소, 원자 및 분자

원자는 물질을 구성하는 최소단위로써, 원소가 원자의 종류라고 하면, 원자는 개수를 의미하며, H_2O인 경수 원소는 2개(H.O), 원자는 3개(H 2개, H 1개)가 된다. 분자는 2개 이상의 원자가 결합하여 고유한 성질(특성)을 갖는 묶음 단위이다. 원자와 분자에 관한 주요 이론과 그 배경은 다음과 같다.

< Dalton의 원자론 - 질량보존 및 일정 성분비의 법칙 >

❶ 물질은 더 이상 쪼개질 수 없는 작은 입자인 원소로 구성

❷ 같은 원소의 원자는 모두 동일한 성질을 갖고, 한 원소의 원자는 다른 원소의 원자와 구분됨

❸ 화학반응으로 원자를 다른 종류의 원자로 바꿀 수 없음. (원자는 화학반응으로 변화하지 않음)

❹ 화학반응은 원자들이 교환되어 다른 화합물을 이루는 것
- ▸ 질량보존법칙: 화학반응 전과 후에 물질의 전체 질량은 항상 같다.
- ▸ 일정 성분비의 법칙: 화합물을 구성하는 원자의 종류와 숫자는 일정하다.
- ▸ 배수비례의 법칙: 두 가지 이상의 원소들이 화합물을 생성할 때는 간단한 자연수비로 결합한다. (두 가지 이상의 원소들이 화합물을 생성할 때는 각 원소의 질량비는 일정하다.)

4. 원자와 이온

물질의 최소단위인 원자는 다시 원자핵과 전하로 구성되고, 원자핵은 양성자와 중성자로 이루어 진다. 대부분의 질량은 양성자와 중성자가 차지하며, 전하는 가지고 있는 에너지 크기에 따라 원자핵으로부터 일정한 거리를 유지하며 불규칙하게 운동한다, 가장 최외곽에 있는 전자의 수에 의해 원자의 특성이 영향을 받는다. 관련하여 원자의 결합에 대한 오비발(Orbital) 이론이 있다.

5. 원소의 주기성

원자량의 증가 순서대로 원소를 배열하고, 최 외곽 전자수에 따라 동일한 특성을 갖는 그룹(족)을 묶어 1~18족으로 분류한다. 이것이 원소주기율표이고, 원소의 주기성을 압축적으로 표현한다. 각종 화학식을 이해하는 바탕이 된다.

6. 화학결합

화학결합(Chemical bond)은 분자 내에서 원자들이 인력(양이온과 음이온 간 인력)에 의해 결합되어 있는 것이다. 결합방식으로 이온결합 및 공유결합 등이 대표적이다.

7. 산화와 환원

산화는 산소와 결합하거나 전자를 잃으면서 에너지를 방출하는 현상이다. 환원은 이에 대한 역반응이며 선박에서 친환경 연료의 필요성이 높아지는 상황에서 산화와 환원 반응을 기초로 화학식을 이해할 필요가 있다.

제3장 전기

1. 전하

물질은 양전하와 음전하로 이루어지고 평형상태에서 극성을 띄지 않는다. 하지만 외적 변화에 따라 음전하는 이동을 함으로써 극성을 가지게 된다. 이와 관련된 핵심개념은 다음과 같다.

> ❶ 전하는 양전하와 음전하로 나뉘며, 같은 전하끼리는 밀어내고, 다른 전하 간에는 인력이 존재한다.
> ❷ 전하 사이의 힘은 거리의 제곱에 반비례한다.
> ❸ 전하는 항상 보존된다.
> ❹ 음전하만이 이동한다.
> ► 쿨롱의 법칙: 전하 사이에 작용하는 힘(정전력)은 두 전하의 전하량의 곱에 비례하고, 거리의 제곱에 반비례한다.

2. 전위차와 전위

전위차는 두 지점 사이의 전위의 차이를 말하며, 예를 들면 한쪽 지점에 음의 전하가 다른 지점의 음의 전하보다 많다고 하면 그만큼의 전위차이가 발생했다고 할 수 있다. 전압 또는 전기압력이라고도 불린다.

3. 전류

앞선 설명의 전기압력이란 이름에서 볼 수 있듯이 전하는 유체와 같이 높은 곳에서 낮은 곳으로 이동하게 된다. 이러한 흐름을 전류라 한다.

4. 저항

저항은 전기의 흐름(전류)을 방해하는 성질을 말하며, 도체의 단면적이 작을수록, 길이가 길수록, 온도가 높을수록 저항은 증가한다. 전압은 전류와 저항의 곱이라는 상관 관계를 가진다.

> ❶ 전압[v] = 전류[I] × 저항[R]
> ❷ 동력[W] = 전압[v] × 전류[I]
> ❸ 전력량[W·h] = 동력[W] × 시간[h]
> ※ 도체에 전류가 흐르면 저항에 의해 열이 발생한다[1kw = 0.24 kcal/s]

5. 전기회로

전압과 저항(실제 우리가 사용하고자 하는 전구나 모터가 저항이 된다.)을 이용하여 전기회로를 구성하며, 저항을 어떻게 배치하는가에 따라서 전기회로의 특성이 달라진다. 직렬로 연결하면 각 저항에 동일한 전류가 흐르고, 병렬로 연결하면 각 저항에 동일한 전압이 발생한다. 세분화하면 △접속과 Y 접속이 있으며, △접속 등은 기기장비의 Starting 시 소요전력을 줄이는 방법으로 사용된다.

< 전기회로 구성시 주요원리 >

❶ 전류평형의 법칙(키로히호프 제1법칙): 전기회로의 한 점에 흘러들어오는 전류의 총합과 흘러나가는 전류의 총합은 같다.
❷ 전압평형의 법칙(키로히호프 제2법칙): 임의의 폐회로망에서 기전력의 합은 그 폐회로망 내의 각 저항에 의한 전압강하의 합과 같다.

6. 자기장과의 상관관계

자기장은 자기력이 미치는 장(Field)이며, 자기장 내의 도체에 전류가 흐르면 힘이 발생한다. 이것을 전자기력(또는 전자력)이라 한다. 이러한 원리가 모터의 작동원리이다. 또한 반대로 자기장 내에서 도체를 움직이면 기전력(전압)이 발생하는데 이것이 전자유도이다. 전자유도의 원리가 발전기의 핵심원리이다.

자기장 내의 도체에 흐르는 전류를 변화하면, 코일 자체의 유도기전력(전압)이 발생하는데 이러한 현상을 자기유도라 하며, 두 개의 코일을 갖추고 한쪽 코일의 전류를 변화시킬 때, 다른 한쪽의 코일에 기전력(전압)이 유도되는 것을 상호유도라 한다.

❶ 플래밍의 왼손법칙: 전자기력(F, 엄지), 자기장방향(B, 검지), 전류(I, 중지)는 각각 직교하는 방향의 관계를 가진다.
❷ 페러데이 법칙: 유도기전력의 크기는 코일의 감은 횟수와 단위시간 당 자속변화에 비례한다.
❸ 렌쯔의 법칙: 유도기전력의 방향은 자속의 변화를 방해하는 방향으로 발생한다.
❹ 자기유도: 코일의 전류변화 → 기전력 발생시킨다.
❺ 전자유도: 자기력 변화(코일수/회전수) → 기전력 발생시킨다.
❻ 상호유도: 한쪽 코일의 전류변화 → 다른 한쪽 코일의 기전력 발생시킨다.

7. 직류와 교류

직류(D.C Direct Current)는 시간에 따른 전류의 크기와 방향이 일정한 전류이고, 시간에 따라 전류의 크기와 방향이 바뀌는 것이 교류(A.C Alternating Current)이다. 각각의 특징으로 직류는 극성이 변하지 않아 전자파가 발생하지 않는다(통신유도 장애 낮음)는 것이고, 교류는 변압이 쉬워 송전시 유리한 점이 있고 원하는 전압을 얻기 쉽다.

교류는 주기적으로 변화하기 때문에 다음과 같이 직류와 동등한 일을 하는 것을 규정한 실효값 등의 개념을 갖는다. 또한 이러한 개념의 연장선에서 시간에 따른 위상의 차이로 인해 실제 전력으로 사용 될 수 있는 유효전력과 그렇지 못한 무효전력으로 구분한다. 교류전류를 사용할 경우, 이러한 문제를 해결하기 위하여 시간 차이를 두고 동일한 교류전류를 흘려보내는 3상 방식을 적용한다(동일한 3개의 단상 교류전류를 위상차이를 두고 흘려보냄).

< 직류와 교류 차이 >

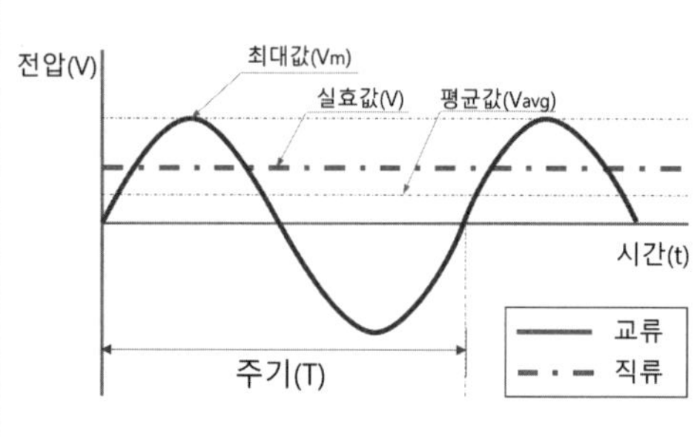

< 유효전력과 무효전력 >

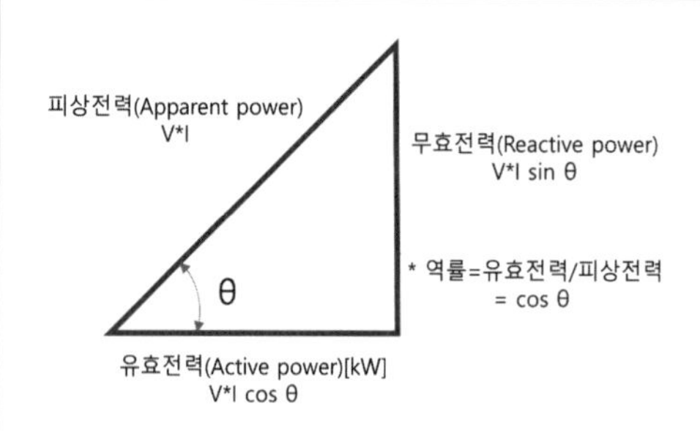

8. 발전기와 전동기

발전기는 자계 속에서 도체를 회전시킴으로써 자기력의 변화를 통해 기전력을 발생시킨다. 전동기는 자계 속에 위치한 도체에 전류를 흘려 회전력을 발생시키는 장치이다. 발전기와 전동기는 전자기유도와 플래밍의 왼손법칙에 따라 동일한 원리를 갖는다. 전동기를 회전시키면 발전기와 동일한 역할을 할 수 있다. 참고로 변압기는 상호유도 원리를 이용하여 전압을 변화시킨다.

부록 3. 필수 공학이론

제1장 공학일반

1. 1차 모멘트(도심, Centroid)

1차 모멘트는 대상물체의 대표값 또는 평균값을 의미하며, 도형인 경우 면적의 중심이, 질량을 가진 경우 무게중심이 된다. 정역학에서는 자중이, 동역학 등에서는 물체에 작용하는 힘이 무게중심에 작용한다고 가정하기 때문에 힘의 작용점을 구할 때 활용된다. 재료역학에서는 보가 굽힘을 받을 때 인장이나 압축이 발생하지 않는 단면인 중립축(단면의 중심)을 구할 때 활용됨에 따라 1차 모멘트를 반드시 이해해야 한다. 참고로 폭이 같다면 면적의 중심과 무게중심은 다르지 않으며, 2차원 평면에 균일 폭을 적용하면 면적중심과 무게중심이 같음을 알 수 있다(역학계산시 균일한 두께를 갖는 경우, 두께를 무시하고 2차원 평면으로 대상을 가정하여 계산하여도 같은 결과를 갖기 때문에 2차원 평면으로 가정한다. 다만, 두께가 다르거나 밀도가 다른 경우에는 해당 구간을 분할하여 각각의 1차 모멘트를 구하고 다시 전체 대상에 대해 1차 모멘트를 구하여 실제 대표값을 찾는다.).

주의할 점은 1차 모멘트는 임의의 기준선으로부터 평균값을 나타내기 때문에 직교좌표계를 적용할 경우, x,y 방향 각각에 대한 1차 모멘트를 계산해야 대표 점(point)으로 특정할 수 있다.

매번 1차 모멘트의 정의를 통해 값을 구하는 것은 비효율적이며, 기본도형에 대해 1차 모멘트 값 공식을 암기하여 활용하고, 형상이 복잡한 경우 대상을 기본도형으로 분할하고 각각의 1차 모멘트 값을 활용하여 전체 대상의 1차 모멘트를 구한다.

▸ 1차 모멘트 정의

$$\bar{y} = \frac{1}{A}\int y\,da\ [m]$$

▸ 1차 모멘트 공학적 의미: 무게중심 또는 면적중심 등 대푯값을 의미

▸ 1차 모멘트 수학적 의미: 평균값을 의미

$$\bar{y} = \frac{1}{A}\int y\,da \Leftrightarrow 평균 = \frac{\sum_{i=1}^{N}(계급값_i \times 도수_i)}{도수의\ 합}$$

∴ 계급값 = y, 도수 = da, 도수의 합 = A

▸ 기본도형에 대한 1차 모멘트

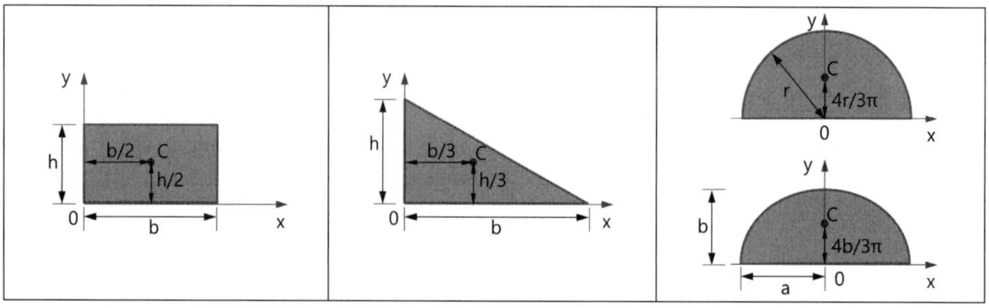

▸ 기본도형을 활용한 기타형상의 1차 모멘트 계산

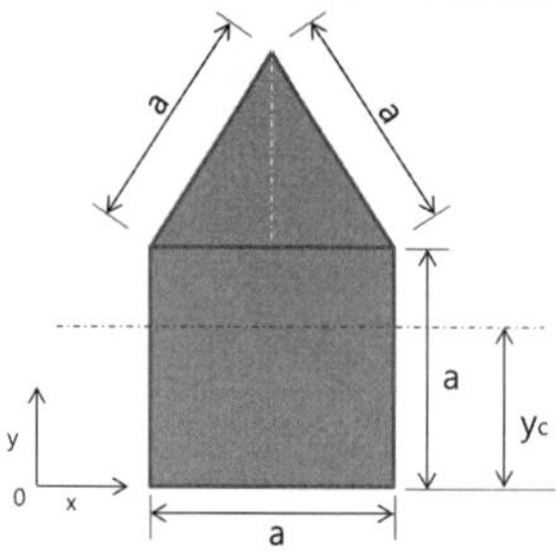

$$\bar{y} = \frac{1}{A}\int y\,da$$

$$y_c\left[a^2 + \frac{1}{2}\left(a \times \frac{\sqrt{3}}{2}a\right)\right] = \left(a^2 \times \frac{a}{2}\right) + \left[\frac{1}{2}\left(a \times \frac{\sqrt{3}}{2}a\right) \times \left(a + \frac{1}{3} \times \frac{\sqrt{3}}{2}a\right)\right]$$

$$= \frac{a^3}{2} + \left[\frac{\sqrt{3}}{4}a^2 \times \left(a + \frac{\sqrt{3}}{6}a\right)\right] = \frac{a^3}{2} + \frac{\sqrt{3}\,a^3}{4} + \frac{a^3}{8}$$

$$= \frac{(5+2\sqrt{3})a^3}{8}$$

$$y_c\left[\frac{(4+\sqrt{3})a^2}{4}\right] = \frac{(5+2\sqrt{3})a^3}{8} \Rightarrow y_c = \frac{\frac{(5+2\sqrt{3})a^3}{8}}{\frac{(4+\sqrt{3})a^2}{4}} = \frac{(5+2\sqrt{3})}{2(4+\sqrt{3})}a$$

2. 2차 모멘트(Moment of Inertia)

2차 모멘트는 대상 물체의 형상 기준값(혹은 대푯값)으로부터 얼마나 분산되어 있는지를 의미한다. 가장 많이 활용되는 것으로 재료역학에서 보가 굽힘을 받을 때, 단면에서 면적의 분산 정도에 따라 외력에 견디는 정도가 달라지기 때문에 보의 응력계산에 핵심인자가 된다(실제로 보의 계산 시에 2차 모멘트를 1차 모멘트로 나눈 값을 단면계수로 정의하고 작용하는 굽힘력인 모멘트를 단면계수로 나누면 보의 단면에서 굽힘응력이 계산된다.).

주의할 점은 2차 모멘트는 임의의 기준선으로부터 분산을 의미하기 때문에 직교좌표계를 적용할 경우, x,y 방향 각각에 대한 2차 모멘트를 계산해야 한다. 그리고 두 값의 합을 극관성모멘트로 정의한다.

1차 모멘트와 동일한 개념으로 매번 2차 모멘트의 정의를 통해 값을 구하는 것은 비효율적이다. 기본도형에 대해 2차 모멘트 값 공식을 암기하여 활용하고, 형상이 복잡한 경우, 대상을 기본도형으로 분할하고 각각의 2차 모멘트 값을 활용하여 전체대상의 2차 모멘트를 구한다.

► 2차 모멘트 정의

$$I_{xx} = \int y^2 da \ [m^4]$$

► 2차 모멘트 공학적 의미

: 기준선으로부터 면적 또는 질량의 분산정도를 의미

► 2차 모멘트 수학적 의미

: 분산을 의미

$$I_{xx} = \int y^2 da \Leftrightarrow 분산 = \frac{\sum_{i=1}^{N}(계급값_i - 평균값_i)^2}{도수의 합}$$

∴ (계급값-평균값)^2 = y^2(y값을 정할 때 평균값(혹은 기준값)으로 부터 미소용적의 중심까지의 거리를 사용

► 기본도형에 대한 2차 모멘트

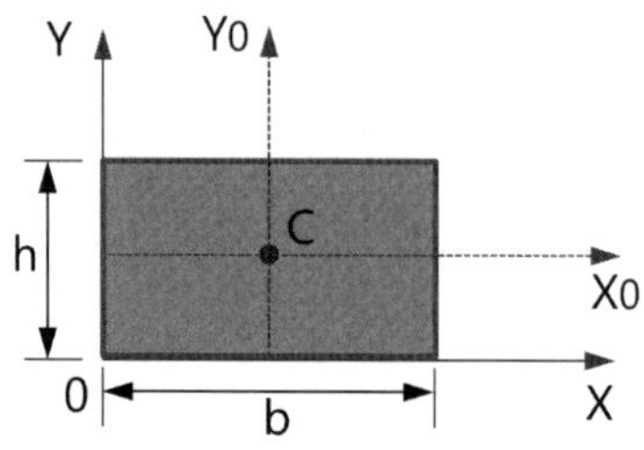	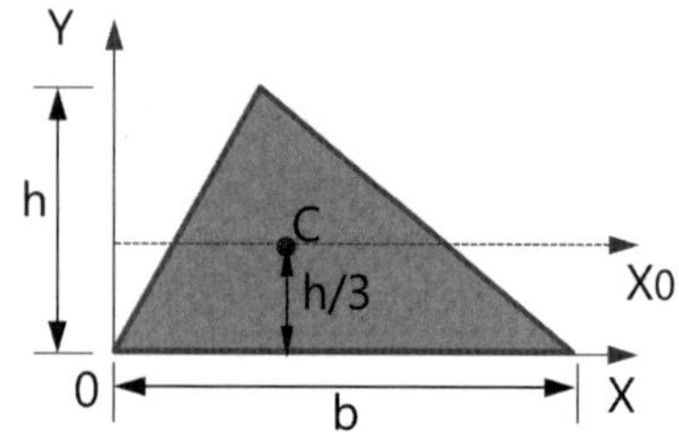
$I_{X_0} = \frac{bh^3}{12}$, $I_{Y_0} = \frac{hb^3}{12}$, $I_X = \frac{bh^3}{3}$, $I_Y = \frac{hb^3}{3}$	$I_{X_0} = \frac{bh^3}{36}$, $I_X = \frac{bh^3}{12}$

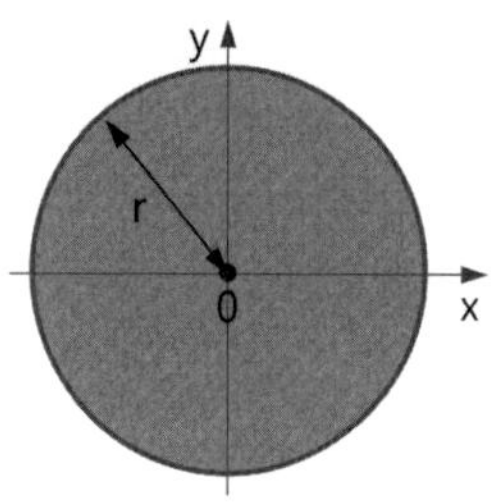	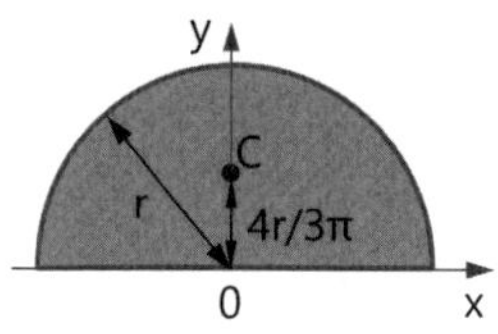	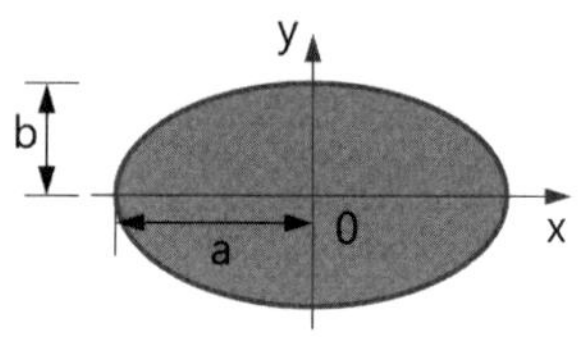
$I_x = I_y = \frac{\pi r^4}{4} = \frac{\pi D^4}{64}$	$I_x = I_y = \frac{\pi r^4}{8} = \frac{\pi D^4}{128}$	$I_x = \frac{\pi ab^3}{4}$, $I_y = \frac{\pi ba^3}{4}$

▸ 기본도형을 활용한 기타형상의 2차 모멘트 계산 (예시)

※ 기본도형을 활용한 기타형상의 2차 모멘트 계산을 이해하기 위해서는 바로 다음에 소개되는 평행축 이동정리를 알고 있어야 함

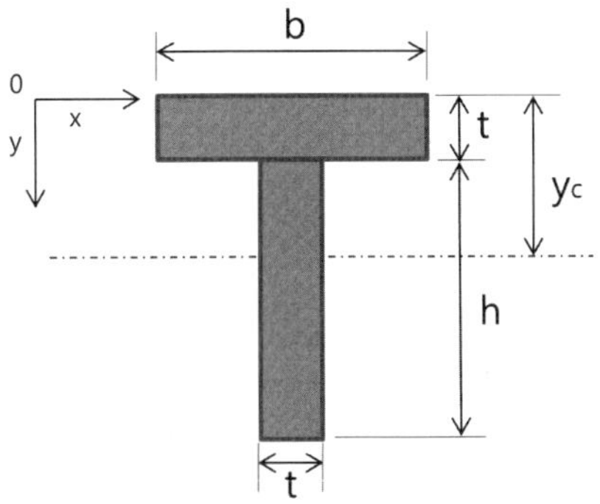

❶ 1차모멘트(Centroid)

$$\bar{y} = \frac{1}{A}\int y\,da$$

$$y_c[bt+ht] = bt\times(\frac{t}{2}) + ht(t+\frac{h}{2})$$

$$= \frac{bt^2}{2} + ht^2 + \frac{h^2t}{2}$$

$$y_c = \frac{\frac{bt^2}{2} + ht^2 + \frac{h^2t}{2}}{bt+ht}$$

❷ 2차모멘트(Inertia)

$$I_{xx} = \int y^2\,da$$

$$I_{xx} = [\frac{bt^3}{12} + bt(y_c - \frac{t}{2})^2]$$

$$+ [\frac{th^3}{12} + ht(t+\frac{h}{2} - y_c)^2]$$

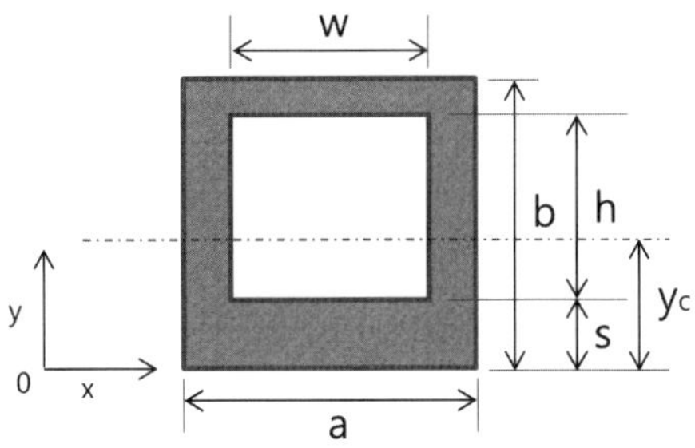

❶ 1차모멘트(Centroid)

$$\bar{y} = \frac{1}{A}\int y\,da$$

$$y_c[ab-wh] = ab\times(\frac{b}{2}) - wh(s+\frac{h}{2})$$

$$= \frac{ab^2}{2} - whs - \frac{wh^2}{2}$$

$$y_c = \frac{\frac{ab^2}{2} - whs - \frac{wh^2}{2}}{ab-wh}$$

❷ 2차모멘트(Inertia)

$$I_{xx} = \int y^2\,da$$

$$I_{xx} = [\frac{ab^3}{12} + ab(\frac{b}{2} - y_c)^2]$$

$$- [\frac{wh^3}{12} + wh(s+\frac{h}{2} - y_c)^2]$$

3. 평행축 이동 정리

앞서 2차 모멘트를 설명할 때, 기준값으로 부터의 분산으로 설명했다. 그리고 복합한 형상의 경우, 기본적인 도형형태(△,□,○)로 분할하고 각각의 2차 모멘트를 조합하여 전체 2차 모멘트를 계산하는 방식의 유용성 또한 설명했다. 그렇다면 분할 된 각각의 2차 모멘트를 조합할 때 전체 대상의 도심을 기점으로 각각의 2차 모멘트를 구하려면 어떻게 해야 하는지의 문제가 남는다(2차 모멘트는 기준값으로 부터 분산이기 때문에 기준값이 바뀌면 그 값도 달라진다.). 이때, 사용되는 것이 평행축 이동정리 이다. 요약하면, 계산된 2차 모멘트에 대해 기준값이 달라졌을 때, 효율적으로 변경된 기준값으로 부터 2차 모멘트를 구하도록 하는 방법인 것이다.

► 평행축 이동정리

$$(I_{x_0}) = I_x + A \cdot d^2$$

I_X: 현재 알고 있는 2차M 값

I_{X_0}: 기준축 이동시 2차M 값

A: 대상의 면적

d: 현재의 축과 새로운 축 간 거리

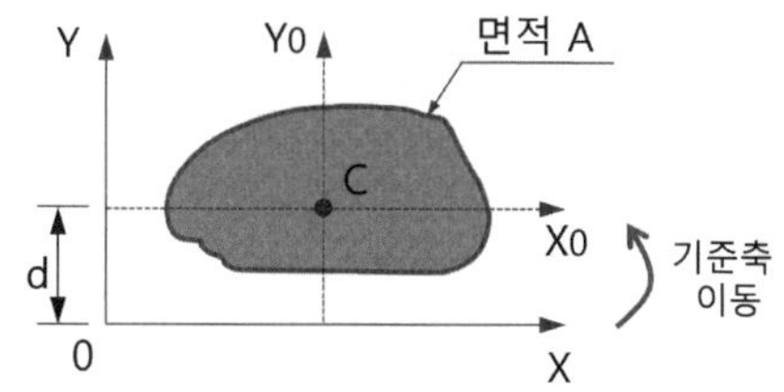

4. 관성반경(Radius of Gyration)

1차 모멘트 및 2차 모멘트가 같으면, 같은 형상이라 할 수 있는가? 라는 물음이 생길 수 있다. 평균값과 그로부터의 분산이 같다고 하더라도 그 형상은 다를 수 있고, 형상의 차이는 공학적 관점에서 차이를 유발한다. 활용에 대해서 설명하면, 재료역학에서 기둥의 좌굴응력 계산 등에 사용된다. 보의 굽힘응력을 계산할 때는 단면이 중립축으로부터 얼마나 떨어져 있는가에 따라 응력이 달라지기 때문에 단면계수(Moment of Inertia / centroid)가 주요한 인자이나, 기둥의 압축력을 계산할 때는 단면적의 크기를 고려하여야 함에 따라 2차 모멘트와 단면적을 활용하여 관성반경을 정의하여 사용한다. 좌굴응력의 계산은 재료역학에서 다루기로 하고, 정의와 개념을 학습한다.

► 관성반경

$r = \sqrt{\dfrac{I}{A}}$ $[m]$ (I : 2차모멘트, A: 대상의 면적)

5. 힘 평형

공학에서는 문제해결을 위해서 과학적 지식을 끌어 쓰고, 수학적 지식으로 수치화 정량화 한다. 많은 공학문제는 해당 문제를 지배방정식의 형태로 가정하고, 지배방정식의 풀이를 통해 해를 구한다. 이때 방정식의 숫자와 미지수의 숫자가 해를 구할 수 있는지 여부에 중요한 판단 기준이다. 따라서 힘을 다루는 역학에서는 힘의 평형조건이 문제해결에 사용 가능한 식이 된다. 일정한 상태로 정지한 경우 대상물체는 힘의 평형을 이루고 있고, 힘에 관한 평형방정식($\sum F_{x,y,z}=0$)이 성립된다.

6. 모멘트 평형

힘 평형과 같은 맥락으로, 일정한 상태로 정지한 경우 대상물체는 모멘트(대상물체를 회전시키려는 짝힘, $M[\text{모멘트}]=F[\text{힘}]\times d[\text{거리}]$) 평형을 이루고 있고, 모멘트에 관한 평형방정식($\sum M_{x,y,z}=0$)이 성립된다.

7. 동적 평형

동적 평형은 힘 평형과 동일한 개념이나, 그 대상이 일정한 가속도로 움직이고 있는 경우, 동적 평형을 이루고 있고, 동적 평형에 관한 평형방정식($\sum F_{x,y,z}=ma$, $\sum M_{x,y,z}=ma$)이 성립된다.

8. 형상에 관한 조건(연속조건, 경계조건 등)

앞서 살펴 본 내용은 대상 물체에 힘이 작용할 때 평형조건을 알아보았다. 형상에 대한 조건 역시 공학문제를 해결하기 위한 식으로 활용될 수 있다. 예를 들면 구조물이 파괴되지 않는 이상 처짐량과 처짐각은 모든 점에서 연속성을 가져야 한다는 것과 유체의 경우 벽면에서는 점착되어 유속이 0이라는 것 등이 대표적인 예이다. 형상에 관한 조건은 구조물의 특성에 따라 가감될 수 있다.

9. 역학의 종류(정역학, 동역학, 재료역학, 구조역학, 유체역학, 열역학)

역학에 대해서 살펴보기에 앞서 역학의 체계에 대해서 살펴본다. 핵심적인 차이점을 살펴보면 정역학은 힘이 작용하지만 정지된 물체에 대해서 각 힘의 크기와 방향에 대해 구하는 것이 핵심이다.

동역학은 힘이 작용하고 가속하고 있는 상태에서 각 힘의 크기, 방향, 질량, 가속도의 크기 및 방향에 대해 다룬다.

재료역학은 정역학을 바탕으로 대상물체에 힘이 작용할 때 물체 내부에 발생하는 응력과 변형에 대해서 예측하며, 구조역학은 대상이 재료역학에서 다루는 봉, 기둥, 축 및 보가 구조물을 형성할 때 외력에 의한 응력과 변형에 관하여 예측한다.

유체역학은 유체에 의해서 발생하는 유체력을 구하는 것과 유체 흐름의 방향과 속력에 관한 유동을 예측하는 것이 핵심이다.

열역학은 유체와 매우 유사하며, 주요 관심사항은 열의 이동과 열에 의한 내부 상태 변화 예측 및 열에너지를 일에너지로 전환하기 위한 방법에 대해 학습한다.

제2장 유체역학

1. 유체의 성질(전단저항, 점성, 압축성, 층·난류 등)

유체가 고체와 달리 구분되는 가장 큰 특징은 전단에 저항할 수 없다는 것이다. 또한 점성으로 인하여 고체의 표면에 점착된다. 그리고 고체표면으로부터 일정 거리 이상으로 떨어지면 전단에 저항하지 않기 때문에 점성이 없는 것과 같이 유동한다.

점성유동과 비점성유동 사이는 경계층이 이루어지고 이 경계층의 해석이 매우 중요하게 된다. 또한 매우 매끄러운 유동인 층류는 유속이 빨라지고 유동의 후류로 갈수록 불규칙한 운동 상태인 난류로 변화하는 특징이 있다. 유체는 압축성유체와 비압축성 유체로 나누며, 비점성 비압축성 유체를 이상유체라 부른다. 그리고 조선공학에서는 통상 비압축성 유체를 다루고 있다.

조선공학에서 유체역학의 주요역할은 선박이 받는 외력인 유체력을 추정하는 것에 있고, 이 관점에서 유체의 성질을 이해해야 한다.

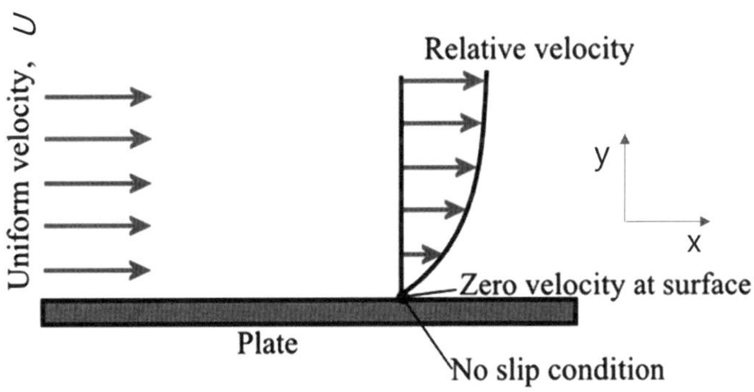

❶ 유체의 전단응력

$\tau = \mu \dfrac{du}{dy}$ (τ: 전단응력, μ: 점성계수, y: 고체표면으로부터 거리, u: 유속)

❷ 전단력

$F = \tau A = \mu A \dfrac{du}{dy}$ (F: 전단력, A: 고체와 유체사이 접촉면적)

2. 압력 및 부력

압력은 유체가 가하는 단위면적 당 수직력이다. 정적인 상태에서 물체가 물속에 떠 있다고 하면, 측면은 서로 상쇄되고 오로지 밑면만 해당깊이 만큼의 압력을 받게 된다. 밑면에 발생하는 압력과 밑면 면적의 곱만큼 물체를 띄우는 부력이 생성되고, 그 부력은 해당 물체가 배제한(밀어낸) 물의 무게와 같다.

❶ 정수압

$$p = \rho g h \ (\rho\text{: 밀도, } g\text{: 중력가속도, } h\text{: 수심})$$

❷ 부력

$$F = p \times A = \rho g h \times A = \rho g V \ (F\text{: 전단력, } A\text{: 고체와 유체사이 접촉면적, } V\text{: 고체용적})$$

3. 유체정역학

유체정역학은 유체가 정적인 상태로 있을 때, 유체가 고체에 어떠한 영향을 주는가를 설명한다. 앞서 고체가 자유수면에 떠 있는 경우에 대해 부력을 설명했으나, 고체가 유체 속에 있거나 혹은 유체의 바닥 경계에 있다고 하면 그 특성이 달라진다. 또한 물체가 수중에서 기울어진 경우에도 유체력을 계산할 수 있어야 한다.

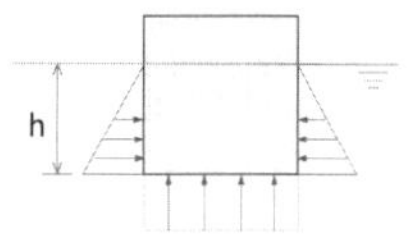	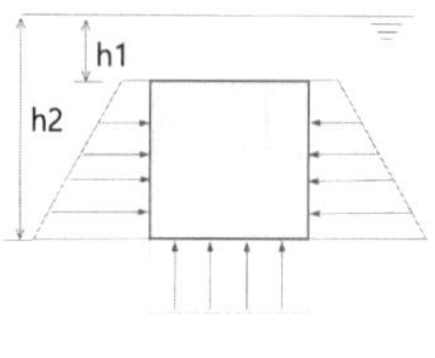	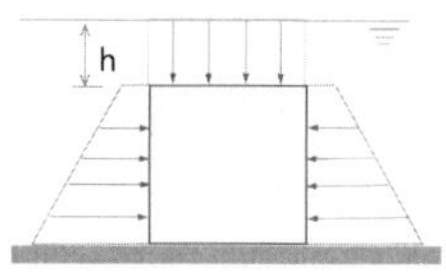	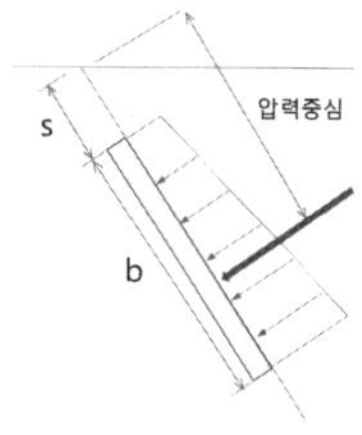
$F = p \times A$ $= \rho g h \times A$ $= \rho g V$	$F = p \times A$ $= \rho g (h_2 - h_1) \times A$ $= \rho g V$	$F = -p \times A$ $= -\rho g h \times A$ $= -\rho g V$	$F = p \times A$ $= [\rho g (s + b/2) \sin\theta]$ $\times ab$ θ: 경사각, a: 지면방향 폭

4. 유체운동학

유체가 유동할 때의 특성을 파악하는 관점은 유동하는 유체입자를 따라가는 방법인 라그랑지(Lagrange) 기술방법과 유한한 체적을 정의하고(검사체적), 어떤 시간에 그 검사체적을 지나는 유체입자의 속도, 가속도 및 압력 등을 고정된 위치에서 관찰하는 오일러(Euler) 기술방법이 있다. 오일러 방법을 사용하여 미소체적의 병진운동, 회전운동, 선형변형 및 전단변형을 학습한다.

❶ 병진운동

$$\vec{V} = ui + vj + wk$$

$\vec{V}$: 병진운동률 벡터, u: x방향 속도, v: y방향 속도, w: z방향 속도, i: x방향 속도벡터, j: y방향 속도벡터, k: z방향 속도벡터

❷ 회전운동

$$\omega = \frac{1}{2}\nabla \times \vec{V} = (\frac{\partial}{\partial x} + \frac{\partial}{\partial y} + \frac{\partial}{\partial z}) \times (ui + vj + wk)$$

$$\omega = \frac{1}{2}(\frac{\partial w}{\partial y} - \frac{\partial v}{\partial z})i + \frac{1}{2}(\frac{\partial u}{\partial z} - \frac{\partial w}{\partial x})j + \frac{1}{2}(\frac{\partial v}{\partial x} - \frac{\partial u}{\partial y})k$$

❸ 선형변형률

$$\epsilon_{xx} = \frac{\partial u}{\partial x},\ \epsilon_{yy} = \frac{\partial v}{\partial y},\ \epsilon_{zz} = \frac{\partial w}{\partial z}$$

ϵ_{xx}: 미소체적의 x방향면적에 대한 x방향 변형률, 첫 번째 첨자가 기준면, 두 번째 첨자가 변형방향

❹ 전단변형률

$$\epsilon_{xy} = \frac{1}{2}(\frac{\partial u}{\partial y} + \frac{\partial v}{\partial x}),\ \epsilon_{zx} = \frac{1}{2}(\frac{\partial w}{\partial x} + \frac{\partial u}{\partial z}),\ \epsilon_{yz} = \frac{1}{2}(\frac{\partial v}{\partial z} + \frac{\partial w}{\partial y})$$

< 기타 주요개념 >

❶ 유선(Stream line): 특정 순간 모든 곳에서 속도 벡터에 접하는 선
❷ 유적선(Path line): 한 유체입자가 일정시간 동안 운동한 궤적
❸ 유맥선(Streak line): 유동장의 특정 위치를 지나간 입자들의 궤적
❹ 시간선(Time line): 특정 순간 하나의 선을 형성하는 인접한 유체입자의 집합

5. 레이놀드 수송정리(Reynolds Transport Theorem. RTT)

어떤 시스템(system, 계)에서 유동을 해석하는 것은 매우 복잡하다. 따라서 앞서 언급한 오일러 기술방법에 따라 관심영역에 대해 검사체적을 설정한다. 그리고 원하는 상태량에 대해 시간에 따른 해당 검사체적의 내부변화와 해당 검사체적의 유출입에 따른 변화를 합하여 상태량의 변화를 파악하는 것이 레이놀드 수송정리이다.

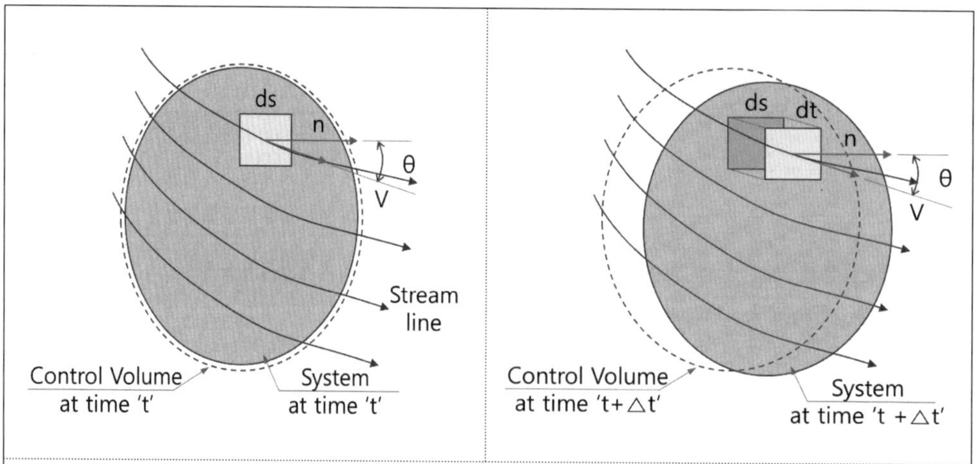

► 레이놀드 수송정리

$$\frac{dB_{sys}}{dt} = \frac{d}{dt}\int_{CV} \rho b \, d\forall + \int_{CS} \rho b \, \vec{V} \cdot \vec{n} \, dA$$

B_{sys}: 시스템의 특정 상태량, ρ: 밀도, b: 검사체적 내 특정 상태량, $\forall$: 미소체적, $\vec{V}$: 속도벡터, $\vec{n}$: 검사체적 유출입 면에 대한 법선벡터, dA: 미소체적의 유출입면, CV: control volume, CS: Control surface, · : dot product

6. 질량, 운동량, 에너지 방정식 및 베르누이 방정식

앞서 기초물리에서 질량보존, 운동량보존 및 에너지보존 법칙을 학습했다. 이를 RTT에 적용하면 유체역학에서 질량, 운동량 및 에너지방정식이 도출된다. 그리고 에너지방정식의 특별한 경우가 베르누이 방정식이 된다.

❶ 질량방정식

$$\frac{dB_{sys}}{dt} = \frac{d}{dt}\int_{CV} \rho b \, d\forall + \int_{CS} \rho b \, \vec{V} \cdot \vec{n} \, dA$$

$= \int_{CS} \rho b \, \vec{V} \cdot \vec{n} \, dA$ --- 검사체적 내 내부변화 없음을 가정

$= \int_{1}^{2} \rho \, \vec{V} dA$ --- b를 1로 하고, 검사체적을 유출입면이 법선벡터와 같음을 가정

$= \rho V_2 A_2 - \rho V_1 A_1$ --- V 유출입시 변화有

$= V_2 A_2 - V_1 A_1$ --- ρ 가 일정할 경우

→ 유출입량은 동일하기 때문에 0이 됨

❷ 운동량방정식

$$\frac{dB_{sys}}{dt} = \frac{d}{dt}\int_{CV}\rho b\, d\forall + \int_{CS}\rho b\,\vec{V}\bullet\vec{n}\,dA$$

$$= \frac{d}{dt}\int_{CV}\rho\,\vec{V}d\forall + \int_{CS}(\rho\,\vec{V})\,\vec{V}\bullet\vec{n}\,dA$$ --- 상태량 b를 속도 V로 함

$$= \int_{CS}\vec{V}\rho\vec{V}\bullet\vec{n}\,dA$$ --- 검사체적 내 내부변화 없음을 가정

$$= [\dot{m}\,V]_{유출} - [\dot{m}\,V]_{유입}$$ --- $\rho V\bullet n dA$를 질량유량 $\dot{m}$으로 변환

❸ 에너지방정식

열에너지와 일에너지를 상태량으로 가정하고 RTT를 이용하여 표현한다.

열에너지 = 내부E + 운동E + 위치E → $e = u + \frac{V^2}{2} + gz$ ∴(u: 내부E, z: 높이)

일에너지(피스톤 가정) = 압력 × 면적 × 스트로크/단위시간

$$\rightarrow PA\frac{ds}{dt} \rightarrow PAV \rightarrow P\,dA\,(\vec{V}\bullet\vec{n})$$

$$\frac{dE_{sys}}{dt} = \frac{d}{dt}\int_{CV}e\,\rho d\forall + \int_{CS}(\frac{P}{\rho}+e)\rho\vec{V}\bullet\vec{n}\,dA$$

$$= \int_{CS}(\frac{P}{\rho}+e)\rho\vec{V}\bullet\vec{n}\,dA$$ --- 내부변화 없음을 가정

$$= \int_{CS}(\frac{P}{\rho}+u+\frac{V^2}{2}+gz)\rho\vec{V}\bullet\vec{n}\,dA$$ --- 내부변화 없음을 가정

$$= \int_{CS}(\frac{P}{\rho}+u+\frac{V^2}{2}+gz)\dot{m}$$ --- $\rho\vec{V}\bullet\vec{n}\,dA$를 질량유량 $\dot{m}$으로 변환

$$= [(\frac{P}{\rho}+u+\frac{V^2}{2}+gz)\dot{m}]_{유출} - [(\frac{P}{\rho}+u+\frac{V^2}{2}+gz)\dot{m}]_{유입}$$

$$= [(h+\frac{V^2}{2}+gz)\dot{m}]_{유출} - [(h+\frac{V^2}{2}+gz)\dot{m}]_{유입}$$ --- 엔탈피 $h = u + \frac{P}{\rho}$

→ 유출입량은 동일하기 때문에 0이 됨

❹ 베르누이방정식

에너지보존방정식에서 내부에너지의 변화가 없는 경우가 베르누이방정식임

$$0 = [(\frac{P}{\rho}+u+\frac{V^2}{2}+gz)\dot{m}]_{유출} - [(\frac{P}{\rho}+u+\frac{V^2}{2}+gz)\dot{m}]_{유입}$$

$$0 = (\frac{P}{\rho} + \frac{V^2}{2} + gz)_{유출} - (\frac{P}{\rho} + \frac{V^2}{2} + gz)_{유입}$$ --- 질량유량 동일

$$\text{constant} = \frac{P}{\rho} + \frac{V^2}{2} + gz$$

※ 베르누이방정식의 제한조건: 정상유동, 마찰없음, 외부일·열전달 없음, 비압축성 유동 및 동일한 유선을 따른 유동에 적용

7. 연속방정식(Continuity equation)

지금까지 오일러 기술방법을 중점적으로 살펴봤다. 오일러 방법은 비교적 간단한 장점이 있으나, 검사체적 내부는 블랙박스와 같이 알 수 없는 단점이 있다. 따라서 검사체적을 미소크기로 줄여나가 유체입자크기 만큼 줄임으로써 라그랑지 기술방법으로 전환하는 미분해석을 알아본다. 먼저 질량보존방정식을 연속방정식으로 표현해 본다.

► 연속방정식

가우스의 발산정리(Gauss 정리)를 RRT에 적용하여 미분방정식 형태로 전환

※ 가우스 정리: 체적적분과 면적분이 상호변환 가능함을 정리
(단, 폐위되어 있는 경우에 적용 가능)

$$\int_V \overrightarrow{\nabla} \cdot \overrightarrow{G} dV = \int_A \overrightarrow{G} \cdot \overrightarrow{n} dA$$

$$0 = \frac{d}{dt}\int_{CV} \rho \, d\forall + \int_{CS} \rho \overrightarrow{V} \cdot \overrightarrow{n} dA$$ --- 질량보존에 관한 RTT

$$0 = \int_{CV} \frac{\partial}{\partial t} \rho \, d\forall + \int_{CS} \rho \overrightarrow{V} \cdot \overrightarrow{n} dA$$ --- 시간변화에 따라 검사체적의 변화가 없음을 가정하여, 전미분을 적분기호 안으로 편미분으로 변환하여 들어감

$$0 = \int_{CV} \frac{\partial}{\partial t} \rho \, d\forall + \int_{CV} \overrightarrow{\nabla} \cdot (\rho \overrightarrow{V}) d\forall$$ --- 가우스 정리를 이용 체적적분으로 통일

$$0 = \int_{CV} [\frac{\partial \rho}{\partial t} + \overrightarrow{\nabla} \cdot (\rho \overrightarrow{V})] d\forall$$ --- 2개항을 합침

→ 검사체적의 크기에 무관하게 항상 질량보존법칙(상기식)을 만족하려면, 대괄호 안의 피적분함수가 항상 0이 되어야 함

→ $\frac{\partial \rho}{\partial t} + \overrightarrow{\nabla} \cdot (\rho \overrightarrow{V}) = 0$ --- 연속방정식 도출

8. 코쉬방정식(Cauchy equation)

연속방정식이 질량보존에 대해 라그랑지 기술방법을 적용하기 위한 미분해석적 접근이라면, 코쉬방정식은 선운동량보존에 대해 라그랑지 기술방법을 적용하기 위한 미분해석적 접근이다.

▸ 코쉬방정식

: 가우스의 발산정리(Gauss 정리)를 RRT에 적용하여 미분방정식 형태로 전환

※ 가우스 정리: 체적적분과 면적분이 상호변환 가능함을 정리

$$\int_V \vec{\nabla} \cdot \vec{G} dV = \int_A \vec{G} \cdot \vec{n} dA$$

$\sum F = \frac{d}{dt}\int_{CV} \rho \vec{V} d\forall + \int_{CS} (\rho \vec{V}) \vec{V} \cdot \vec{n} dA$ --- 선운동량보존에 관한 RTT

$= \int_{CV} \frac{\partial}{\partial t} \rho V d\forall + \int_{CS} (\rho VV) \cdot n dA$ --- 시간변화에 따라 검사체적의 변화가 없음을 가정하여, 전미분을 적분기호 안으로 편미분으로 변환하여 들어감

$= \int_{CV} \frac{\partial}{\partial t} \rho \vec{V} d\forall + \int_{CV} \vec{\nabla} \cdot (\rho \vec{V}\vec{V}) d\forall$ --- 가우스 정리를 이용 체적적분으로 통일

$= \int_{CV} [\frac{\partial}{\partial t}(\rho \vec{V}) + \vec{\nabla} \cdot (\rho \vec{V}\vec{V})] d\forall$ --- 2개항을 합침

$= \int_{CV} \rho \vec{g}\, d\forall + \int_{CS} \sigma_{ij} \cdot \vec{n} dA$ --- 텐서를 이용하여 선운동량을 RTT로 표현

$= \int_{CV} [\rho \vec{g} + \vec{\nabla} \cdot (\sigma_{ij})] d\forall$ --- 가우스 정리를 이용하여 위의 과정 반복

→ 속도를 상태량으로 한 식과, 텐서를 이용한 식은 같아야 함

→ $0 = \int_{CV} [\frac{\partial}{\partial t}(\rho \vec{V}) + \vec{\nabla} \cdot (\rho \vec{V}\vec{V}) - \rho \vec{g} - \vec{\nabla} \cdot \sigma_{ij}] d\forall$

→ 검사체적의 크기에 무관하게 항상 질량보존법칙(상기식)을 만족하려면, 대괄호 안의 피적분함수가 항상 0이 되어야 함

→ $\frac{\partial}{\partial t}(\rho \vec{V}) + \vec{\nabla} \cdot (\rho \vec{V}\vec{V}) = \rho \vec{g} + \vec{\nabla} \cdot \sigma_{ij}$ --- 코쉬방정식 도출

※ 밀도에 대해 아무런 가정도 하지 않음에 따라 비압축성 및 압축성 유동 모두 적용 가능

9. 나비에 스톡스 방정식(Navier-Stokes equation, NSE)

미분방정식을 풀기 위해서는 미지수의 개수와 식의 개수가 같아야 한다. 하지만 코쉬방정식을 보게 되면, 미지수는 밀도, 속도성분 3개(x,y,z) 및 텐서 6개(총 9개 중 대칭성분 3개 제외)로 총 10개지만, 식은 연속방정식 1개와 코쉬방정식 3개(x,y,z)로 총 4개이다. 6개의 식이 추가로 필요하여 미소체적에 대한 응력텐서 평형식 3개와 비압축성 연속방정식 1개를 활용하여 해결한다.

► 나비에-스톡스 방정식

: 코쉬방정식의 텐서항을 압축응력과, 전단응력의 항으로 분리하고 응력텐서에 관한 평형식을 도출

※ 응력텐서: 압축응력텐서 σ_{ij}와 전단응력텐서 τ_{ij}가 있으며, 첫 번째 아랫첨자는 작용면을, 두 번째 아랫첨자는 응력방향을 나타냄

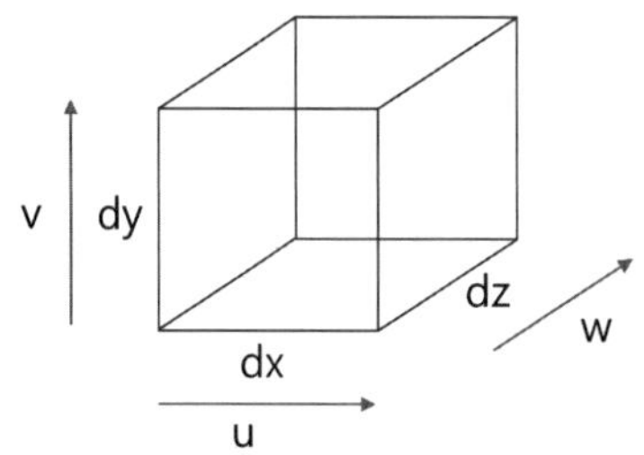

정적상태의 유체에는 압축응력만 작용하며, 응력텐서료 표현하면 다음과 같음

$$\sigma_{ij}=\begin{pmatrix}\sigma_{xx}&\sigma_{xy}&\sigma_{xz}\\\sigma_{yx}&\sigma_{yy}&\sigma_{yz}\\\sigma_{zx}&\sigma_{zy}&\sigma_{zz}\end{pmatrix}=\begin{pmatrix}-P&0&0\\0&-P&0\\0&0&-P\end{pmatrix}$$

운동상태의 유체에는 압축응력과 점성응력이 존재하며, 응력텐서로 표현하면 다음과 같음

$$\sigma_{ij}=\begin{pmatrix}\sigma_{xx}&\sigma_{xy}&\sigma_{xz}\\\sigma_{yx}&\sigma_{yy}&\sigma_{yz}\\\sigma_{zx}&\sigma_{zy}&\sigma_{zz}\end{pmatrix}=\begin{pmatrix}-P&0&0\\0&-P&0\\0&0&-P\end{pmatrix}+\begin{pmatrix}\tau_{xx}&\tau_{xy}&\tau_{xz}\\\tau_{yx}&\tau_{yy}&\tau_{yz}\\\tau_{zx}&\tau_{zy}&\tau_{zz}\end{pmatrix}$$

뉴턴유체, 비압축성(밀도일정), 등온 및 점성계수 일정한 조건에서, $\tau_{ij}=2\mu\epsilon_{ij}$임

$$\tau_{ij}=\begin{pmatrix}\tau_{xx}&\tau_{xy}&\tau_{xz}\\\tau_{yx}&\tau_{yy}&\tau_{yz}\\\tau_{zx}&\tau_{zy}&\tau_{zz}\end{pmatrix}=\begin{pmatrix}2\mu\frac{\partial u}{\partial x}&\mu(\frac{\partial u}{\partial y}+\frac{\partial v}{\partial x})&\mu(\frac{\partial u}{\partial z}+\frac{\partial w}{\partial x})\\\mu(\frac{\partial v}{\partial x}+\frac{\partial u}{\partial y})&2\mu\frac{\partial v}{\partial y}&\mu(\frac{\partial v}{\partial z}+\frac{\partial w}{\partial y})\\\mu(\frac{\partial w}{\partial x}+\frac{\partial u}{\partial z})&\mu(\frac{\partial w}{\partial y}+\frac{\partial v}{\partial z})&2\mu\frac{\partial w}{\partial z}\end{pmatrix}$$

다시 식을 정리하면,

$$\sigma_{ij} = \begin{pmatrix} -P & 0 & 0 \\ 0 & -P & 0 \\ 0 & 0 & -P \end{pmatrix} + \begin{pmatrix} 2\mu\frac{\partial u}{\partial x} & \mu(\frac{\partial u}{\partial y}+\frac{\partial v}{\partial x}) & \mu(\frac{\partial u}{\partial z}+\frac{\partial w}{\partial x}) \\ \mu(\frac{\partial v}{\partial x}+\frac{\partial u}{\partial y}) & 2\mu\frac{\partial v}{\partial y} & \mu(\frac{\partial v}{\partial z}+\frac{\partial w}{\partial y}) \\ \mu(\frac{\partial w}{\partial x}+\frac{\partial u}{\partial z}) & \mu(\frac{\partial w}{\partial y}+\frac{\partial v}{\partial z}) & 2\mu\frac{\partial w}{\partial z} \end{pmatrix}$$

코쉬방정식에 x,y,z 성분의 응력텐서를 각각 대입한다.

$$\frac{\partial}{\partial t}(\rho\vec{V}) + \vec{\nabla} \bullet (\rho\vec{V}\vec{V}) = \rho\vec{g} + \vec{\nabla} \bullet \sigma_{ij}$$

<나비에-스톡스 방정식 x성분>

$$\rho(\frac{\partial u}{\partial t}+u\frac{\partial u}{\partial x}+v\frac{\partial u}{\partial y}+w\frac{\partial u}{\partial z}) = \rho g_x - \frac{\partial P}{\partial x}+\mu(\frac{\partial^2 u}{\partial x^2}+\frac{\partial^2 u}{\partial y^2}+\frac{\partial^2 u}{\partial z^2})$$

<나비에-스톡스 방정식 y성분>

$$\rho(\frac{\partial v}{\partial t}+u\frac{\partial v}{\partial x}+v\frac{\partial v}{\partial y}+w\frac{\partial v}{\partial z}) = \rho g_y - \frac{\partial P}{\partial y}+\mu(\frac{\partial^2 v}{\partial x^2}+\frac{\partial^2 v}{\partial y^2}+\frac{\partial^2 v}{\partial z^2})$$

<나비에-스톡스 방정식 z성분>

$$\rho(\frac{\partial w}{\partial t}+u\frac{\partial w}{\partial x}+v\frac{\partial w}{\partial y}+w\frac{\partial w}{\partial z}) = \rho g_z - \frac{\partial P}{\partial z}+\mu(\frac{\partial^2 w}{\partial x^2}+\frac{\partial^2 w}{\partial y^2}+\frac{\partial^2 w}{\partial z^2})$$

<비압축성 연속방정식>

$$\frac{\partial u}{\partial x}+\frac{\partial v}{\partial y}+\frac{\partial w}{\partial z} = 0$$

<일반화된 비압축성 연속방정식과 나비에-스톡스 방정식>

$$\vec{\nabla} \bullet \vec{V} = 0,\ \rho\frac{D\vec{V}}{Dt} = \rho[\frac{\partial\vec{V}}{\partial t}+(\vec{V}\bullet\vec{\nabla})\vec{V}] = -\vec{\nabla}P+\rho\vec{g}+\mu\nabla^2\vec{V}$$

► 밀도(ρ)와 점성계수(μ)가 변화되면 미지수가 식의 개수보다 많아져서 문제를 풀 수 없음. 따라서 나비에-스톡스 방정식은 비압축성, 뉴턴유체에 적용됨

► 완전히 정확한 해를 해석적으로 풀기는 곤란함 따라 각각의 문제에 따라 합리적인 가정을 통해 미지수의 개수를 줄여 근사해를 구함

<비점성유동에 관한 오일러 방정식(Euler equation)>

: 점착조건에 따라 발생하는 경계층 밖의 유동은 점성을 무시할 수 있는 비점성 유동에 가까우며, 나비에-스톡스 방정식에서 점성항을 삭제하면 비점성 유동에 관한 오일러 방정식이 도출됨

$$\rho\frac{D\vec{V}}{Dt} = \rho[\frac{\partial\vec{V}}{\partial t}+(\vec{V}\cdot\vec{\nabla})\vec{V}] = -\vec{\nabla}P+\rho\vec{g}$$

10. 경계층 방정식

유체의 점성을 고려하여 유동을 해석하려고 하면, 나비에-스톡스 방정식을 풀어야 하나, 점성항을 고려하면 텐서성분의 미지수 6개가 증가되어 문제의 풀이가 어렵게 된다. 비점성유동에 관한 해법인 오일러 방정식은 문제의 풀이는 간단하지만 점성을 고려하지 못하는 한계가 발생한다. 이러한 문제를 해결하는 것이 경계층 방정식이며, 비점성유동 구역은 오일러 방정식으로 풀고 점성유동 구역은 경계층 방정식으로 풀이하는 것이다. 경계층 방정식의 유도는 관련 유체역학 책을 참조하고 활용에 대해 학습한다.

► 경계층

: 경계층은 고체의 벽면으로부터 수평속도가 경계층 외부속도의 99.99%가 되는 위치까지의 거리를 의미하며, 난류영역에서 증가됨. 또한, 난류는 레이놀드 수의 증가에 비례함. 따라서 유동이 고체표면의 후류로 갈수록 레이놀드 수가 증가하고, 난류영역이 커지게 되어 경계층 역시 발달하게 됨

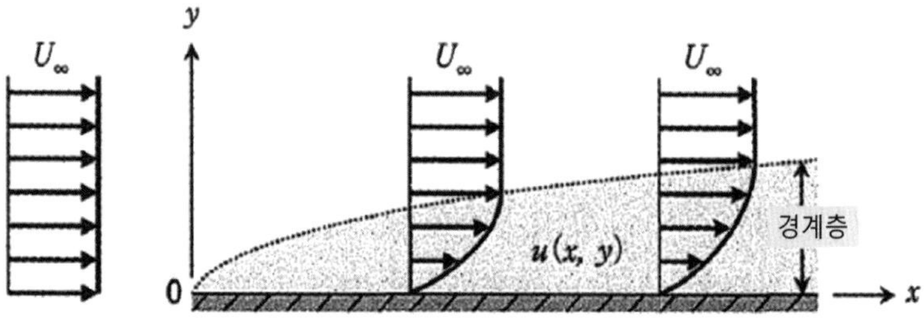

U_∞: 외부유동 속도(Uniform flow), $u(x,y)$: 경계층 내부 유동속도

► 경계층 계산 절차

❶ **(외부유동 계산)** 경계층 외부유동을 비점성(또는 비회전 포함)으로 가정하고, 경계층을 무시하여 외부유동 계산

❷ **(경계층 가정)** 경계층이 매우 얇다고 가정

❸ **(경계층 방정식 풀이)** 적당한 경계조건을 사용하여 경계층 방정식을 풀이하고 해를 구함

ㅇ 경계조건

- 점착조건: 벽면에서 속도는 0이다. y=0에서 u,v=0
- 경계층 외부유동: 경계층 외부는 외부유동의 속도와 같다. y=∞에서 u=U(x)
- 초기치 조건: 시작시점의 유동정보를 적용. x의 시작점의 u=u(y) 적용

ㅇ 경계층 방정식(중력을 무시, x,y평면의 층류 경계층, 정상상태 및 비압축성 유동 가정)

$$\frac{\partial u}{\partial x}+\frac{\partial v}{\partial y}=0,\ u\frac{\partial u}{\partial x}+v\frac{\partial v}{\partial y}=U\frac{\partial U}{\partial x}+v\frac{\partial^2 v}{\partial y^2}$$

❹ **(유동장 계산)** 유동장 내의 주요 특성치를 계산한다. 경계층 방정식의 해를 통해 경계층 두께, 벽면의 전단응력, 전체 마찰저항 등을 계산

❺ **(경계층 검증)** 경계층 근사가 적당한지 검증한다. ❷번의 가정이 합리적인지 검증하여 계산 절차를 완료함

► 배제두께

: 배제두께는 경계층의 영향에 의해 외부유동의 유신이 고체 표면으로부터 굴절되는 거리를 의미하며, 외부유동 측면에서 보면, 발달하는 경계층에 의해 가상으로 증가한 벽두께와 같음

$$\delta=\int_0^{\infty}(1-\frac{u}{U})dy$$ (δ: 배제두께, u: 경계층 내 임의 위치 유속, U: 경계층 외부 유속)

층류 평판유동의 배제두께는 다음과 같음

$$\frac{\delta}{x}=\frac{1.72}{\sqrt{Re_x}}$$

► 운동량 두께

: 경계층 두께는 경계층이 발달하면서 생기는 단위 길이 당 운동량률의 손실을 ρU^2으로 나눈 값을 운동량 두께로 표현하기도 한다.

$$\theta=\int_0^{\infty}\frac{u}{U}(1-\frac{u}{U})dy$$

층류 평판유동의 운동량 두께는 다음과 같음

$$\frac{\theta}{x}=\frac{0.664}{\sqrt{Re_x}}$$

11. 항력과 양력

정지해 있는 유체 속에 잠긴 물체에는 표면의 수직방향으로 압력만이 작용하지만, 움직이는 물체의 경우 점성에 의한 점착조건에 따라 물체의 표면에서는 접선방향으로 전단력이 추가로 작용하게 된다. 항력은 압력과 전단력의 합력 중 유동방향 성분을 말하고, 양력은 유동방향에 수직인 성분을 말한다.

많은 공학문제는 유체 중에서 물체를 이동할 때 얼마나 많은 힘이 필요한지 등에 대해 관심을 갖는다. 복합한 유동의 해석 등을 거치지 않고 원하는 결과를 쉽게 알 수 있다면 효율적일 것이다. 따라서 실험 등을 통해 도출된 항력계수를 간단한 식에 대입하여 항력을 계산하는 방법을 소개한다.

▸ 항력

$$F_D = \frac{1}{2}\rho V^2 C_D A \quad (F_D\text{: 항력, } \rho\text{: 밀도, } V\text{: 속도, } C_D\text{: 항력계수, } A\text{: 면적})$$

▸ 양력

$$F_L = \frac{1}{2}\rho V^2 C_L A \quad (F_L\text{: 양력, } \rho\text{: 밀도, } V\text{: 속도, } C_L\text{: 양력계수, } A\text{: 면적})$$

<2차원 형상에 대한 항력계수 예시>

<table>
<tr>
<td>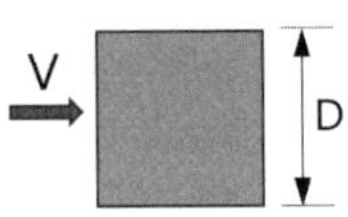</td>
<td>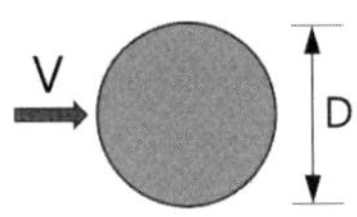</td>
<td>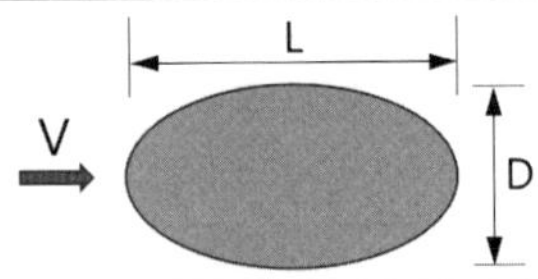</td>
</tr>
<tr>
<td>$C_D = 2.2$</td>
<td>층류: $C_D = 1.2$
난류: $C_D = 0.3$</td>
<td><table>
<tr><th></th><th colspan="2">C_D</th></tr>
<tr><th>L/D</th><th>층류</th><th>난류</th></tr>
<tr><td>2</td><td>0.60</td><td>0.2</td></tr>
<tr><td>4</td><td>0.35</td><td>0.15</td></tr>
<tr><td>8</td><td>0.25</td><td>0.10</td></tr>
</table></td>
</tr>
</table>

<3차원 형상에 대한 항력계수 예시>

<table>
<tr>
<td>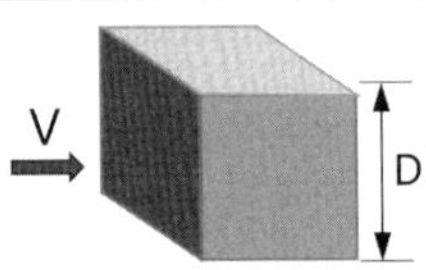</td>
<td>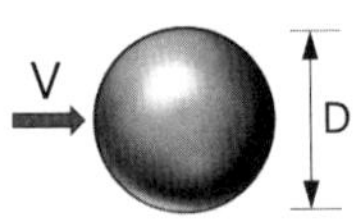</td>
<td>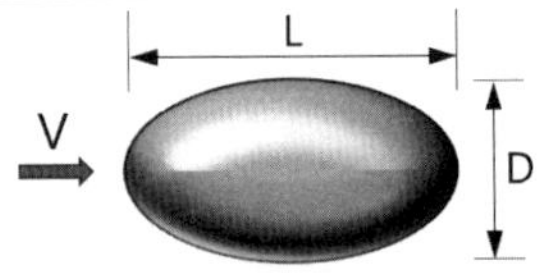</td>
</tr>
<tr>
<td>$C_D = 1.05$</td>
<td>층류: $C_D = 0.5$
난류: $C_D = 0.2$</td>
<td><table>
<tr><th></th><th colspan="2">C_D</th></tr>
<tr><th>L/D</th><th>층류</th><th>난류</th></tr>
<tr><td>1</td><td>0.5</td><td>0.2</td></tr>
<tr><td>2</td><td>0.3</td><td>0.1</td></tr>
<tr><td>8</td><td>0.2</td><td>0.1</td></tr>
</table></td>
</tr>
</table>

12. 관유동

유체역학의 많은 문제 유형 중 하나는 관유동이다. 관유동 문제는 배관설계와 덕트설계 등이 있고, 일반적인 흐름은 부하계산, 배관경로작성, 유량계산, 관경결정, 압력손실 계산 및 펌프 등의 용량결정의 순서로 진행된다. 유체역학이 사용되는 유형은 크게 3가지로 관유동에 따른 압력강하 계산, 유량계산 및 관경계산 문제로 분류할 수 있다. 많이 사용되는 방법은 Moody chart를 활용한 반복계산법 등이 있다.

❶ 압력(수두)손실계산

: 유량, 배관길이 및 직경을 알 때, 압력손실을 계산. 압력(수두)손실은 배관에 의한 압력(수두)손실 및 배관연결부 fitting에 의한 압력(수두)손실로 구분됨

$$h_{total} = h_{pipe} + h_{fitting} = \sum_i f_i \frac{L_i}{D_i}\frac{V_i^2}{2g} + \sum_j K_j \frac{V_j^2}{2g}$$

f: 배관 마찰계수, K: 배관이음부 손실계수, L: 배관길이, D: 배관직경, V: 유속, g: 중력가속도

배관의 마찰계수는 다음 식을 사용하기도 하지만 통상 Moody chart를 이용

층류유동의 마찰계수	난류유동의 마찰계수
$f = \dfrac{64\mu}{\rho D V_{평균}} = \dfrac{64}{Re}$	$\dfrac{1}{\sqrt{f}} = -2.0\log\left(\dfrac{\epsilon/D}{3.7} + \dfrac{2.51}{Re\sqrt{f}}\right)$
ϵ: 배관내부 표면조도	

❷ 유량계산

압력강하(수두손실), 배관길이 및 직경을 알 때 유량을 계산

❸ 관경계산

압력강하(수두손실), 배관길이 및 유량을 알 때 관경을 계산

► Moody chart 사용법

Moody chart는 chart 우측에 ϵ/D(표면조도/직경), 아래측에 $Re\left(\dfrac{vD}{\nu}\right)$, 좌측에 마찰계수가 표기 되어 있음. 표면조도(혹은 배관재질-Chart에 재질별 표면조도 가 정의되어 있음), 관경, 점성계수 및 유속을 알면 해당 배관의 마찰계수를 구할 수 있음

제3장 열역학

1. 기본개념

열역학은 열의 이동과 열에 의한 상태변화에 관한 학문으로, 공학의 분야에 활용되며 특히, 기계공학 및 냉공동학 등에 이용된다. 열역학을 이해하기 위한 중요한 단위와 기본개념을 학습한다.

< 기본개념 >

► 열의 정의

: 물질을 이루는 입자들의 운동 에너지의 합

► 열역학의 계(System)

: 열역학에서 System은 관심영역을 의미하며, 계의 경계를 Boundary, 그 밖의 것을 주위(Surrounding)이라 한다. System은 다음 3가지로 구분된다.

❶ 개방계(Open system): System 외부와 에너지 및 물질의 교환이 가능
❷ 밀폐계(Closed system): System 외부와 에너지의 이동은 있으나, 물질의 이동은 불가능
❸ 고립계(Isolated system): System 외부와 에너지 및 물질의 이동이 불가능

※ 열역학 제2법칙에 따라 엔트로피는 증가하는 방향(무질서도 또는 무효에너지가 증가)으로 진행되지만 개방계는 이를 외부 환경에 전가 할 수 있어 다른계와 차별성을 가짐

► 상태변화 및 과정(Process)

: 상태변화는 System 내에서 작동유체의 상태가 변화는 것이고 그 경로(Path)를 과정(Process)이라 함. 그 과정은 2가지로 구분

❶ 가역과정: 모든 경로에서 역학, 열 및 화학적 평형이 유지되며, 진행방향을 바꾸어 원래의 상태로 돌아올 수 있는 과정
❷ 비가역과정: 과정에서 손실이 발생하여 역학, 열 및 화학적 평형이 유지되지 않아, 원래의 상태로 돌아올 수 없는 과정

< 주요단위 >

► 온도의 종류

❶ 섭씨온도(Ceisius): 표준대기압(1atm)하에서 물이 어는점을 0℃, 끓는점을 100℃로 하고, 이를 100등분을 한 것을 1℃로 규정
❷ 화씨온도(Fahrenheit): 표준대기압(1atm)하에서 물이 어는점을 32℉, 끓는점을 212℉로 하고, 이를 180등분을 한 것을 1℉로 규정

⇒ (섭씨-화씨온도 환산) ℉ = 9/5 × ℃ + 32 or ℃ = 5/9 × (℉ - 32)

❸ 절대온도(Absolute Temperature): -273.15℃를 기준으로 하여 섭씨온도를 표현한 것이 켈빈온도(kelvin), 화씨온도를 표현한 것이 랭킨온도(Rankin)임

⇒ (섭씨온도의 절대온도 환산) K = ℃ + 273.15

⇒ (화씨온도의 절대온도 환산) °R = ℉ + 459.67

► 습도의 종류

: 습도는 공기 중에 포함된 수증기의 양을 의미하며 다음으로 구분됨

❶ 절대습도: 건공기 1kg 속에 포함되어 있는 수증기의 질량

❷ 상대습도: 포화습공기의 수증기분압과 동일온도인 습공기의 수증기 분압의 비

절대습도	상대습도
$x = \frac{G_w}{G_a}$ x: 절대습도 G_w: 건공기 1kg G_a: 건공기 1kg에 포함되어 있는 수증기량[kg]	$\varnothing = \frac{P_w}{P_s}$ $\varnothing$: 절대습도 P_w: 어떤 온도에서 습공기의 수증분압, 수증기량(kg) P_s: 같은 온도에서 포화습공기의 수증기분압, 수증기량(kg)

► 압력의 종류

: 우리가 생활하는 공간은 인지하지 못할 뿐 대기압이 존재하며, 이를 고려하는가 여부에 따라 압력의 종류가 다음과 같이 구분됨

❶ 절대압력[kgf/cm^2, abs]: 완전진공 상태를 기준점으로 측정한 압력

❷ 계기압력[kgf/cm^2]: 대기압을 기준점으로 측정한 압력

❸ 진공압력[kgf/cm^2]: 대기압을 기준점으로 진공정도를 측정한 압력

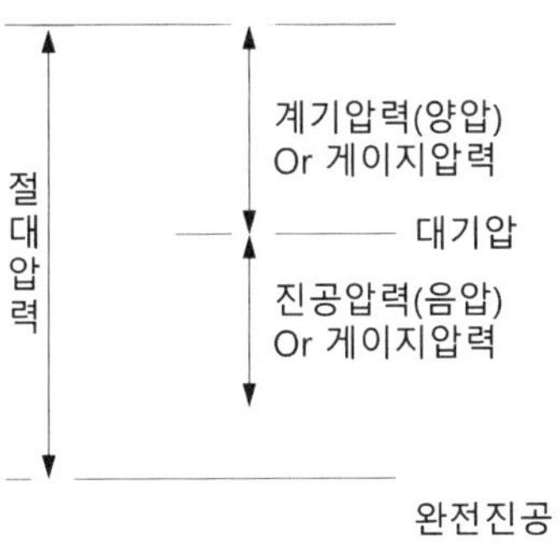

⇒ 절대압력 = 대기압력 + 계기압력

▸ 열량의 종류(열에 대한 단위 크기)

❶ **1 Kcal**: 표준대기압(1atm)에서 물 1kg을 14.5℃에서 15.5℃까지 1℃ 상승시키는데 필요한 열량

❷ **1 Btu**: 표준대기압(1atm)에서 물 1lb를 59.5°F에서 60.5°F까지 1°F 상승 시키는데 필요한 열량

❸ **1 Chu**: 표준대기압(1atm)에서 물 1lb를 14.5℃에서 15.5℃까지 1℃ 상승시키는데 필요한 열량

❹ **1 J(Joule, 줄)**: 1N·m의 일에 해당하는 에너지

⇒ 1 Kcal = 3.968 Btu = 2.205 Chu = 4.187 KJ (Kcal 및 KJ을 주로 사용)

▸ 열량의 유형

❶ 현열 또는 감열(Sensible Heat): 상(相)변화를 일으키지 않고, 온도만 변화하는데 소요되는 열량

❷ 잠열 (Latent heat): 온도는 변화하지 않고 상(相)변화에 소요되는 열량

- 융해잠열(고체→액체), 증발잠열(액체→기체), 승화잠열(고체→기체)

* 물의 증발잠열: 0℃ 기준, 597.3kcal/kg / 100℃ 기준, 538.8kcal/kg

** 얼음의 융해잠열: 79.68kcal/kg

▸ 비열의 개념과 종류

: 어떤 물질 1kg을 1℃ 올리는데 필요한 열량을 의미하며, 밀도, 점도 등과 같이 물질의 특성이라 할 수 있음. 단위는 주로 KJ/kg·K or Kcal/Kg·℃ 쓰고 종류는 다음과 같음

❶ 정압비열(C_P): 압력이 일정한 상태($dp=0$)에서의 비열

$$C=\frac{\delta q}{dT} \Rightarrow C_p=\frac{dh}{dT}\ [kJ/kg \cdot K]$$

∴ ($h=u+vP$ --- 내부에너지 u를 열량 q으로 전환

$h=q+vP \rightarrow dh=dq+vdP$ --- 정압상태임으로 $vdP=0$)

❷ 정적비열(C_V): 체적이 일정한 상태($dv=0$)에서의 비열

$$C=\frac{\delta q}{dT} \Rightarrow C_v=\frac{du}{dT}\ [kJ/kg \cdot K]$$

∴ ($h=u+Pv$ --- 압력이 일정하지 않기 때문에 내부에너지 u만으로 열량 q 측정이 곤란하여 엔탈피 h를 열량 q로 전환

$q=u+Pv \rightarrow dq=du+Pdv$ --- 정압상태임으로 $dv=0$)

❸ 비열비(k) = 정압비열과 정적비열의 비, ($k = C_P / C_V$)

* Tip. 정압비열이 분모인지, 정적비열이 분모인지 헷갈리는 경우가 많은데, 밀도와 같이 부피가 분자에 있다고 연관하여 생각하면 쉽게 기억할 수 있음

※ 특별한 경우를 제외하고는 우리는 표준대기압(1기압) 아래에서 활동하기 때문에 주로 정압비열을 사용하고, 주요한 정압비열 값은 다음과 같음

- 물의 정압비열: 1 Kcal/kg·℃ - 얼음의 정압비열: 0.5 Kcal/kg·℃ - 공기의 정압비열: 0.24 Kcal/kg·℃	- 물의 밀도: 담수, 1,000kg/m^3 / 해수, 1,025kg/m^3 - 공기의 밀도: 1.2kg/m^3

► 비열을 통한 열량계산

: 비열을 통한 열량계산은 다음 식을 따름

$$q(\text{열량}) = C(\text{비열}) \times m(\text{질량}) \times \Delta t(\text{온도변화량})$$

2. 주요 열역학 법칙

주요 열역학 법치은 열형평, 열보존, 열의 이동흐름 및 열의 기준점에 대해 서술한 것으로 편의상 열역학 제0~3법칙으로 구분하고 있다. 그 외에도 압력, 부피 및 온도에 관한 관계식인 보일-샤를의 법칙과 이상기체 상태방정식을 함께 알아본다.

► 열역학 제0법칙

: 열평형에 관한 법칙으로, 고온은 열을 방출하고 저온은 열을 흡수하여 평형상태를 이루게 됨을 의미. 다른 의미로 "물체 1과 2가 열평형 상태이고, 2와 3이 열평형 상태이면, 1과 3도 열평형임을 의미"

► 열역학 제1법칙

: 에너지 보존법칙이며, 일과 열이 서로 전환 가능함을 의미

► 열역학 제2법칙

: 일과 열의 전환에 있어 방향성*을 제시하는 법칙으로 일은 열로 쉽게 변환되지만, 열은 일로 쉽게 전환되지 않음을 의미 → 열기관이 필요한 이유

* 무질서도 또는 무효에너지가 증가하는 방향으로 시간의 진행방향을 의미

< 열역학 제2법칙의 다른 표현 >

- Kelvin-Plank: 고온물체의 열을 계속해서 일로 바꾸려면 저온물체로 열을 버려야만 한다. → 효율이 100%인 열기관(제2종 영구기관)의 제작은 불가능
- Clausius: 외부로부터 도움이 없으면 열은 스스로 저온물체에서 고온물체로 이동할 수 없음

< 열역학 제2법칙에 따른 효율 >

- 일반적인 열기관은 에너지를 공급받아 일로 전환하는 과정에 손실이 발생함으로 성능을 효율로 표현하고 1보다 작음
- 이에 반해, 냉동기는 에너지를 공급받아 열을 흡수하기 때문에 효율로 표현하지 않고 성적계수의 개념을 사용하며 이는 1보다 큼

< 열기관 vs 열펌프 >

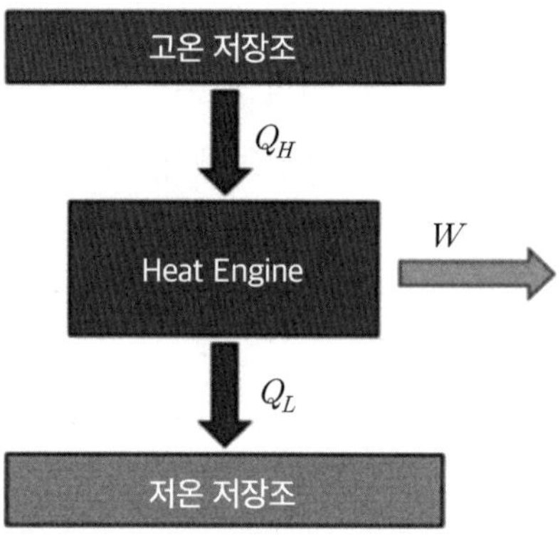

< 열기관 개념도 >

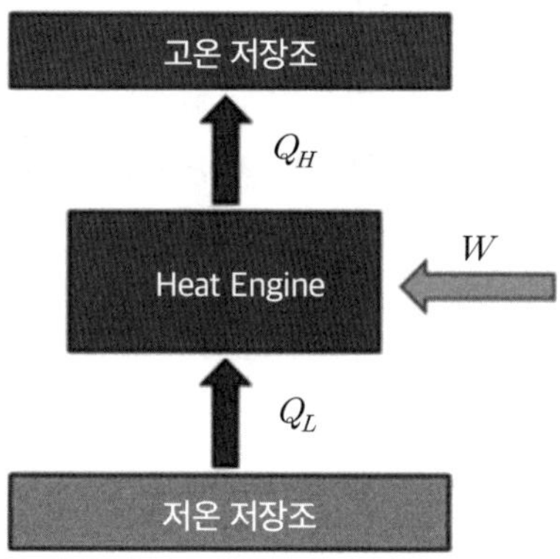

< 열펌프 개념도 >

- In put(고온의 열 Q_H)을 이용하여, Out put(일 W)를 생산

- $\eta(\text{열기관효율}) = \frac{W}{Q_H} = \frac{Q_H - Q_L}{Q_H} = 1 - \frac{Q_L}{Q_H}$

- In put(일 W)을 이용하여, Out put(고온의 열 Q_H)를 생산

- $\epsilon(\text{열펌프성적계수}) = \frac{Q_H}{W} = \frac{Q_H}{Q_H - Q_L} = 1 - \frac{1}{Q_L/Q_H}$

< 냉동기 vs 열펌프의 성적계수 >

$$\epsilon_r(\text{냉동기 성적계수}) = \frac{\text{증발열량}}{\text{압축기 일의 상당열량}}$$

$$\epsilon_h(\text{열펌프 성적계수}) = \frac{\text{응축열량}}{\text{압축기 일의 상당열량}}$$

- 동일한 냉동시스템이나, 사용목적이 냉동(증발기를 통한 열흡수)에 있으면, 냉동기라 하고, 사용목적이 열이동(응축기를 통한 열발생)에 있으면 열펌프라 함
- 냉동기는 In put(일 W)을 이용하여, Out put(저온의 열 Q_L)를 생산

$$\epsilon_r(\text{냉동기 성적계수}) = \frac{Q_L}{W} = \frac{Q_L}{Q_H - Q_L} = \frac{1}{Q_H/Q_H - 1}$$

- 따라서, 열펌프 성적계수는 냉동기 성적계수 보다 항상 1이 큼

$$\epsilon_h = 1 + \epsilon_r = 1 + \frac{Q_L}{Q_H - Q_L} = \frac{Q_H - Q_L + Q_L}{Q_H - Q_L} = \frac{Q_H}{Q_H - Q_L}$$

► 열역학 제3법칙

: 물체의 온도를 절대영도(0K)까지 내릴 수 없음을 의미

► 보일의 법칙 및 샤를의 법칙

❶ 보일의 법칙: 온도(T)가 일정할 때, 압력(P)와 체적(V)는 반비례함

P × V = constant

❷ 샤를의 법칙: 압력(P)가 일정할 때, 체적(V)와 온도(T)는 비례함

V / T = constant

► 이상기체의 상태방정식

: 이상기체는 입자간의 완전탄성 충돌 외에는 상호작용을 하지 않고, 자체의 부피를 부시 할 수 있는 기체를 의미. 높은 온도와 낮은 압력의 기체인 경우, 이상기체에 가까워짐

< 이상기체 상태방정식 >

$PV = nRT$ (n: 몰수, R: 기체상수)

※ $R = \frac{R_u}{M} = \frac{8.3143}{M} [kJ/kg \cdot K]$

R_u(일반기체상수): 8.3143 $[kJ/mol \cdot K]$, n: 기체의 분자량

3. 열의 이동

열역학은 열이 어떻게 이동하고, 내부의 변화는 어떠한가를 예측하고자 한다. 먼저 열의 이동에 대해 학습한다. 열이 이동하는 방식은 크게 전도, 대류, 복사, 열전달 및 열관류 5가지*로 구분할 수 있으며, 상세 내용은 다음과 같다.

* 근본적인 열의 이동은 전도, 대류 및 복사 3가지이나, 복합적인 작용에 의해 빈번하게 발생하는 열전달 및 열관류를 별도의 개념으로 적용하여 활용

① **(열전도)** 정지한 물체(고체 또는 유체)간의 온도차에서 의해서 고온에서 저온으로 열이 이동하는 현상

< 열전도에 따른 전달열량 및 주요개념 >

$$q = -\lambda A \frac{dt}{dx} \Rightarrow q = -\frac{\lambda}{l} A \Delta t = -\frac{\lambda}{l} A(t_1 - t_2)$$ ∵ 물체의 두께가 l로 일정할 경우

q: 전달열량(Kcal/h), λ: 열전도율(Kcal/m h ℃), A: 면적(m^2), t: 온도(℃ or K),
l: 물체의 두께(m) → 변수로 표현시 dx, t_1: 고온측 온도, t_2: 저온측 온도

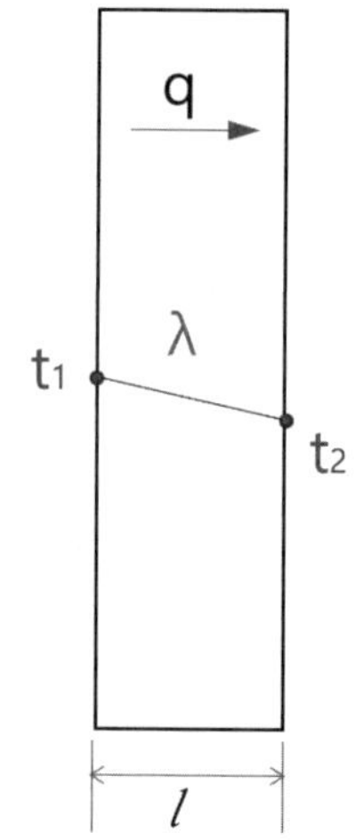

❶ 열전도율은 고체 > 액체 > 기체 순으로 큼(고체가 가장 열전도가 잘됨)

❷ 고체의 경우 전도체가 부도체 대비 열전도도가 높음

❸ 상기 식은 대상물체의 내부에서 열진동의 전달에 의해 열이 이동하는 현상을 표현한 것으로 푸리에 열전도 방정식이라 함

② **(열대류)** 유체의 밀도차에 의한 순환을 통해 열이 이동하는 현상으로, 온도차가 발생하면 밀도차가 발생하고 밀도차는 다시 유체의 흐름을 발생시켜 열이 전달되는 방식

< 열대류에 따른 무차원수 및 주요개념 >

$$Nsselt\,Nmber(Nu) = \frac{\alpha \bullet L}{\lambda}$$ → 열전달률 / 열전도율의 비

α: 열전달률(Kcal/m^2 h ℃), λ: 열전도율(Kcal/m h ℃), L: 열전달 길이(m)

❶ 자연대류일 경우 Nu는 그라소프 수(Grashof Number, Gr) 및 프란들 수(Prandtl Number, Pr)의 함수이고, 강재대류일 경우 Nu는 레이놀드 수(Reynolds Number, Re) 및 프란들 수(Prandtl Number, Pr)의 함수임

$$N_{자연대류} = f(G_r, P_r),\ N_{강제대류} = f(R_e, P_r)$$

❷ $G_r = \frac{g \bullet \beta \bullet d^3 \bullet \Delta t}{\nu^2}$ → 부력 / 점성력의 비

g: 중력가속도(m/s^2), β: 체적팽창계수(℃$^{-1}$), d: 관 내경 등 특성길이(m),
t: 온도, ν: 동점성계수(m^2/s)

❸ $P_r = \frac{\mu \bullet C_p}{\lambda}$ → 점성계수 × 성압비열 / 열진도율의 비 (μ: 점성계수, C_p: 정압비열)

❹ $R_e = \frac{V \bullet d}{\nu}$ → 관성 / 점성의 비 (V: 속도(m/s))

③ **(열복사)** 열에너지가 중간매개 없이 적외선이나 가시광선을 포함한 전자기파 형태로 전달되는 방식

< 열복사에 따른 전달열량 및 주요개념 >

$$q = \epsilon \sigma A T^4$$

q: 전달열량(Kcal/h), ϵ: 복사율(0<ϵ<1), σ: 스테판 볼츠만 상수($4.88 \times 10^{-8}\ kcal/m^2\,h\,K^4$),
T: 물체표면온도

❶ 상기식은 스테판 볼츠만의 법칙이라 하며, 흑체(흡수율과 방출률이 100%인 이상적인 물체)를 가정한 경우 $q = \sigma A T^4$가 됨
❷ 통상 건축자재의 ϵ는 0.85~0.95 수준임

④ **(열전달)** 유체와 고체가 접촉한 경우, 유체와 고체 사이에서 열이 이동하는 방식

< 열전달에 따른 전달열량 및 주요개념 >

$$q = \alpha A(t_1 - t_2)$$

q: 전달열량(Kcal/h), α: 열전달률(Kcal/m^2 h ℃), A: 면적(m^2), t_1: 고온측 온도, t_2: 저온측 온도

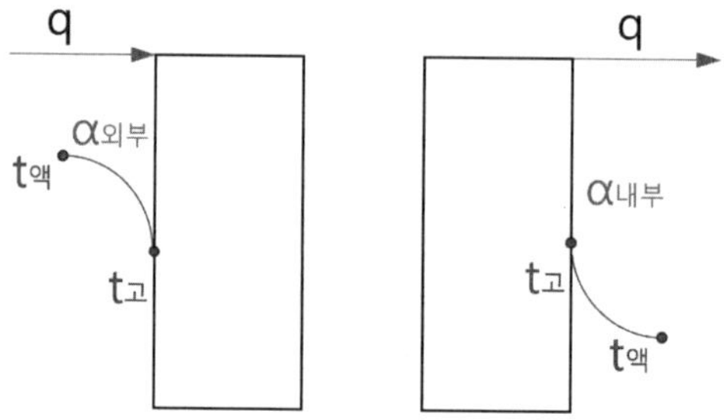

❶ 열평형 법칙에 의해 고체 또는 유체에 무관하게 고온부에서 저온부로 이동하며, 전달열량을 양수로 표현하기 위해 t_1, t_2 중 고온부에서 저온부의 값을 빼는 것임

⑤ **(열관류)** 고체를 사이에 두고 고온측 유체에서 저온측 유체로 열이 이동하는 방식

< 열관류에 따른 전달열량 및 주요개념 >

$$q = KA(t_1 - t_2)$$

q: 전달열량(Kcal/h), K: 총괄열관류률(Kcal/m^2h ℃), A: 면적(m^2), t_1: 고온측 온도, t_2: 저온측 온도

❶ 열관류는 사실상 열전달+열전도+열전달의 현상이 중첩된 것이나, 가장 많이 발생하는 열의 이동형태임에 따라 편의상 별도로 규정한다고 볼 수 있음

❷ 열관류 중 가장 중요한 것은 총괄열전달률을 이해하고 계산하는 능력이며, 총괄열전달률의 개념 및 계산식은 다음과 같음

구분	평면	원통형
개념	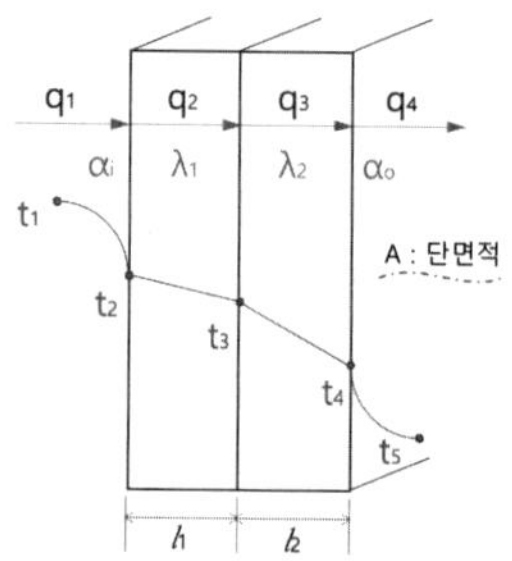	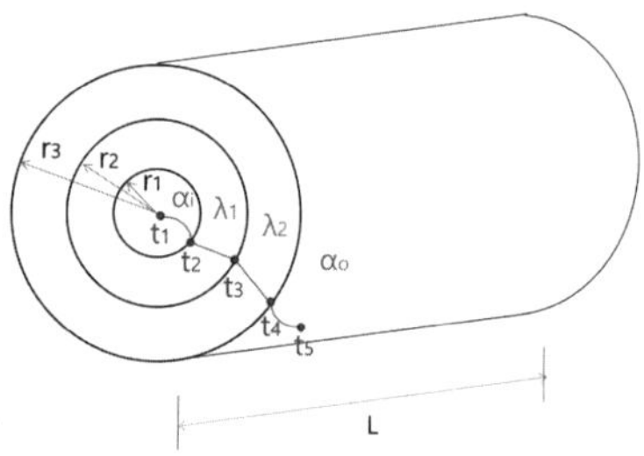

<table>
<tr><td rowspan="2">공식</td><td>$$q=\frac{t_i-t_o}{\frac{1}{\alpha_i A}+\frac{l_1}{\lambda_1 A}+\frac{l_2}{\lambda_2 A}+\cdots+\frac{l_n}{\lambda_n A}+\frac{1}{\alpha_o A}}$$</td><td>$$q=\frac{t_i-t_o}{\frac{1}{\alpha_i A_i}+\frac{\ln\frac{r_2}{r_1}}{\lambda_1 2\pi L}+\frac{\ln\frac{r_3}{r_2}}{\lambda_2 2\pi L}+\cdots+\frac{\ln\frac{r_{n+1}}{r_n}}{\lambda_n 2\pi L}+\frac{1}{\alpha_o A_o}}$$
* $A_i=2\pi r_i L,\ A_o=2\pi r_o L$</td></tr>
<tr><td colspan="2">* 개념도의 한정된 벽체 또는 관을 일반적인 n개의 형태로 확장한 식임
아랫첨자 i는 내부를, 아랫첨자 o는 외부를 의미</td></tr>
<tr><td>유도</td><td colspan="2">► 평면에 대한 개념도를 기준으로 총괄열관류 공식을 유도하면 다음과 같음
1번의 열전달량: $q_1=\alpha_i A(t_1-t_2)$
2번의 열전달량: $q_2=\frac{\lambda_1}{l_1}A(t_2-t_3)$
3번의 열전달량: $q_3=\frac{\lambda_2}{l_2}A(t_3-t_4)$
4번의 열전달량: $q_4=\alpha_o A(t_4-t_5)$
► 열평형 법칙에 의해 $q_1=q_2=q_3=q_4=q$로 동일함
$$q=\frac{t_1-t_2}{\frac{1}{\alpha_i A}}=\frac{t_2-t_3}{\frac{l_1}{\lambda_1 A}}=\frac{t_3-t_4}{\frac{l_2}{\lambda_2 A}}=\frac{t_4-t_5}{\frac{1}{\alpha_o A}}$$
$$q=\frac{t_1-t_5}{\frac{1}{\alpha_i A}+\frac{l_1}{\lambda_1 A}+\frac{l_2}{\lambda_2 A}+\frac{1}{\alpha_o A}}$$</td></tr>
</table>

※ 전달열량 계산시 가장 많이 사용되는 것은 열관류, 열전달 및 열전도이며, 해당 식은 반드시 숙지할 필요가 있다.

4. 상태변화

열역학을 통해 예측하고자 하는 상태변화를 알아본다. 그리고 상태변화를 이해하기 위해 필요한 내부에너지, 엔탈피 및 엔트로피의 개념을 학습한다.

< 주요개념 >

► 내부에너지 U[kJ], u[kJ/kg]

: 어떤 계에 외부에서 일 또는 열이 가해질 때, 그 계가 외부에 일을 하거나열을 방출하지 않는다면, 가해진 에너지는 그 계의 내부에 저장되고 이렇게 저장된 에너지를 내부에너지라 함

► 엔탈피(Enthalpy) H[kJ], h[kJ/kg]

: 어떤 상태의 유체가 가지는 열에너지로써 내부에너지와 유동일의 합임

$$\text{엔탈피 } H = U + PV\ [kJ]$$

$$\text{비엔탈피 } h = u + Pv\ [kJ/kg]$$

PV: 유체가 일정 압력 P로 체적 V를 차지하기 위해 유체를 밀어 내는데 소요된 일

► 엔트로피(Entropy)

: 열량의 이용가치를 나타내는 척도로 무질서도, 시간의 척도라고도 함

물리학상의 가상적인 상태량으로 열을 가하면 증가하고 냉각시키면 감소하는 가상적인 양임. 엔트로피는 가열량(δQ)를 온도(T)로 나눈 값임

$$dS = \frac{\delta Q}{T}\ [kJ/K]$$

$$ds = \frac{\delta q}{T}\ [kJ/kg \cdot K]$$

< 상태변화 >

► 정압변화: 압력이 유지되는 상태의 변화($P=$ 일정, $dP=0$)

❶ $P-V-T$ 관계

: $\frac{V}{T} = C\ (Pv = nRT,\ dp = 0)$

❷ 일량$[kJ/kg]$

: 절대일$(w_a) = \int_1^2 Pdv = P(v_2 - v_1) = R(T_2 - T_1)$ --- 밀폐계에서의 일

공업일$(w_m) = -\int_1^2 vdp = 0$ $(dp = 0)$ --- 개방계에서의 일(유동일, 압축일)

❸ 내부에너지$[kJ/kg]$

: $du = C_v dT = C_v(T_2 - T_1)$ ($du = C_v dT$, C_v: 정적비열)

❹ 엔탈피$[kJ/kg]$

: $dh = C_p dT = C_p(T_2 - T_1)$ ($dh = C_p dT$, C_p: 정압비열)

❺ 가열량$[kJ/kg]$

: $q = h_2 - h_1 = C_p(T_2 - T_1)$ ($\delta q = dh - vdP$ --- $dP = 0$)

※ 가열량은 엔탈피 변화량과 같음

► 정적변화: 체적이 유지되는 상태의 변화(v = 일정, $dv = 0$)

❶ $P - V - T$ 관계

: $\frac{P}{T} = C$ ($Pv = nRT$, $dv = 0$)

❷ 일량$[kJ/kg]$

: 절대일$(w_a) = \int_1^2 Pdv = 0$ $(dv = 0)$

공업일$(w_m) = -\int_1^2 vdp = v(P_1 - P_2) = R(T_1 - T_2)$

❸ 내부에너지$[kJ/kg]$

: $du = C_v dT = C_v(T_2 - T_1)$

❹ 엔탈피$[kJ/kg]$

: $dh = C_p dT = C_p(T_2 - T_1)$

❺ 가열량$[kJ/kg]$

: $q = u_2 - u_1 = C_v(T_2 - T_1)$ ($\delta q = du + Pdv$ --- $dv = 0$)

※ 가열량은 내부에너지 변화량과 같음

► 등온변화: 온도가 유지되는 상태의 변화($T=$ 일정, $dT=0$)

❶ $P-V-T$ 관계

: $Pv = C$ $(Pv = nRT, dT=0)$

❷ 일량[kJ/kg]

: 절대일$(w_a) = \int_1^2 Pdv = RT\ln\frac{v_2}{v_1} = P_1v_1\ln\frac{v_2}{v_1} = P_1v_1\ln\frac{P_2}{P_1}$

공업일$(w_m) = -\int_1^2 vdp = -RT\ln\frac{P_2}{P_1} = -Pv\ln\frac{P_2}{P_1}$

$= -Pv\ln\frac{v_2}{v_1} = P_1v_1\ln\frac{v_2}{v_1}$

❸ 내부에너지[kJ/kg]

: $du = C_v dT = 0$ $(dT=0)$

❹ 엔탈피[kJ/kg]

: $dh = C_p dT = 0$ $(dT=0)$

❺ 가열량[kJ/kg]

: $q = \int_1^2 Pdv = w_a = w_m$ ($\delta q = du + Pdv$ --- $du = 0$)

※ 가열량은 모두 일로 전환

► 단열변화: 외부와 열의 유출입이 없는 상태의 변화($\delta q = 0$)

❶ $P-V-T$ 관계

: $\delta q = du + Pdv = C_v dT + Pdv = 0$ --- ㉠

$Pdv + vdP = RdT$ ($Pv = RT$ 미분)

$dT = \frac{Pdv + vdP}{R}$ --- 식㉠에 대입

$(C_v + R)Pdv + C_v vdP = 0$ $((C_v + R)Pdv - C_v Pdv = 0 \rightarrow C_v + R = C_p)$

$C_pPdv + C_v vdP = 0$ --- $C_v Pv$로 나눔

$\frac{C_p}{C_v}\frac{dv}{v} + \frac{dP}{P} = 0$ --- 적분 $(k = \frac{C_p}{C_v})$

$k\ln v + \ln P = \ln c$

$\ln(v^k \cdot P) = \ln c$

$\Rightarrow Pv^k = C,\ Tv^{k-1} = C,\ TP^{\frac{1-k}{k}} = C$ ($Pv = RT$ 대입하면 변환됨)

❷ 일량$[kJ/kg]$

: 절대일$(w_a) = \int_1^2 Pdv = \frac{1}{k-1}(P_1v_1 - P_2v_2) = \frac{1}{k-1}R(T_1 - T_2)$

공업일$(w_m) = -\int_1^2 vdp = \frac{k}{k-1}(P_1v_1 - P_2v_2) = \frac{k}{k-1}R(T_1 - T_2)$

※ $w_a = k \cdot w_m$

❸ 내부에너지$[kJ/kg]$

: $du = C_v dT$

$\Delta u = u_2 - u_1 = C_v(T_2 - T_1) = \frac{1}{k-1}R(T_2 - T_1) = -w_a$

※ 내부에너지는 모두 절대일로 전환

❹ 엔탈피$[kJ/kg]$

: $dh = C_p dT$

$\Delta h = h_2 - h_1 = C_p(T_2 - T_1) = \frac{k}{k-1}R(T_2 - T_1) = -w_m$

※ 엔탈피는 모두 공업일로 전환

❺ 가열량$[kJ/kg]$

: $\delta q = 0$

► 폴리트로프(Polytropic) 변화: 등온변화 및 단열변화 사이의 변화

❶ $P-V-T$ 관계

: 단열변화의 k대신 폴리트로프 지수 n으로 치환

$\Rightarrow Pv^n = C,\ Tv^{n-1} = C,\ TP^{\frac{1-n}{n}} = C$ ($Pv = RT$ 대입하면 변환됨)

❷ 일량$[kJ/kg]$

: 절대일$(w_a) = \int_1^2 Pdv = \frac{1}{n-1}(P_1v_1 - P_2v_2) = \frac{1}{n-1}R(T_1 - T_2)$

공업일$(w_m) = -\int_1^2 vdp = \frac{n}{n-1}(P_1v_1 - P_2v_2) = \frac{n}{n-1}R(T_1 - T_2)$

※ $w_a = n \cdot w_m$

❸ 내부에너지[kJ/kg]

: $du = C_v dT$

$\Delta u = u_2 - u_1 = C_v(T_2 - T_1)$

❹ 엔탈피[kJ/kg]

: $dh = C_p dT$

$\Delta h = h_2 - h_1 = C_p(T_2 - T_1)$

❺ 가열량[kJ/kg]

: $\delta q = du + Pdv$

$$q = C_v(T_2 - T_1) + \frac{1}{n-1}R(T_1 - T_2) = (C_v - \frac{R}{n-1})(T_2 - T_1)$$

$$= (C_v - \frac{C_p - C_v}{n-1})(T_2 - T_1) = (\frac{(n-1)C_v - C_p + C_v}{n-1})(T_2 - T_1)$$

$$= (\frac{nC_v - C_p}{n-1})(T_2 - T_1) = (\frac{nC_v - kC_v}{n-1})(T_2 - T_1)$$

$= C_v(\frac{n-k}{n-1})(T_2 - T_1)$ --- $C_v(\frac{n-k}{n-1}) = C_n$ (폴리트로프 비열)로 정의

$q = C_n(T_2 - T_1) \therefore \frac{C_n - C_p}{C_n - C_v} = n$(폴리트로프 지수)로 정의

5. 과정과 사이클

지금까지는 학문적 차원의 열역학을 살펴보았다. 이를 공학에 접목하기 위해서는 열을 일로 전환하는 것을 이해해야 한다. 어떤 평형 상태에서 다른 평형 상태로 변화하는 과정(Process)을 반복적인 사이클(Cycle)로 구현할 수 있고, 그 과정에서 일을 만들어 낼 수 있다면 열기관이 된다. 주요한 동력원인 증기, 가스, 가솔린 및 디젤 등을 중심으로 동력 사이클의 이해가 필요하다. 상세한 내용은 열역학 책을 참고하도록 한다.

부록 4. 조선소 업무의 구성

1. 조선소 기능별 구성

조선소의 기능별 구성은 크게 설계, 연구, 조달, 생산, 품질, 시운전, 공무·자재, 보증 및 인사총무로 구분된다. 이해의 편의를 위해 선박건조의 흐름과 건조의 연관성을 고려하여 각 기능을 살펴본다.

설계는 선주와 계약을 담당하는 영업설계를 시작으로 기본설계, 기본계획(조선소의 물량관리 및 전반적인 건조 일정관리 업무수행) 상세설계 및 생산설계로 구분되며, 각각은 설계의 영역(구조, 종합, 철의, 배관 및 전장 등)에 따라 다시 세분화 된다. 주된 업무는 관련 계산서 작성, 도면작성, 물량 발수(선각, 의장), FAT 등이 있다.

연구는 설계 및 건조시 발생하는 문제에 대해서 해결하기 힘든 경우 해결을 위한 기술지원과 미래 성장동력을 발굴하기 위한 기술개발이 주요한 업무이다. 통상 대형조선소에만 있는 기능으로 설계와 생산의 역할을 고려하여 적절히 조직을 구성한다. 예를 들면 구조, 유체, 용접, 프로세스, 전계장 등으로 구분하기도 한다.

조달은 구매, 계약으로 분류되기도 하며, 설계에서 선박건조를 위해 발주된 선각(강판, 형강재) 및 의장품(순수의장품, 기기장비재) 등에 대해 실제 계약업무를 수행한다. 계약시 설계의 기술검토를 지원받아 계약가격 등을 종합적으로 검토하여 진행하고, 계약 이후에는 적기에 설치를 위한 입고관리 업무를 수행한다. 설치 이후 계약서에 따라 AS 조치도 담당한다.

생산은 조달을 통해서 입고된 자재(선각 및 의장품 등)를 이용하여 설계로부터 접수된 생산도면에 따라 실제 건조를 수행한다. 기능상으로 크게 생산일정을 수립하는 역할과 실제 생산 및 생산관리를 하는 역할로 구성된다. 생산 및 생산관리 조직은 선각조립과 의장(철의장, 배관 및 전장)으로 다시 세분화 되며, 옥내외 조건(기후 영향을 비교적 적게 받는 옥내는 선박 건조시 중요한 의미를 갖는다)을 기반으로 선행과 후행으로 나뉜다.

품질은 선박 건조시 조선소 자체적으로 품질을 관리(선주와 선급의 요구 품질을 만족하기 위해 자체적으로 관리)를 수행한다. 크게 기능상으로 구조QM(Quality-Management)과 의장QM(철의장, 배관 및 전장)으로 구분되며, 용접부 검사, 기기장비에 대한 FAT 검사, 설치검사 및 On board test 등을 수행한다.

시운전은 실제 해상시운전 업무를 수행하는 역할을 하며, 일부는 On board test시부터 참여한다. 사실상 선박의 건조가 완료된 상황으로 건조 보다는 운항에 초점을 맞추어 조직이 구성된다. 크게 기능상으로 선상시운전, 기장시운전 및 전장시운전 등으로 구분한다.

공무 및 자재는 건조를 위해 필요한 설비(크레인, 지게차 등에서 용접기, 스페너 등에 이르기까지의 설비)와 Stock 자재(각종 Lifting lug 등의 치구류 관리)을 운영관리 하는 조직이다. 특히 공무에서는 생산 일정에 맞추어 한정된 중장비를 지원하고, 고장 발생시 유지관리를 수행한다.

보증업무는 선박인도 후 제품하자에 대해 AS 처리를 위한 기능을 수행한다. 부품을 교환하거나, 처리가 어려운 경우 Spare part를 제공하는 방식 등으로 선주와 협의를 통해 제품하자에 대해 대응한다.

인사총무는 회사운영을 위한 공통적인 기능을 수행한다. 회사 경영을 위한 재무회계, 신규인력 채용 및 육성 그리고 관리를 위한 감사업무 등을 수행한다.

2. 설계의 기능별 구성

설계는 건조단계에 따른 구분, 선박의 기능별 구분 및 대상 구역별 구분으로 나뉘고, 설계 조직은 기준별 조합을 통해 구성된다.

건조단계에 따른 구분은 영업설계, 기본설계, 상세설계 및 생산설계로 구성된다. 영업설계는 선주와 계약을 위해 선주의 요구사항을 분석하여 계약조건 달성 가능성을 검토하여 선가에 대한 견적산출(물량 추산 포함)과 계약서 작성업무 등을 수행한다. 기본설계는 기본성능의 추정을 위한 계산서 작성과 선형 및 일반배치도 등 기본 외형결정, 구획분할 및 기본배치 등을 수행한다. 상세설계는 기본설계를 바탕으로 주요 구역별로 도면을 분할하고 보다 상세한 설계(구조부재의 배치 및 치수결정, 기기장비 및 의장품 배치 등)를 수행한다. 실제 현대의 조선소는 3D 모델링을 통해 가상의 공간에서 선박을 건조하는 과정이라 할 수 있다. 또한 상세설계의 주요한 임무는 물량을 발주하는 것이다. 생산설계는 상세설계에서 확정한 설계정보를 바탕으로 제작도면과 설치도면을 작성 한다. 통상 제작도면은 3D 모델링을 활용하여 다양한 View를 만들어 치수를 기입하는 방식으로 작성되며, 설치도면은 선체모델을 불러 Back drawing 형태로 설치구역을 나타내고 설치대상을 Frame 또는 Longi로부터 거리와 Deck로 부터 높이를 표기하는 방식으로 작성된다.

선박의 기능별 분류는 구조설계, 종합설계(구획구분, 복원성 및 시운전 시 기본성능 관련업무 수행), 철의장설계, 배관설계, 전장설계 및 선실설계(선실설계 관련 배관, 공조 및 목의장 일체를 담당)로 구성된다. 기능별 구조는 종합설계와 선실설계을 제외하고는 이름에서 그 역할을 분명히 구분할 수 있음에 따라 자세한 설명은 생략한다.

대상 구역별 분류는 선장구역, 기장구역 및 선실구역으로 나뉜다. 기장구역은 기관실 구역을 의미하고, 선장구역은 기관실 및 선실을 제외한 모든 구역을 말한다.

실제 조직의 구성은 조선소 현황에 맞게 구성되며, 예를 들면 구조기본분야는 구조기본설계, 구조상세설계, 구조생산설계, 기본계획(기본종합설계), 종합설계와 같은 방식으로 구분되고, 의장분야은 선장철의설계, 기장철의설계, 선장배관설계, 기장배관설계, 선실설계 및 전장설계로 구분한다.

부록 5. 기술사 취득에 관한 안내

기술사에 관한 설명에 앞서 공대생에게 유용한 시험 또는 자격에 대해서 간략히 언급한다. 많은 유용한 것들이 있겠지만 크게 3가지를 예를 들어 설명하면, 변리사, 기술고시 및 기술사가 있다. 각각은 법령과 공학을 함께 공부해야 하는 공통점이 있고, 변리사가 법령의 비중이 크고, 기술사가 공학의 비중이 크다. 취득 방법과 유용성은 차이가 있고 자세한 내용은 간단한 검색을 통해 확인할 수 있다. 다만, 공학도에게 석박사의 학위를 받기 곤란(돈, 시간, 공간적 제약 등)한 경우, 개인의 노력을 통해 성취할 수 있는 가치 있는 것임에는 분명하다.

저자의 경험에 기반한 기술사 취득 방법을 안내한다. 그리고 지금 설명하는 내용은 단순한 기술사 자격증 취득을 위한 방법보다는 기술사 자격에 맞는 지식을 쌓는 방법이라 말하고 싶다. 먼저 기술사 응시자격에 대해 파악해야 하며, 이는 q-net을 통해 확인하면 된다. 공대나 기술분야에 있는 사람이라면 기능장, 기능사, 산업기사, 기사 및 기술사의 구조에 대해 알고 있을 것이라 생각된다. 따라서 기사를 기준으로 특징을 설명한다.

기사는 1차 시험에서 5개가량의 분야에 대해 100분 정도의 제한시간 내에 총 100문제 가량의 객관식 문제를 풀고, 2차 시험은 1~2시간가량의 제한시간에 계산을 동반한 주관식 시험을 치른다(시험에 따라, 도면작성 등의 실기시험이 추가되기도 한다). 이에 반해 기술사 시험은 1차 시험에서 4개 과목에 대해 각각 100분의 제한시간 동안 제시된 문제 중에서 제안된 수만큼 문제를 선택하여 자유형식으로 기술한다. 그리고 2차 시험은 30분 가량 3명 정도의 심사위원을 통해 구술면접으로 진행된다.

시험의 성격과 목적이 매우 다르다. 기사는 해당 분야의 필수 개념을 정확히 이해했는가를 확인하는 것이라면, 기술사는 해당 분야의 폭넓은 지식과 궁극적인 know why에 대해 이해를 바탕으로 종합적인 시각에서 제시된 문제에 대해 견해를 밝힐 수 있는가를 본다.

따라서, 기사는 한정된 범위에서 문제은행 방식으로 출제되기 때문에 일정한 시간과 노력을 투입하면 취득할 수 있지만, 기술사는 관련 분야에 대해 무엇이든 물어보는 시험으로 해당 분야에 대해 지식을 가지고 문제에 대한 주관을 논리적으로 풀어낼 수 있어야 한다.

이처럼 시험의 다른 성격 때문에 기사취득 없이 기술사 공부를 권하기도 하고 실제로 합격으로 이어지기도 한다. 다만 기술사는 학습범위가 방대하기 때문에 해당 분야의 뼈대(혹은 핵심내용)를 인지하기에는 어려움이 있을 수 있다. 그리고 뼈대 위에 살을 붙이듯 학습하지 않고 산발적인 학습을 한 경우, 기술사 합격을 하더라도 지식은 빠르게 휘발되며, 다시 학습할 때 많은 시간이 소요될 수 있다.

따라서, 기술사 시험은 기사시험을 통해 뼈대를 구축하고, 지식의 폭을 넓힌 후 여러 지식을 조합하여 풀어내는 연습을 반복하는 방식으로 학습해야 한다. 그렇게 되면 지엽적인 지식은 휘발되더라도 뼈대는 남아 조금의 노력으로 지식의 상태를 손쉽게 회복할 수 있다. 그렇다면 뼈대는 무엇인가라는 물음이 생긴다. 생각보다 손쉽게 확인할 수 있다. 기사시험의 출제범위를 살펴보면 목차와 같이 일목요연하게 나와 있다. 그리고 기사시험 대비 책자도 이와 동일하게 구성되어 있다.

따라서 첫 번째 단계는 핵심내용의 의미, 수식 및 관련 계산에 대해 익힌다. 기술사 시험에서 일부 기술사를 제외하고는 계산문제의 비중은 낮지만 출제시 정확하게 풀면 감점없이 해당 문제에 대해 높은 득점이 가능하다(정확히 알려진 것은 없으나, 필기시험 시 3명의 심사위원이 채점을 하고 평균을 내는 방식으로 진행됨에 따라 서술식은 주관에 따라 감점이 발생하지만 계산문제는 풀이와 정답이 맞는다면 감점의 여지는 낮다). 또한 기술사를 합격하더라도 수식과 계산에 기본이 탄탄하지 않다면 항상 마음 한 켠의 짐으로 남을 수 있다.

두 번째는 지식의 양을 늘리는 단계이다. 응시하고자 하는 분야에 기술사 책을 하나 고른다(응시생이 적은 과목은 이러한 책이 없는 것이 문제인데, 조선기술사도 이러한 책이 없다. 이 책을 통해 조선기술사를 준비하는 분들을 위해 조금이나마 도움이 되고자 했다. 집필의 이유 중 하나다). 책이 짜임새가 있으면 좋고 만약 짜임새가 본인의 생각과 다르거나 기술사 책이 없다면, 핵심내용을 바탕으로 기술사 책을 재정립하거나, 관련 분야의 책을 구해 핵심내용별로 지식의 양을 확장한다.

세 번째는 자신의 주관은 쌓는 단계이다. 기술사 시험에서 답변이 천편일률적인 경우 고득점을 받기도 어렵거니와 범위가 없는 시험에서 모든 경우에 대해 답을 하기란 쉽지 않다. 따라서 문제를 보고 자신의 지식을 끌어와 문제와 연결하여 설명하고 본인의 주관을 더하여 대안을 설명하는 방법을 채득해야 한다. 가령 예를 들면, Mooring fitting의 종류와 기능에 대해서 논하라는 문제가 출제되었고, Mooring fitting에 대한 지식의 깊이가 깊지 않다고 하자. 이러한 경우 핵심적인 내용의 흐름(뼈대)을 알고, 관련에 분야에 대한 약간의 지식과 자신의 주관을 녹이는 방식이 체득되어 있다고 하면 최상의 단계는 아니지만 기술사로서 공학적으로 유의미한 답변을 적을 수 있게 된다. 먼저 Mooring의 정의 또는 개념을 설명한다(선박을 항구 등에서 정박시키기 위한 기능). 그리고 설계 및 운용 시 주요제약 조건에 대해서 언급한다(풍압 및 조류에 의해 선박에 발생하는 외력을 견딜 수 있어야 함. 선적 및 하역시 흘수변화에 대해 수용할 수 있어야 함. 종횡방향에 대해 선수미 대칭으로 하중을 분담 할 수 있어야 함... 등등 많은 내용을 서술할 수 있음). 다음으로 Mooring fitting의 목적과 분류에 대해서 서술한다(계류를 위해서 본선과 안벽을 잇는 로프를 고정해야 하며, 이러한 로프를 손상 없이 원활하게 연결하기 위한 수단이 Mooring fitting이다. 그리고 Mooring fitting의 기능적 분류는 로프의 변곡점에 설치하여 손상을 저감하는 것과 로프를 묶어 고정 설치하도록 하는 것에 있음을 적는다). 그리고 풍부하지 않더라도 알고 있는 범위 내에서 Mooring fittig의 종류를 기입한다 (Bollard, Chock, Cross bit 등). 끝으로 가능하다면 현업에서의 문제점과 개선책을 짧게라도 언급한다(예를 들면 Mooring rope 절단시 사고를 줄이기 위해 Mooring fitting의 표면처리를 강화할 필요성 있다는 수준으로 문제와 대안을 제시한다).

다시 정리하면, 관련 분야에서 핵심내용에 대해서 뼈대를 가지고 있으면, 어떤 문제이든 해당 분야에서 어느 위치에 속하는 문제인지 알 수 있다. 그리고 그 핵심내용을 기반으로 확장된 지식을 활용하여 제시된 문제와의 연관된 정보를 떠올린다. 끝으로 문제에 대한 개인의 생각을 정리한다. 내용을 정리하는 패턴은 거시적 관점에서 해당 분야와 제시된 문제와의 연관성을 토대로 개념, 정의를 적는다. 그리고 다시 미시적 관점에서 해당 문제와 관련된 개념, 정의 및 종류를 적는다. 끝으로 실무적인 문제점과 대책 또는 향후 예상되는 기술 동향 등을 적는다. 내용을 적을 때는 개조식으로 작성하며, 관련 이론에 대한 수식과 도표 등을 함께 표현(평소에 도표나 선도 등을 간략화하여 그릴 수 있도록 연습한다)하면 더욱 좋다. 만약, 제2편을 읽었다면 위와 같은 논리 전개는 익숙할 것이다. 제2편은 위의 내용에 따라 작성되었기 때문이다. 제2편의 내용을 읽으면서 위와 같은 논리 전개에 대해 익숙해지는 것을 권한다.

조금 더 디테일한 내용을 살펴본다. 통상 1차 시험은 4개 교시로 이루어지고 각각 100분의 시간이 주어진다. 단색 볼펜으로만 작성하며, 틀렸을 경우 두 줄을 긋는 것으로 하고 별도의 수정은 불가하다. 1교시는 제시된 13문제 중 10문제를 골라 순서에 무관하게 문제와 답을 서술하면 된다. 따라서 5분 안으로 답변하고자 하는 문제를 고르고 자신 있는 순서대로 답변순서를 정한다. 문제 선정이 끝나면 각 문제당 30초 이내로 논리 전개를 머릿속에 떠올리고 9분 동안 작성한다. 주의할 사항은 처음에 자신 있는 문제를 서술하다 보면 9분을 넘기기 쉽고 그러면 다음 문제를 풀이할 여유가 사라진다. 문제당 배점은 동일하고 3명의 심사위원의 합산으로 이루어지기 때문에 전체 문제에 대해 답변의 밸런싱이 중요하다. 2교시부터 4교시는 6문제 중 4문제를 골라 서술한다. 5분 내외로 문제를 고르고 각 문제당 논리전개를 1분 가량 고민 후 23분 동안 답안을 작성한다.

1차 필기시험은 아침부터 저녁까지 이루어지고 계속 서술이 이루어지기 때문에 손에 무리 없이 잉크가 번지지 않는 팬을 선정하여 부드럽게 쓰는 연습을 해야한다. 각 교시 사이에 쉬는 시간에는 개인용무를 본 다음 해당 교시 주제 중 다시 확인이 필요한 사항에 대해 리마인드 한다. 2교시 이후에는 점심시간이며, 응시장 여건에 따라 점심식사를 위해 이동이 길어질 수 있기 때문에 소화가 잘되는 음식으로 평소의 70~80%의 양을 미리 준비하여 응시장에서 식사를 하도록 한다(응시장에서 식사가 가능하다). 그리고 커피나 카페인 등 이뇨작용에 민감한 사람이라면 해당 음식은 피한다. 3,4교시는 위의 요령과 동일하다.

1차 필기시험은 응시과목 별로 다르지만 작게는 2% 많게는 10% 초반대의 합격률을 보인다. 1차 합격 후 q-net 홈페이지를 통해 간단히 경력사항을 등록한다(예전에는 없었지만 근래 면접위원에게 참고 정보로 제공되도록 작성한다). 등록 시 글자 수가 제한되어 있기 때문에 근무기간, 수행업무를 중심으로 자신을 잘 어필할 수 있도록 적어야 한다. 물론 사실에 입각하여 폭 넓고 깊은 이해가 있음을 보여 줄 수 있도록 작성한다. 2차 면접시험은 한국산업인력공단 서울 본부에서 실시된다. 면접시간에 따라 전날 서울에서 숙박을 해야 할 수도 있기 때문에 미리 일정을 관리해야 한다. 응시장에 도착하면 수험표를 배부받고 대기하며, 만약 해당 조에서 면접 순위가 뒤에 있다면 30~60분 가량 대기 할 수 있기 때문에 그 시간을 활용하여 볼 수 있는 자료를 준비해도 좋다. 4명이 한 조를 이루어 면접 장소로 들어가게 되며, 응시생은 각 심사 부스로 떨어져서 3명의 심사위원과 1명의 응시생으로 면접이 진행된다. 3명의 심사위원은 사전에 작성한 경력사항 등의 자료를 가지고 있으며, 응시생은 각 응시 장소로 이동하여 간단히 인사 후 심사위원과 책상 앞에 놓인 의자에 앉아서 본인 소개를 시작한다. 1차 필기시험에 합격한 실력이라면 면접의 기본적인 자세에 대한 설명을 생략한다. 면접은 25분 가량 진행되며, 꼬리에 꼬리를 무는 방식으로 면접이 이어진다. 통상 면접위원은 교수 및 해당분야 기술사로 구성되며 이론과 실무에 관한 내용을 묻는다. 기본적인 답변은 1차 시험의 요령과 같다. 다만, 구술로써 풀어낼 뿐이다. 차이점은 한 번에 긴 답변을 하는 것보다 질문에 핵심적인 내용 위주로 답변하여 문답이 끊이지 않고 이어지게 하는 것이 중요하다. 정확히 아는 내용이면 역으로 짧게 답변하여 추가 질문을 유도한 후 명쾌한 답변으로 좋은 인상을 주는 것도 전략적인 방법이다. 만약, 모르는 내용이 있다면 솔직하게 모른다고 답변하는 것이 중요하다. 그리고 본인이 잘 알고 확신이 있는 분야인데 면접관의 생각과 다르면 적절히 넘어가야 한다. 면접임을 기억하고 면접관과 대치되는 상황은 피해야 한다. 처음부터 끝까지 나이 및 직급 고하를 떠나 응시생으로서 겸손함을 잃지 않도록 한다. 면접이 끝나면 자리에 일어나 인사를 끝으로 퇴장하면 2차 면접시험이 마무리 된다. 퇴장 후 면접에 관한 내용을 다른 응시생과 이야기하지 않고 바로 귀가 하도록 한다(진행요원이 안내하는 사항이나 불필요한 송사에 휘말리는 일이 없도록 안내한다). 끝으로, 마인드에 관한 내용을 덧붙인다. 기술사가 무엇이고 어떠한 자세를 갖추어야 하는지에 대해서 알아보고 개인의 영달보다는 보다 나은 사회가 되는데 기여하도록 하겠다는 자세가 중요할 것으로 생각된다. 말은 생각의 표현으로 작은 부분에서 묻어나기 때문이다.

부록 6. 어선관련 국내외 동향

1. 어선과 조선산업

흔히들 조선산업이라 하면 중후장대한 대형조선소에서 큰 규모의 상선을 건조하는 장면을 떠올린다. 그렇다면 처음부터 대형 상선이 규모화 된 조건에서 건조 된 것일까? 그리고 현재 그러한 환경만 존재하는 것일까?

이 책을 읽은 분들에게, 특히 조선공학도들에게 조선의 관점에서 다른 분야가 있음을 소개하고자 부록에 어선 관련 내용을 담는다. 어선은「어선법」에 따르면 어업, 어획물 운반업 및 수산물가공업에 종사하는 선박과 이와 관련된 지도선, 조사선, 단속선 및 시험 교습에 관한 관공선까지 포괄한다. 하지만 국제법에서 어선이라 함은 실제 상업적 어업 행위를 하는 선박에 국한하기도 한다. 어업을 하는 선박(이하 어선)에 좁혀서 보면, 이선은 바다로부터 수산동식물을 포획 및 채취하는데 사용되는 도구로 오래전부터 사용되어 왔고, 조선업과 맥락을 함께해 왔다.

그렇다면, 지금은 어선과 관련된 조선업이 사라진 것일까? 그렇지 않다. 국내는 6만 5천여 척의 어선이 존재하고, 280여 개의 조선소와 70여 개의 설계사가 존재한다. 그리고 매년 2천 척 내외로 어선이 건조되고 있다. 국내에서 매년 2천여 척이 건조되는 것을 강조하여 말하고 싶다. 조선산업의 관점에서 보면 크게 해운국과 조선국으로 분류될 수 있다. 해운국은 해상운송을 통한 운임 또는 용선료를 이용하여 수익을 창출하고, 조선국은 선박건조를 통해 수익을 창출한다. 해운국은 세계 무역흐름에 따른 물동량과 선박운임에 따라 운용하는 선박의 수를 늘릴지 투자여부를 결정하게 되며, 조선국은 이에 따라 선박을 수주하게 된다. 한 국가에 해운과 조선의 기능이 이상적인 비율로 활성화 되어 있으면 좋지만, 조선국의 성격이 강하다면, 세계경기의 영향을 보다 강하게 받는 구조가 된다. 조선산업에 경기가 있고 10년 호황에 10년 불황의 주기가 있다는 산업계의 속설은 이와 연관이 있다. 조선산업의 호황기는 누구나 좋지만, 불황기에 접어들고 내수시장이 없다면 이에 대비한 충분한 경쟁력을 갖추고 있어야 한다. 이와 같은 맥락에서 어선의 관점으로 돌아가면, 연간 탄탄한 발주 물량을 바탕으로 내수시장이 형성되어 있다는 점은 조선산업 측면에서 강점이 된다. 어선은 어업에 관한 권한(허가, 면허 및 신고)이 있어야 하고, 수산자원 관리를 위해 감척이 진행되는 만큼 그 척수가 폭발적으로 증가하기는 힘들지만 6만 5천여 척의 많은 척수를 바탕으로 꾸준히 노후어선이 대체되는 신조선 시장이 형성되어 있는 구조라 할 수 있다. 그러나 3천여 척의 원양 및 근해어선을 제외하면 대부분 소형어선으로 산업의 규모에 한계가 있다.

이와 같은 국내상황에 비추어 보면, 어선건조 산업은 작지만 탄탄한 시장임을 알 수 있다. 해외로 시야를 넓혀보면, 상황은 변화한다. 동남아시아는 도서국가가 많으며 대표적인 예로 인도네시아는 7만 5천여척의 어선이 존재하며, 필리핀은 수산업 국가로 목선에서 선질 대체가 진행되고 있다. 그리고 조선강국의 이미지로 인해 우리나라의 조선산업에 많은 관심이 있는 상황이다. 우리나라의 어선 중 95% 가량이 FRP 선질로 이루어져 있고, 해외동향을 비추어 볼 때 시장의 확장성은 크다.

앞서 설명한 내용은 한 가지 조건을 전제로 하고 있는데, 바로 연근해 어선(연근해 어선은 「수산업법」에 따라 국내총톤수 140톤 이내로 제한됨)으로 비교적 규모가 작은 경우에 해당된다. 큰 규모의 원양어선은 대부분 대만과 일본으로부터 사용되던 어선을 수입하고 있는 상황이다. 최근 국내에서 건조되는 움직임이 생기고 있다. 국내에는 200여척의 원양어선이 등록되어 있고, 편의국적을 고려하면 더 많을 수 있다. 중소형 어선과 차별하여 대형어선에도 확장성이 있음을 시사한다.

국내 어선건조산업을 규모화 하고 동남아국가를 중심으로 외연을 확장하며, 원양어선 등 대형선에 대해서도 국내건조를 증가시킨다면, 탄탄한 기간산업으로 도약이 가능할 것으로 기대된다.

하지만, 이러한 모멘텀을 장기적으로 이어가기 위해서는 중장기적인 노력이 동반되어야 한다. 예를 들면 지금 동남아시아 국가에 FRP 어선을 수출한다고 다면, 그 다음은 무엇을 판매할 것인가라는 것에 고민이 필요하다. 소형 FRP어선을 건조하는 것은 고난이도의 기술력이나 설비가 요구되는 것이 아니기 때문에 장기적인 관점에서 엔지니어링을 판매할 수 있어야 한다. 소형어선에 특화된 설계 프로그램, 설계변수 변경에 대한 기본성능 평가 프로그램 등이 있을 수 있다.

중소형 선박, 특히 그 중에 어선에 대한 조선산업의 실태와 가능성에 대해서 간략히 소개했다. 현재의 산업규모가 작고 낙후된 것으로 인식될 수 있으나, 그 너머의 탄탄한 소비층과 확장에 대한 가능성을 보았기를 기대해 본다.

2. 어선에 관한 국제협약

IMO를 중심으로 어선과 관련한 국제사회의 동향에 대해 소개한다. 앞서 산업에 대한 동향을 살펴보았다면, 지금부터 소개하는 내용은 어선과 직간접적으로 연관된 국제협약에 대한 내용이다.

소개하고자 하는 협약은 '케이프타운 협정(토레몰리노스 협약, 토레몰리노스 의정서)', '어선원의 훈련, 자격증명 및 당직근무의 기준에 관한 협약(STCW-F)', '어선원노동협약 C 188' 및 '항만국 조치협정(PSMA)' 4개의 협약이다. 4개 협약이 갖는 의미를 요약하면, 어선을 어떻게 안전하게 건조해서, 운용하며, 그 운용자의 근로여건 등은 어떻게 관리하는지가 '케이프타운 협정'에서 '어선원노동협약 C 188'까지의 내용이다. 그리고 '항만국 조치협정(PSMA)'은 상선에는 없는 어선에만 있는 독특한 사항으로 상선의 '항만국 통제(PSC)'와 대비되는 개념이다. 다만, '항만국 통제(PSC)'가 선박의 안전을 항내에서 검사하는 것이라면, '항만국 조치협정(PSMA)'은 불법어업을 근절하기 위해 항내에서 검사를 실시하는 것이다. 각 협정의 목적과 개념을 간략히 설명하고, 어선의 건조와 관련된 '케이프타운 협정'을 중심으로 각각의 협약이 갖는 의미를 살펴본다.

'케이프타운 협정(토레몰리노스 협약, 토레몰리노스 의정서)'은 간단히 말하면 어선 안전에 관한 국제협약으로 어선에 대한 '해상인명안전협약(SOLAS)'와 같다. SOLAS협약은 적용대상에서 어선이 제외된다. 따라서 어선안전에 관한 국제협약은 지금까지 발효되지 않은 상황이라 할 수 있다('토레몰리노스 협약 1977'이 논의 된 것은 '해상인명안전협약(SOLAS 1974)'와 비교해보면 3년 밖에 차이가 나지 않지만, SOLAS협약은 발효되고 계속 보완 발전되어 온 것에 비하면 '토레몰리노스 협약 1977'은 '토레몰리노스 의정서 1993', '케이프타운 협정 2012'로 발효에 대한 노력이 있었으나, 미발효 된 상태로 머물러 있다). 그리고 동 협약에 대해서는 IMO에서 관리하고 있다.

'어선원의 훈련, 자격증명 및 당직근무의 기준에 관한 협약(STCW-F)'은 상선의

‘선원의 훈련, 자격증명 및 당직근무의 기준에 관한 협약(STCW)’과 대비되는 것으로 어선의 안전한 조업 및 운항을 위해 어선을 운용하는 어선원의 자격관리와 당직근무에 관한 내용을 다루고 있고, 2012년 발효되었다. 동 협약 역시 IMO 산하의 협약이다.

‘어선원노동협약 C 188’은 상선의 ‘해사노동협약(MLC)’에 대비 되는 협약이다. 어선원의 근로여건을 보장하기 위해 근무조건, 거주구역 및 식량, 산업안전보건, 의료관리 및 사회보장 등 승선시 최저 요구사항을 규정하고 있다. 2017년 발효되었으며, 국제노동기구(ILO: International Labour Organization)의 협약이다. 어선에 있어서 주목할 사항은 편의성 확보를 위한 거구주역에 대한 기준이 명시되어 있어, 건조시 영향이 발생된다.

‘항만국 조치협정(PSMA)’는 불법어업 의심 선박에 대해 입항, 항만 서비스 사용 등을 제한함으로써 불법수산물의 유통 차단하여 불법어업을 근절하는데 목적이 있다. 2009년 발효되었고, 국제연합식량농업기구(FAO: Food and Agriculture Organization of the United Nations)의 협약이다.

각 협약의 목적 및 핵심개념을 살펴보았고, 이와 연관된 2022년 현재의 국제적 동향을 살펴본다. 앞서 설명에서 유일하게 발효되지 못한 협약은 ‘케이프타운 협정’이다. 어선의 해양사고로부터 안전관리에 관한 국제적 요구는 높아지고 있다(예를 들면 북극 인근지역에서 SOLAS협약을 적용받지 않는 선박인 어선, 요트 등의 사고가 증가하자 인근국가를 중심으로 SOLAS협약 중 POLAR Code만이라도 확대적용 하자는 움직임 등이 있음). 그리고 PSMA와 C 188에도 불구하고, 어선을 이용한 불법어업과 어선에서의 노동인권에 관하여 지속적으로 문제가 제기되어 왔다. 이에 따라 어선안전을 강화하고자 하는 IMO와 불법어업을 근절하고자 하는 FAO는 ‘케이프타운 협정’을 발효하기 위해 각 국에 비준을 촉구하고 있다. 큰 흐름은 불법어업과 노동인권이 무시되는 환경에서 생산된 어획물은 유통을 제한하겠다는 것이다. 이와 같은 배경에서 ‘케이프타운 협약’을 발효하여 안전을 담보하고, 어선검사를 통한 어선의 등록정보를 활용하여 불법어업을 관리하겠다는 것이다.

그렇다면, ‘케이프타운 협정’이 발효되면 국제적 흐름이 어떻게 흘러갈 것인가에 대해 예측해 볼 필요가 있다. ‘케이프타운 협정’의 큰 축 2가지는 어선검사와 항만국 통제 기능의 신설에 있다. 어선검사를 통해 안전성을 담보하고 동 협약에 비준한 비준국의 항에 입항하는 모든 어선(비준하지 않은 국가의 어선이라 할지라도)에 대해 항만국 검사를 통해 협약에 따른 안전수준을 관리하도록 하는 것이다. 이를 통하여 앞서 말한 국제기구에서 요구하는 목적을 달성 할 수 있을 것이다. 하지만 책의 주제에 맞게 조선산업의 관점에서 영향을 예측해 본다.

엄밀히 말해, 'SOLAS협약'에 비교하면 '케이프타운 협정'은 Old fashion한 부분이 많다. 하지만 발효가 시급한 상황임에 따라 발효 전까지 개정은 요원해 보인다. 그럼에도 불구하고, '케이프타운 협정' 수준으로 어선의 안전을 관리하는 국가와 그렇지 못한 국가로 양분화될 것이다. IMO를 중심으로 발효 촉구를 위해서 각국의 법률과의 Gap analysis 등을 지원하지만 단기간에 조업산업 전반에 대한 개선과 검사기능을 수행 하기에는 어려움이 있을 것으로 보여지며, 이 관점에서 2가지 시장이 창출될 것으로 예상된다. 첫 번째는 대형선을 중심('케이프타운 협정'의 적용대상은 길이 24미터 혹은 국제총톤수 300톤 이상에 해당)으로 개조·수리 및 신조선 발주가 있을 것이다. '케이프타운 협정'은 발효를 위해 현존선에 대한 점진적 기준 적용을 제시하고 있으나, 장기적 관점에서 대체수요는 증가할 것이다. 두 번째는 검사시스템이다. 비슷하게 보이지만, 건조와 검사는 다른 영역이다. 설령 협약조건에 맞추어 건조가 되었다고 하더라도 건조검사 및 정기적 검사 등 실제 검사능력에서 부터 증서발급 및 관리에 이르기까지 검사운영 체계가 없다면 협약을 이행하기 곤란하다. 따라서 국내검사 기관을 중심으로 검사시스템을 수출할 수 있는 시장이 열릴 것으로 생각된다.

매우 긴 호흡에서 보면 이와 관련된 비즈니스 모델은 지속적으로 확대될 것이다. 상선에서 어선으로 확대되듯 여러 가지 이유로 어선 내에서도 대형어선에서 소형어선으로 안전관리는 강화될 것이다. 쉽게 생각하면 대형선의 기준을 소형선에 적용하면 간단할 것으로 판단되지만 실상은 그렇지 않다. 소형선은 공간제약이 많아 대형선의 기준을 모두 만족할 수 없다. 그렇다면 어떻게 소형선의 적합한 안전기준을 제시하고, 이에 부합되는 어선을 건조하며 어떻게 검사할 것인가 하는 문제가 발생한다. 이것은 굉장히 어려운 문제이지만 흥미롭고 극복한다면 시장을 선도 할 수 있을 것이다. 소형어선(혹은 소형선박으로 확장하여 생각하자)의 안전기준과 이를 실현할 건조 및 검사기술에 대해서 지속적으로 개발하고, IMO를 통해 국제사회에 발의하게 된다면 그 결과는 조선관련 산업에 있어 매우 희망적인 일일 것이다.

참고 1 「케이프타운 협정」

□ 협약의 변천

ㅇ 어선에 관한 국제적 안전기준을 마련하기 위해 1977년부터 3차례에 걸쳐 국제해사기구를 중심으로 발효를 논의

ㅇ 그러나 각국은 협정기준에 대한 이견*과 부담 등을 이유로 가입을 유보함에 따라 발효 지연

* 동일한 길이일 때, 아시아 어선이 유럽보다 작아 적용기준(길이 vs 톤수)에 대해 이견 → 길이와 Tonnage간 환산기준(24m ↔ 300GT) 마련 및 '공해운항' 어선에 한정하여 적용('12년)

< 협정 추진경과 >

① 토레몰리노스 국제협약(1977년)

: 어선안전에 관한 국제기준을 마련하기 위해 추진하였으나, 협약에 따른 안전기준 적용에 대한 각국의 부담과 엄격한 발효조건으로 미발효

* (발효조건) 15개국 이상 가입 및 각국 24m↑ 어선의 총 척수가 전세계선복량의 50% 이상

② 토레몰리노스 의정서(1993년)

: 토레몰리노스 협약('77)의 일부 안전기준을 개정하는 등 발효를 위해 기술조건을 완화하였음에도 불구하고, 각국의 가입이 저조하여 발효되지 못함

* (발효조건) 15개국 이상 가입 및 각국 24m↑ 어선의 총 척수가 14,000척 이상

③ 케이프타운 협정(2012년)

: 토레몰리노스 의정서('93)의 조속한 이행을 위해 협약대상 기준인 길이를 톤수로 환산할 수 있는 규정 및 면제규정을 추가하고, 발효조건을 완화하였으나, 미발효

* (발효조건) 22개국 이상 가입 및 각국 24m↑ 어선의 총 척수가 3,600척 이상

□ 협약 개요

ㅇ **(목적)** 어선의 건조 및 검사에 관한 기준을 규정하여, 어선의 안전을 확보하기 위한 국제기준 마련

○ **(적용대상)** 길이 24m 이상의 공해운항 어선이 원칙이나, 길이 24m 기준을 총톤수 300톤 기준과 동일하게 적용 가능(→ 당사국 재량으로 선정)

○ **(적용시기)** 길이 24m 이상의 신조선은 발효시 부터 적용하고, 현존선은 부분적용하되, 5~10년의 경과규정을 설정

○ **(발효조건)** 22개국 이상의 국가에서 가입하고, 가입국의 24m 이상 국제항해 어선의 총 합계가 3,600척 이상인 경우(1년 뒤 발효)

○ **(주요내용)** 적용대상, 발효 및 제재조건 등을 명시한 본칙과 구조, 기관, 복원성, 설비 및 선원훈련 등 세부기준에 관한 부속서*로 구성

* 부속서(10장): (1장)총칙, (2장)구조, (3장)복원성, (4장)기관 및 전기, (5장)방화 및 소방, (6장)선원보호, (7장)구명설비, (8장)선원훈련, (9장)무선설비, (10장)항해설비

케이프타운 협정(배 길이 24m↑ 어선 대상)				
장	내용	적용		적용 시기
		신조선	현존선	
1	총칙	-	-	◆ 발효요건을 충족하는 날로부터 1년 뒤 발효 • 신조선: 발효시 • 현존선: 경과조치 5년 (다만, 무선설비는 경과 조치 10년)
2	구조 및 설비	24m 이상	-	
3	복원성	24m 이상	-	
4	기관 및 전기설비	45m 이상	-	
5	소방설비	45m 이상	-	
6	선원보호	24m 이상	-	
7	구명설비	45m 이상	45m 이상	
8	비상조치·소집 및 훈련	24m 이상	24m 이상	
9	무선설비	45m 이상	45m 이상	
10	항해설비	24m 이상	24m 이상	

장	SOLAS* (500톤↑ 화물선 등 대상)
1	일반사항
2	구조, 복원성, 기관·전기·소화설비
3	구명설비
4	무선설비
5	항해안전
6	화물운송
7	위험물운송
8	원자력선
9	안선운항 관리
10	고속선 안전조치
11	해상안전 특별조치
12	산적화물선 추가조치
13	준수의 검증
14	극지운항 안전조치

* SOLAS 예외대상: 어선 / 군함 / 500톤↓ 화물선 / 무동력선 / 목선 / 요트

참고 2 STCW-F / PSMA / C-188

□ STCW-F 협약[1)]

○ **(목적)** 어선원의 훈련, 자격증명 및 당직근무의 국제적 기준을 마련하여 해상에서의 어선원 인명과 재산의 안전을 강화하기 위함

○ **(적용대상)** 무제한 수역(Unlimited Waters)에서 조업하는 길이 24m이상 어선

○ **(현황)** 2012년 발효

○ **(협약구성)** 적용범위와 항만국통제에 관한 본문(15개 조문)과 훈련 자격증명 및 당직근무에 관한 첨부(1개 부속서, 9개 결의서)로 구성

○ **(핵심내용)** 어선에 대한 항만국 통제가 가능함으로서, 비준국의 항구 내에 정박하는 어선은 본 협약 준수해야 하고 인명·재산 또는 환경오염과 관련하여 결함이 있을 경우 출항금지 등의 조치 가능

□ 항만국 조치협정 (PSMA)[2)]

○ **(목적)** 불법어업 의심 어선에 대해 입항, 항만 서비스 사용 등을 제한함으로써 불법 수산물의 유통 차단을 도모

○ **(적용대상)** 자국의 항구에 입항하려 하거나 旣 입항 중인 타국 선박*

* 어업[1)] 또는 어업관련 활동[2)]을 위해 사용되거나, 사용되기 위한 장비를 갖춘 선박

> 1) 어업: 어류의 탐색, 유인, 위치 파악, 어획, 채포, 수확
> 2) 어업관련 활동: 어업을 지원하거나 준비하는 활동(어류의 양륙, 포장, 가공, 전재, 운반, 인력·연료·장비 및 보급품 제공 포함)

---

1) STCW-F: International convention on Standards of Training, Certification and Watchkeeping for Fishing vessel personnel

2) PSMA: Agreement on Port State Measures to Prevent, Deter and Eliminate Illegal, Unreported and Unregulate (IUU) Fishing

○ **(현황)** 2009년 발효

○ **(발효조건)** 수락, 승인 또는 가입서가 수탁자(FAO 사무총장)에게 기탁된 지 30일 이후 발효

○ **(협약구성)** 항구지정*, 입항관리 및 항구사용 등의 내용을 다루고, 전문, 본문(10부 37조) 및 부속서(A, B, C, D, E)로 구성

* 항만국은 선박이 입항할 수 있는 항구를 지정하여 공개하고 그 목록을 FAO에 제출

□ 어선원노동협약 C 188 (어업노동협약,WFC[3])

○ **(목적)** 어선원의 근무조건, 거주구역 및 식량, 산업안전보건, 의료관리 및 사회보장 등 승선시 최저 요구사항을 고려하여, 어선에 승선하는 동안 양호한 근로 및 생활조건을 보장하기 위함

* ILO에서는 해사노동관련 협약(39개 협약, 29개 권고)에 대한 통합을 추진('01년)하였고, 이 과정에서 어선부분의 근로에 관한 통합기준으로 동 협약이 제안

○ **(적용대상)** 상업적 어로행위에 종사하는 길이 24m 이상 어선 및 어선원

* 비준과 이행 촉진을 위해 내수면 어선은 제외할 수 있고, 일부 강화규정은 점진적 도입이 가능(다만, 24m↑, 7일 이상 해상에 머무르는 경우, EEZ 밖을 조업하는 경우는 제외)

○ **(현황)** 2017년 발효

○ **(협약구성)** 의무사항인 「어선원노동협약」(제9편 제54조, 3개의 부속서) 및 권고사항이 「어선원노동권고」(제5편 제55항)로 구성

○ **(핵심내용)** 비준국의 항구 내에 있는 어선에 대한 항만국 통제가 가능

---

3) WFC: Work in Fishing Convention(No.188)

어선원노동협약	
구분	주요내용
제1편 정의 및 적용 (제1조~제5조)	정의, 적용범위 등
제2편 일반원칙 (제6조~제8조)	이행, 어선주등의 책임 등
제3편 선내근로 최저요건 (제9조~제12조)	최저연령, 건강진단
제4편 근무조건 (제12조~제24조)	승무정원, 휴식시간, 근로계약 등
제5편 거주구역 및 식량 (제25조~제28조)	거주구역 및 식량
제6편 의료관리 및 사회보장 (제29조~제39조)	의료관리, 사회보장 및 상해 등으로부터 보호
제7편 준수 및 집행 (제40조~제44조)	준수 및 집행
제8편 수속서 제1장, 제2장 및 제3장의 개정(제45조)	제1장~제3장 개정문
제9편 종결규정 (제46조~제54조)	종결규정
부속서 1장	측정의 동등규정
부속서 2장	근로계약
부속서 3장	거주구역

어선원노동권고	
구분	주요내용
제1편 근로조건	연소자 보호, 건강검진, 자격증명 및 훈련
제2편 승무조건	승무기록, 임금지급
제3편 거주구역	설계 및 구조, 소음 및 진동, 난방, 조명, 침실, 위생설비, 오락시설, 식량
제4편 의료관리 및 사회보장	선내 의료관리, 산업안전보건, 사회보장
제5편 기타규정	연안국의 배타적경제수역내 입어권 허가시 조치 등

* 동 협약의 길이는 건현길이(형 깊의 85%의 수선상 총 길이의 96%)를 의미하며, 전장과 총톤수 간 동등규정 존재(길이 24m ⇔ 전장 26.5m ⇔ 총톤수 300톤)

감사의 글 / 참고문헌

감사의 글

이 책을 쓰면서, 선박 관련 분야가 얼마나 방대한지 다시금 느낄 수 있었다. 이 책의 착상과 구성은 선박 관련 각 분야에서 앞서 출간된 많은 책들의 도움을 받았다. 각 권에 참고문헌으로 정리된 좋은 책들의 저자분들께 감사드린다. 그리고 아직 다듬어지지 못한 부분들은 더 매끄럽게 보완할 계획이다.

지난 일 년간 이 책을 집필할 수 있도록 함께 고민하고 배려해준 아내와 아이들에게 감사한 마음과 미안한 마음이 앞선다. 그리고 항상 올바른 방향으로 아낌없는 지지를 해주시는 양가 부모님과 가족들에게도 존경의 말씀을 올린다.

그리고 이 책을 집필하는 데 필요한 글쓰기와 제도에 관해 배움을 주신 현 직장 선후배 분들께 감사의 말씀을 드린다. 그리고 조선산업에 관한 실무적 지식과 공학적 이론을 쌓게 해주신 전 직장 선후배분들에게도 감사한 마음을 잊지 않고 함께 한다.

끝으로 늘 마음 한쪽에 있던 집필을 시작할 수 있도록 동기를 유발해 주시고, 책으로 출간하기까지 지도해주신 K 교수님께 더 없는 존경과 감사의 말씀을 올린다.

이 책이 선박 또는 조선에 관해 지적 갈증이 있는 분들에게 조금이나마 도움이 되기를 기대하며, 책을 마친다.

참고문헌

김수영. (2020). 문제. 부산대학교출판부

권영중. (2012). 선박설계학(제4판). 동명사

박명규&권영중. (2009). 선박기본설계학(제4판). 한국이공학사

대한조선학회. (2009). 조선해양공학개론. 동명사

전호환&이인원. (2008). 저항추진실험. 부산대학교 조선해양공학과 지식기반형 조선해양·기자재 설계 전문가 양성 사업단

이창섭&서정천&현범수&김문찬&서성부&문일성. (2008). 선박추진과 프로펠러설계(제2판). 문운당

오인호. (2014). 선박의 동력 전달과 추진(제2판). 다솜출판사

이승건. (2007). 선박계산 및 복원성입문. 부산대학교출판부

이승건. (2013). 선박운동조종입문. GS인터비전

대한조선학회. (2007). 선박계산(제4판). 동명사

엄기원. (2010). 최신용접공학. 동명사

오구리 후지호&오구리 타쯔오. (2013). 기계도표편람(개신증보 5판), 대광서림

대한조선학회. (2009). 선박건조공학(제2판). 동명사

대한조선학회. (2016). 선박의장. 동명사

OCIMF. Mooring Equipment Guidelines(제3판). OCIMF

OCIMF. (2010). Anchoring System and Procedure Purpose and Scope. OCIMF

서용권. (2001). 유압제어공학. 경문사

Anthony Esposito. (2009). FLUID POWER WITH APPLICATIONS(유공압공학 이론과 응용)(제7판). 사이텍미디어

이차수&김종민&한민수. (2018). LNG 연료추진선과 LNG 벙커링. GS인터비전

배병덕&김종성&윤귀호. (2007). 액화천연가스운반선 개관. 경안기획

이종원&김문생&조효남. (2006). 재료역학(6th), 인터비전

양창현. (2016). 구조역학(제5개정판), 청문각

미국조선학회(저). 임상전(역). (1971). Principles of Naval Architedcture. 기본조선학(중). 대한교과서 주식회사

기능구조분석에 기반한

선박의 적재성능

초판 인쇄	2022년 4월 25일
초판 발행	2022년 5월 9일
저자	문 상 원
표지·내지 디자인	배 영 미
내지 편집	박 지 현
펴낸이	차 정 인
펴낸곳	부산대학교 출판문화원
출판등록	제1983-000001호 1983. 11. 10.
주소	부산광역시 금정구 부산대학로63번길 2
전화	(051) 510 - 1932, 1933
전송	(051) 512 - 7812
메일	pnupress@pusan.ac.kr
홈페이지	http://press.pusan.ac.kr

* 잘못된 책은 구입처에서 교환해 드립니다.

정가 25,000원

ISBN 978-89-7316-745-6 93530